数值计算方法（第3版）

蔡锁章　杨明　雷英杰　编著

国防工業出版社
·北京·

内 容 简 介

本书在高等理工科院校的高等数学和线性代数知识的基础上，介绍数值计算方法的基本概念、方法和理论，着重介绍工程计算中的常用算法，包括误差理论、方程的近似解法、线性方程组解法、特征值和特征向量的求法、插值法和曲线拟合、数值微分与数值积分、常微分方程数值解法、偏微分方程数值解法等。各章配有适量习题，并附有习题答案。

本书可作为高等工科院校数值计算方法的教材，也可供工程技术人员自学参考。

图书在版编目(CIP)数据

数值计算方法／蔡锁章，杨明，雷英杰编著．—3版．—北京：国防工业出版社，2021.7重印
ISBN 978-7-118-12230-5

Ⅰ．①数… Ⅱ．①蔡… ②杨… ③雷… Ⅲ．①数值计算-计算方法 Ⅳ．①O241

中国版本图书馆CIP数据核字(2020)第201260号

※

国防工业出版社出版发行
（北京市海淀区紫竹院南路23号　邮政编码100048）
北京虎彩文化传播有限公司印刷
新华书店经售

*

开本 787×1092　1/16　**印张** 16　**字数** 365千字
2021年7月第3版第2次印刷　**印数** 2001—3000册　**定价** 66.00元

国防书店：(010)88540777　　书店传真：(010)88540776
发行业务：(010)88540717　　发行传真：(010)88540762

第 3 版前言

本书自 2011 年出版以来,有不少院校选用为计算方法或数值分析课程的教材,在使用过程中也发现了不少问题和错误,广大读者和教师向我们提出了许多宝贵意见,此次修订第 3 版,在前两版的基础上进行了勘误,对一些问题的表述作了重新处理,补充了个别算法,增加了个别引理,完善了一些证明过程。我们衷心感谢广大读者和教师对本书的关心,并欢迎继续提出宝贵意见。

本书由蔡锁章、杨明、雷英杰等共同编写与修订,由蔡锁章教授任主编,编写和修订过程中,中北大学毕湧、肖亚峰、田冲、胥兰等老师提出了许多宝贵意见,在此表示感谢。

由于水平有限,书中难免有不妥和错误之处,恳请读者批评指正。

编著者

2020 年 7 月

目　　录

第1章　误差分析与数值计算

1.1　引　　言

利用数学方法去描述、研究、解决生产实践和科学研究中的问题时，从模型的建立、参数的测量、算法的设计到最终的数值计算，其各个环节都有一定程度的近似，最终也只能得到原问题的近似解。原问题的真解与这个近似解之间的偏差称为误差。提到近似和误差，往往会给人以不严格、不完美、甚至错误的感觉。其实，这是一种误解，科学研究中的近似是正常的，误差是不可避免的客观存在。问题在于能否将误差控制到所允许的范围。本节将讨论误差的来源。

1.1.1　误差的来源

误差按照来源可分为以下4类。

1. 模型误差

用数值计算解决科学技术中的具体问题，首先必须建立这个具体问题的数学模型。由于数学模型总是具体问题的一种简化和近似，因而即使能求出数学模型的准确解，也与实际问题的真解有所偏差，这种偏差称为**模型误差**。

2. 观测误差

数学模型中的很多参数（如时间、长度、电压等）是通过实验测量得来的，受测量工具本身的精密程度、实验手段的局限性、环境变化以及操作者的工作态度和能力等因素的影响，测量的结果往往带有一定程度的误差，这类误差称为**观测误差**。

3. 截断误差

理论上的精确值往往要求用无限次的运算才能获得，但计算机只能进行有限次的运算。所以人们在构造数值计算方法求解数学模型时，只能通过有限次的数值运算去近似其准确解。这种由数值方法得到的近似解与数学模型的准确解之间的误差称为**截断误差**。

例如，由泰勒公式，函数$f(x)$可表示为

$$f(x)=f(0)+f'(0)x+\frac{f''(0)}{2!}x^2+\cdots+\frac{f^{(n)}(0)}{n!}x^n+\frac{f^{(n+1)}(\theta x)}{(n+1)!}x^{n+1}$$

其中，$\theta\in(0,1)$。

为了简化计算，当$|x|$接近于0时，去掉上式中的最后一项，得近似公式

$$f(x)\approx f(0)+f'(0)x+\frac{f''(0)}{2!}x^2+\cdots+\frac{f^{(n)}(0)}{n!}x^n$$

用此近似公式计算$f(x)$产生的误差就是截断误差。

4. 舍入误差

由于计算机只能对有限位的数字进行存储和运算，每个超出计算机字长的数据都要经过

四舍五入进行取舍或截断方法处理，由此引起的误差称为**舍入误差**。例如，在十位十进制的限制下，会出现

$$1 \div 3 = 0.3333333333$$

$$(1.000002)^2 - 1.000004 = 0$$

两个结果都不准确，后者的准确结果应是 4×10^{-12}，这里所产生的误差就是舍入误差。

1.1.2 误差理论在数值计算中的作用

例 1.1.1 建立 $I_n = \int_0^1 \frac{x^n}{x+5}\mathrm{d}x$ 的递推公式，并求当 $n = 0,1,2,\cdots,20$ 时，I_n 的值。

解 由

$$I_0 = \int_0^1 \frac{\mathrm{d}x}{x+5} = \ln6 - \ln5$$

$$I_n + 5I_{n-1} = \int_0^1 \frac{x^n + 5x^{n-1}}{x+5}\mathrm{d}x = \int_0^1 x^{n-1}\mathrm{d}x = \frac{1}{n}, n = 1,2,\cdots \tag{1-1}$$

得

$$\begin{cases} I_0 = \ln6 - \ln5 \\ I_n = \dfrac{1}{n} - 5I_{n-1}, n = 1,2,\cdots \end{cases} \tag{1-2}$$

按递推公式(1－2)计算的结果见表 1－1 第二列(箭头表示递推方向)。

表 1－1

n	按公式(1－2)计算得到的 I_n ↓	按公式(1－5)计算得到的 I_n ↑
0	0.1823215568	0.1823215568
1	0.0883922160	0.0883922160
2	0.0580389200	0.0580389198
3	0.0431387333	0.0431387341
4	0.0343063335	0.0343063296
5	0.0284683325	0.0284683522
6	0.0243250042	0.0243249055
7	0.0212321219	0.0212326152
8	0.0188393905	0.0188369242
9	0.0169141568	0.0169264899
10	0.0154292070	0.0153675505
11	0.0137630559	0.0140713383
12	0.0145180538	0.0129766419
13	0.0043328019	0.0120398676
14	0.0497645319	0.0112292335
15	－0.1821559928	0.0105204991
16	0.9132799640	0.0098975045
17	－4.8075762906	0.0093360067
18	24.0934370086	0.0088755221
19	－120.4145534641	0.0082539683
20	602.1227673205	0.0087301587

又由 $0 < I_n < I_{n-1}$ 得

$$5I_{n-1} < I_n + 5I_{n-1} < 6I_{n-1} \tag{1-3}$$

将式(1－1)代入式(1－3),得不等式

$$0 < \frac{1}{6n} < I_{n-1} < \frac{1}{5n} \tag{1-4}$$

由此可见,I_n 的值随 n 的不断增加而趋近于零。而在表 1－1 中,$I_{15} < 0$,从 $n = 15$ 开始,I_n 的值正负相间且绝对值不趋于零,并且是不断递增的。理论分析与计算结果严重不符,有必要寻求新的计算公式。

由式(1－4)知

$$\frac{1}{6 \times 21} < I_{20} < \frac{1}{5 \times 21}$$

取不等式两边的平均值作为 I_{20} 的近似值

$$I_{20} \approx \left(\frac{1}{6 \times 21} + \frac{1}{5 \times 21}\right) \times \frac{1}{2} = 0.0087301587$$

于是得新的递推公式

$$\begin{cases} I_{20} \approx 0.0087301587 \\ I_{n-1} = -\dfrac{1}{5}I_n + \dfrac{1}{5n}, n = 20, 19, \cdots, 1 \end{cases} \tag{1-5}$$

由 I_{20} 为起始值,按式(1－5)中第 2 式逐次递推的计算结果见表 1－1 第三列。

比较两种计算结果,I_0 是一样的。在递推公式(1－2)中,当 n 越大时,I_n 的值越不可靠;而在递推公式(1－5)中,尽管粗略地取 $I_{20} = 0.0087301587$,但按递推方向算下去,基本符合 I_n 的特性,最后求得的 I_0 又很准确。这是为什么呢?

在式(1－2)中,理论上 $I_1 = -5I_0 + 1$,其中 $I_0 = \ln 6 - \ln 5$,但计算机只能存储有限位小数,所以实际参与计算的是 I_0 的近似值 $\hat{I}_0 = 0.1823215568$。记 $I_0 - \hat{I}_0 = \varepsilon$,则

$$I_1 - \hat{I}_1 = -5(I_0 - \hat{I}_0) = -5\varepsilon$$

同理

$$I_n - \hat{I}_n = -5(I_{n-1} - \hat{I}_{n-1}) = (-5)^2(I_{n-2} - \hat{I}_{n-2}) = \cdots = (-5)^n(I_0 - \hat{I}_0) = (-5)^n\varepsilon$$

尽管 ε 非常小,但误差随传播逐步扩大,$\hat{I}_n$ 与 I_n 的误差为 $(-5)^n\varepsilon$,当 n 较大时,其值就可能很大,因此按递推公式(1－2)进行计算的数值结果很不可靠。

在式(1－5)中

$$I_0 - \hat{I}_0 = \frac{1}{-5}(I_1 - \hat{I}_1) = \frac{1}{(-5)^2}(I_2 - \hat{I}_2) = \cdots = \frac{1}{(-5)^n}(I_n - \hat{I}_n)$$

尽管 $\hat{I}_{20}$ 粗略地取 $\frac{1}{2}\left(\frac{1}{6 \times 21} + \frac{1}{5 \times 21}\right)$,但因误差随传播逐步缩小,故按递推公式(1－5)计算的数值结果是可靠的。

例 1.1.2 求方程 $\lambda^2 + (\alpha + \beta)\lambda + 10^9 = 0$ 的根,其中 $\alpha = -10^9$,$\beta = -1$。

解 显然

$$\lambda_{1,2} = \frac{-b \pm \sqrt{b^2 - 4ac}}{2a}$$

其中

$$a=1,\ -b=-(\alpha+\beta)=10^9+1=0.1\times10^{10}+0.0000000001\times10^{10},c=10^9$$

其中,0.1×10^{10}为10^9的浮点表示;$0.0000000001\times10^{10}$为按$10^{10}$对阶后的1的浮点表示。

若在计算机上进行单精度计算时,取数只能取到小数点后第8位,这时$\beta=1$在计算中不起作用,于是有

$$-b\approx-\alpha=10^9$$

类似地,有

$$b^2-4ac\approx b^2$$

$$\sqrt{b^2-4ac}\approx|b|=10^9$$

得

$$\lambda_1=\frac{10^9+10^9}{2}=10^9$$

$$\lambda_2=\frac{10^9-10^9}{2}=0$$

由初等数学可知

$$\lambda^2+(\alpha+\beta)\lambda+10^9=\lambda^2-(10^9+1)\lambda+10^9=(\lambda-1)(\lambda-10^9)$$

因此$\lambda_1=10^9,\lambda_2=1$。

为什么这种算法会出错呢?这是因为忽略了一次项系数$(\alpha+\beta)$中的β和整个常数项c,实际是求解了方程

$$\lambda^2+\alpha\lambda=0$$

结果当然是错的。计算机在运算过程中,由于加减法运算时要对阶,在小数的阶数向大数的阶数对齐的过程中,大数“吃掉”了小数,α“吃掉”了β,使$b=\alpha$,b^2“吃掉”了$4ac$,使常数项c的作用被忽略,导致计算λ_2时失败。在计算中大数“吃掉”小数,在某种情况下是允许的,如本例中计算λ_1;在某种情况下又不允许,如本例中计算λ_2。

为了避免以上情况,并考虑到在分子部分有可能出现两个相近数相减而导致有效数位严重损失的不利情况,在计算机上求

$$a\lambda^2+b\lambda+c=0$$

的根,是按下列步骤进行的(退化情况$a=0,b=0$另考虑):

$$\begin{cases}\lambda_1=\dfrac{-b-\mathrm{sign}(b)\sqrt{b^2-4ac}}{2a}\\[2ex]\lambda_2=\dfrac{c}{a\lambda_1}\end{cases}$$

其中,$\mathrm{sign}(b)$为符号函数,定义为

$$\mathrm{sign}(b)=\begin{cases}1, & b>0\\0, & b=0\\-1, & b<0\end{cases}$$

按照上述算法，重新计算例 1.1.2 中的 λ_2，得

$$\lambda_2 = \frac{c}{\lambda_1} = 1$$

这个值是精确的。

例 1.1.3 给定 $g(x) = 10^7(1-\cos x)$，试用 4 位数学用表求 $g(2°)$的近似值。

解 以下给出两种解法：

(1) 因为 $\cos 2° \approx 0.9994$，所以

$$g(2°) = 10^7(1-\cos 2°) \approx 10^7(1-0.9994) = 6000$$

(2) 因为 $\sin 1° \approx 0.0175$，利用 $\cos 2° = 1 - 2\sin^2 1°$计算，有

$$g(2°) = 10^7(1-\cos 2°) = 2\times 10^7(\sin 1°)^2 \approx 2\times 10^7(0.0175)^2 = 6125$$

用同一本数学用表，都计算到小数点后 4 位，为什么答案不一致？这是由于解法(1)中，两个相近数“1”和“0.9994”相减，从而使有效数位减少所致。

例 1.1.1 ~ 例 1.1.3 都是由于误差处理不恰当而造成种种谬误。因此，学习计算方法之前，首先学习误差理论是必不可少的。

1.2 绝对误差与相对误差、有效数字

1.2.1 绝对误差与相对误差

设 x 为原来的数或要测量的真值，x^* 为 x 的近似值或是测得的数值，记

$$E(x^*) = x - x^*$$

称 $E(x^*)$为近似数 x^* 的**绝对误差**。

由于 x 的准确值无法得到，因此 $E(x^*)$也是无法得到的，如果能估计其绝对值的范围为

$$|E(x^*)| = |x - x^*| \leqslant \Delta$$

则称 Δ 为近似数 x^* 的**绝对误差限**。

例 1.2.1 $\pi = 3.14159265358\cdots$，若取 $\pi^* = 3.14159$ 作为 π 的近似值，于是

$$|E(\pi^*)| \leqslant 0.000003$$

则 $\Delta = 0.000003$ 就可以作为用 3.14159 近似表示 π 的绝对误差限。

例 1.2.2 用毫米刻度的米尺测量不超过 1m 的长度 x，如果长度接近于某毫米刻度 x^*，x^* 就作为 x 的近似值，显然有

$$|E(x^*)| \leqslant \frac{1}{2}\times 1\text{mm} = 0.5\text{mm}$$

则近似值 x^* 的绝对误差限可取为 0.5mm。

当然，在估计绝对误差限 Δ 时总希望尽可能定得小些，估计得越精确越好。

有了绝对误差限就可以知道 x(准确值)的范围

$$x^* - \Delta \leqslant x \leqslant x^* + \Delta$$

即 x 落在区间$[x^* - \Delta, x^* + \Delta]$内。在应用上，常采用如下写法来刻画 x^* 的精度：

$$x = x^* \pm \Delta$$

例如 $\pi = 3.14159 \pm 0.000003$。

绝对误差限不能完全表示近似值近似程度的好坏。例如

$$x = 10 \pm 1$$

$$y = 1000 \pm 5$$

虽然 x 的绝对误差限比 y 的小，但显然 1000 作为 y 的近似值要比 10 作为 x 的近似值近似程度好。

记
$$R(x^*) = \frac{E(x^*)}{x^*} = \frac{x - x^*}{x^*}$$

称 $R(x^*)$ 为近似数 x^* 的**相对误差**。

显然，$R(x^*)$ 的准确值也是无法得到的。若

$$|R(x^*)| = \left|\frac{E(x^*)}{x^*}\right| \leqslant \delta$$

则称 δ 为近似数 x^* 的相对误差限。

绝对误差和绝对误差限是有量纲的量，而相对误差和相对误差限是没有量纲的量。

1.2.2 有效数字

设有一数 x，经过四舍五入得其近似值

$$x^* = \pm(x_1 + x_2 \times 10^{-1} + x_3 \times 10^{-2} + \cdots + x_n \times 10^{-n+1}) \times 10^m \tag{1-6}$$

或写为

$$x^* = \pm(x_1 . x_2 x_3 \cdots x_n) \times 10^m$$

式中：m 为整数；$x_1, x_2, x_3, \cdots, x_n$ 分别为 $0, 1, 2, \cdots, 9$ 中的一个数字，但 $x_1 \neq 0$。由四舍五入的规则知 x^* 的绝对误差满足不等式

$$|x - x^*| \leqslant \frac{1}{2} \times 10^{m-n+1}$$

绝对误差限取

$$\Delta = \frac{1}{2} \times 10^{m-n+1}$$

此时，称 x^* 作为 x 的近似值具有 n 位**有效数字**（或准确数字）。例如

$$\pi = 3.14159265\cdots$$

则近似值 3.14159 的绝对误差限为

$$\Delta = \frac{1}{2} \times 10^{-5}$$

它有 6 位有效数字；近似值 3.1416 的绝对误差限为

$$\Delta = \frac{1}{2} \times 10^{-4}$$

它有 5 位有效数字；近似值 3.14 的绝对误差限为

$$\Delta = \frac{1}{2} \times 10^{-2}$$

它有 3 位有效数字。

通常对写出的具有有限位数字的数，从其左面第 1 个不为零的数字起，到它最右边的一位数字，都认为是有效数字。

如近似数 0.0053、0.123、123.4，依次有 2、3、4 位有效数字，它们的绝对误差限依次取 0.00005、0.0005、0.05，当 0.0053 的绝对误差限为 0.000005 时，就把它记成 0.00530，以示区别，当然其有效数字有 3 位。

下面讨论有效数字与相对误差之间的关系。

定理 1.2.1 若 x^* 具有 n 位有效数字，则其相对误差满足不等式

$$|R(x^*)| \leqslant \frac{1}{2x_1} \times 10^{-(n-1)}$$

其中，x_1 为 x^* 的第 1 位有效数字。

证明 因为 $|x^*| \geqslant x_1 \times 10^m$，所以

$$|R(x^*)| = \left|\frac{E(x^*)}{x^*}\right| \leqslant \frac{\frac{1}{2} \times 10^{m-n+1}}{x_1 \times 10^m} = \frac{1}{2x_1} \times 10^{-(n-1)}$$

证毕。

由定理 1.2.1 可知，有效数字位越多，相对误差限就越小。

定理 1.2.2 形如式(1-6)的数 x^*，若其相对误差 $R(x^*)$ 满足不等式

$$|R(x^*)| \leqslant \frac{1}{2(x_1+1)} \times 10^{-(n-1)}$$

则 x^* 至少有 n 位有效数字。

证明

$$|E(x^*)| = |R(x^*)| \cdot |x^*|$$

$$|R(x^*)| \leqslant \frac{1}{2(x_1+1)} \times 10^{-(n-1)}$$

$$|x^*| < (x_1+1) \times 10^m$$

因此

$$|E(x^*)| < \frac{1}{2(x_1+1)} \times 10^{-(n-1)} \times (x_1+1) \times 10^m$$

即

$$|E(x^*)| < \frac{1}{2} \times 10^{m-n+1}$$

所以 x^* 至少具有 n 位有效数字。

证毕。

由以上两个定理看出，有效数字的位数可以刻画出近似数的近似程度。

1.3 近似数的简单算术运算

1.3.1 近似数的加法

设有 k 个近似数 $x_i^* > 0(i = 1, 2, \cdots, k)$，记

$$x^* = \sum_{i=1}^{k} x_i^*$$

的绝对误差为 $E(x^*)$,则

$$E(x^*) = \sum_{i=1}^{k} x_i - \sum_{i=1}^{k} x_i^* = \sum_{i=1}^{k} (x_i - x_i^*) = \sum_{i=1}^{k} E(x_i^*)$$

$$| E(x^*) | \leqslant \sum_{i=1}^{k} | E(x_i^*) |$$

故可得出以下结论:

(1) 和的绝对误差等于各项绝对误差之和。

(2) 和的绝对误差限不超过各项的绝对误差限之和。

又因为

$$R(x^*) = \frac{E(x^*)}{\sum_{i=1}^{k} x_i^*} = \frac{\sum_{i=1}^{k} E(x_i^*)}{\sum_{i=1}^{k} x_i^*} = \sum_{i=1}^{k} \left[R(x_i^*) \frac{x_i^*}{\sum_{i=1}^{k} x_i^*} \right] \quad \left(x^* = \sum_{i=1}^{k} x_i^* > 0 \right)$$

所以有

$$\min R(x_i^*) \leqslant R(x^*) \leqslant \max R(x_i^*)$$

即有结论:k 个正实数和的相对误差介于各项的相对误差中最大者和最小者之间。

1.3.2 近似数的乘法

记

$$E(x_1^*) = x_1 - x_1^* = \mathrm{d}x_1^*$$

$$E(x_2^*) = x_2 - x_2^* = \mathrm{d}x_2^*$$

$$E(x_1^* x_2^*) = x_1 x_2 - x_1^* x_2^*$$

而

$$\begin{aligned} x_1 x_2 - x_1^* x_2^* &= x_1^* (x_2 - x_2^*) + x_2^* (x_1 - x_1^*) + (x_1 - x_1^*)(x_2 - x_2^*) \\ &= x_1^* \mathrm{d}x_2^* + x_2^* \mathrm{d}x_1^* + \mathrm{d}x_1^* \mathrm{d}x_2^* \end{aligned}$$

略去 $\mathrm{d}x_1^* \mathrm{d}x_2^*$ 这一项,得

$$E(x_1^* x_2^*) \approx x_1^* \mathrm{d}x_2^* + x_2^* \mathrm{d}x_1^* = x_1^* E(x_2^*) + x_2^* E(x_1^*)$$

于是

$$R(x_1^* x_2^*) = \frac{E(x_1^* x_2^*)}{x_1^* x_2^*} \approx \frac{E(x_1^*)}{x_1^*} + \frac{E(x_2^*)}{x_2^*} = R(x_1^*) + R(x_2^*)$$

$$|R(x_1^* x_2^*)| \leqslant |R(x_1^*)| + |R(x_2^*)|$$

即积的相对误差限不超过各因子的相对误差限之和。

1.3.3 近似数的除法

记 $x^* = \dfrac{x_1^*}{x_2^*}$,则

$$E\left(\frac{x_1^*}{x_2^*}\right)=\frac{x_1}{x_2}-\frac{x_1^*}{x_2^*}\approx \mathrm{d}\left(\frac{x_1^*}{x_2^*}\right)=\frac{x_2^*\mathrm{d}x_1^*-x_1^*\mathrm{d}x_2^*}{(x_2^*)^2}=\frac{x_1^*}{x_2^*}\left[\frac{\mathrm{d}x_1^*}{x_1^*}-\frac{\mathrm{d}x_2^*}{x_2^*}\right]=x^*\left[R(x_1^*)-R(x_2^*)\right]$$

$$R\left(\frac{x_1^*}{x_2^*}\right)=\frac{E\left(\frac{x_1^*}{x_2^*}\right)}{x^*}\approx R(x_1^*)-R(x_2^*)$$

$$\left|R\left(\frac{x_1^*}{x_2^*}\right)\right|\leqslant |R(x_1^*)|+|R(x_2^*)|$$

即商的相对误差限不超过被除数与除数相对误差限之和。

1.3.4 近似数的幂和根

设 $y^*=(x^*)^p, p>0$，则

$$E(y^*)=y-y^*=\mathrm{d}y^*\approx p(x^*)^{p-1}\mathrm{d}x^*=p(x^*)^{p-1}E(x^*)$$

$$R(y^*)=\frac{E(y^*)}{(x^*)^p}\approx p\frac{E(x^*)}{x^*}=pR(x^*)$$

即 x^* 的 p 次幂的相对误差是 x^* 本身相对误差的 p 倍。

同理可知，x^* 的 q 次根的相对误差是 x^* 本身相对误差的$\frac{1}{q}$倍。

1.3.5 近似数的对数

设 $y^*=\lg x^*$，则

$$y^*=\frac{\ln x^*}{\ln 10}=\lg \mathrm{e}\cdot \ln x^*\approx 0.43429\ln x^*$$

$$E(y^*)=\mathrm{d}y^*\approx 0.43429\frac{\mathrm{d}x^*}{x^*}=0.43429R(x^*)<\frac{1}{2}R(x^*)$$

即 x^* 的常用对数的绝对误差不超过 x^* 的相对误差的 1/2。

1.3.6 近似数的减法

设 $x^*=x_1^*-x_2^*$，则

$$E(x^*)=E(x_1^*)-E(x_2^*)$$

$$|E(x^*)|\leqslant |E(x_1^*)|+|E(x_2^*)|$$

即差的绝对误差限不超过两数绝对误差限之和。

两个几乎相等的近似数相减时，会损失许多有效数字，例如，86.034 与 85.993 各有 5 位有效数字，其差为

$$86.034-85.993=0.041$$

它只有两位有效数字，有效数字的损失也就是准确度的减小，就要影响整个计算工作的准确性。因此要设法避开这种减法。

下面是提高相近数之差的有效数字的例子。

（1）事先将被减数和减数的有效数字位数取多一些。例如求 $\sqrt{3.01}-\sqrt{3}$，要求至少有 5 位有效数字。取

$$\sqrt{3.01}=1.73493516, \sqrt{3}=1.73205081$$

$$1.73493516-1.73205081=0.00288435$$

经四舍五入后为 2.8844×10^{-3}。

（2）对于上例，还可利用

$$\sqrt{3.01}-\sqrt{3}=\frac{0.01}{\sqrt{3.01}+\sqrt{3}}$$

进行计算，以避免相近数相减。

（3）当 $|x|$ 很小时，$1-\cos x$ 的值（见例 1.1.3），可以用公式

$$1-\cos x=2\sin^2\frac{x}{2}$$

或

$$1-\cos x=\frac{x^2}{2!}-\frac{x^4}{4!}+\frac{x^6}{6!}-\frac{x^8}{8!}+\cdots$$

计算。

（4）当 x_1、x_2 相近时，求 $(\ln x_1-\ln x_2)$，此时可利用公式

$$\ln x_1-\ln x_2=\ln\frac{x_1}{x_2}$$

计算。

（5）计算当 $f(x_1)$ 很接近 $f(x_2)$ 时，求 $f(x_1)-f(x_2)$ 可利用下式

$$f(x_1)-f(x_2)=f'(x_2)(x_1-x_2)+\frac{f''(x_2)}{2!}(x_1-x_2)^2+\cdots$$

计算。

1.4 数值计算中误差分析的若干原则

一个工程或科学研究的问题，其数值运算的次数以千万次计，如果每一步的计算都去分析计算的误差，那是不可能的，而且也没有必要。下面，通过误差传播规律的分析，提出在数值计算中应该注意的若干原则。

（1）要使用数值稳定的计算公式。在例 1.1.1 中，式（1-2）计算误差的积累是增加的，式（1-5）不是增加的，而是逐次减小的，把运算过程中舍入误差不增长的计算公式称为**数值稳定的**，否则称为**不稳定的**。在数值运算中应尽量避免采用不稳定的计算公式。

（2）要避免两个相近数相减（见 1.3.6 节）。

（3）要防止大数"吃掉"小数。在数值运算中参加运算的数有时数量级相差很大，而计算机位数有限，若不注意运算次序就可能出现大数"吃掉"小数的现象，运算中应设法避免。

（4）注意简化计算步骤，减少运算次数。同样一个计算问题，如果能减少运算次数，不但

可以节省计算机计算时间，还能减少舍入误差。

例如，要计算 x^{255} 的值，如果逐个相乘要用 254 次乘法，但若将它写为

$$x^{256}=x\cdot x^{2}\cdot x^{4}\cdot x^{8}\cdot x^{16}\cdot x^{32}\cdot x^{64}\cdot x^{128}$$

只要做 14 次乘法运算即可。

又如计算下列多项式的值

$$P_n(x)=a_nx^n+a_{n-1}x^{n-1}+\cdots+a_1x+a_0$$

若直接计算 $a_ix^i(i=0,1,2,\cdots,n)$，再逐项相加，共需做

$$1+2+\cdots+(n-1)+n=\frac{n(n+1)}{2}$$

次乘法和 n 次加法。若用

$$P_n(x)=((\cdots((a_nx+a_{n-1})x+a_{n-2})x+\cdots+a_2)x+a_1)x+a_0$$

公式计算时，只要 n 次乘法和 n 次加法就可以了。

习　题　1

1. $\sqrt{3}=1.732050808\cdots$，写出它具有 3 位、4 位、5 位有效数字的近似数，并求出其绝对误差限和相对误差限。

2. 已知$\sqrt{2}$的近似数 x^* 的相对误差限为 0.025，最坏的情况 x^* 是何数($\sqrt{2}=1.414213562\cdots$)？

3. 下列各数准确到末位数字，试求其和，估计和的绝对误差限，并指出有几位有效数字。

$$136.4,\ 28.3,\ 231.0,\ 68.2,\ 17.5$$

4. 证明：若 $dx_2^*\ll x_2^*$，则下列近似等式成立

$$d\left(\frac{x_1^*}{x_2^*}\right)=\frac{x_2^*\,dx_1^*-x_1^*\,dx_2^*}{(x_2^*)^2}$$

5. 计算 $\sqrt{10}-\pi$ 的值，准确到五位有效数字($\sqrt{10}=3.16227766\cdots$)。

第 2 章　非线性方程(组)的近似解法

2.1　引　言

解决科学技术中遇到的数学问题,常常需要先解决高次代数方程或超越方程的求解问题,有时还要解决方程组的求解问题。

方程 $f(x)=0$ 的解通常称为**方程的根**,也称为函数 $f(x)$ 的**零点**。如果 $f(x)$ 是 n 次多项式,对应的方程称为 **n 次代数方程**。此时,方程的根也称为多项式的根。根分实根和复根两种,本书只讨论实根的求法。

方程求根问题大致可以包括下列 3 个问题:

(1) 根的存在性。方程有没有根? 如果有根,有几个根?

(2) 哪儿有根? 首先求有根的区间,然后把有限区间分成若干个子区间,使每个子区间或是没有根,或是只有一个根。有根子区间内的任一点都可看成是该根的一个近似值。

(3) 根的精确化。已知一个根的近似值后设法逐步把根精确化,直到足够精确为止。对于根的个数和找出有根子区间,主要讨论代数方程的情况,这是因为在实际应用中,所遇到的方程以代数方程居多,而且求根理论也较超越方程完整、简单。对于根的精确化的方法将主要介绍对分法、迭代法和牛顿法,这些方法无论对代数方程或是超越方程都是适用的。

2.2　根的隔离

2.2.1　根的隔离

求方程 $f(x)=0$ 的近似根时,首先要确定出若干个区间,使每个区间内有且只有 $f(x)=0$ 的一个根,这个步骤,就称为根的隔离。

通常根据连续函数的介值定理去判断方程 $f(x)=0$ 在某个区间内是否有根,即设 $f(x)$ 在 $[a,b]$ 上连续,若 $f(a)$ 与 $f(b)$ 异号,则方程 $f(x)=0$ 在 $[a,b]$ 内至少有一个根。

对于一般方程来说,根的隔离方法通常有如下两种:

(1) 试值法。求出 $f(x)$ 在若干点上的函数值,观察函数值符号的变化情况,从而确定隔根区间。

(2) 作图法。画出 $y=f(x)$ 的简图,观察曲线 $y=f(x)$ 与 x 轴交点的大致位置,从而确定隔根区间。

例 2.2.1　讨论方程 $f(x)=2x^3-4x^2+4x-7=0$ 的根的位置。

解　因为

$$f'(x)=6x^2-8x+4=2x^2+4(x-1)^2>0$$

所以 $y=f(x)$ 是严格单调递增函数。

计算$f(x)$的一些函数值：$f(0)=-7, f(1)=-5, f(2)=1$。由此可见，方程$f(x)=0$有且仅有一个根x^*，且$x^*\in(1,2)$。

例 2.2.2 将方程$x\ln x=1$的根进行隔离。

解 令

$$f(x)=x\ln x-1$$

函数$f(x)$在定义域$(0,+\infty)$内连续。

当$x\to 0^+$时，$f(x)\to -1$，当$x\to+\infty$时，$f(x)\to+\infty$，因此方程必有根。因为

$$f'(x)=\ln x+1\begin{cases}\leqslant 0, & x\in\left(0,\dfrac{1}{e}\right]\\ >0, & x\in\left(\dfrac{1}{e},+\infty\right)\end{cases}$$

在区间$\left(0,\dfrac{1}{e}\right]$上函数是单调递减的，方程无根。在区间$\left(\dfrac{1}{e},+\infty\right)$内，函数是单调递增的，方程有且仅有一个根$x^*$。

用作图法进行根的隔离。为了作出函数

$$y=x\ln x-1$$

的草图，将方程改写为

$$\ln x=\frac{1}{x}$$

画出$y=\ln x$和$y=\dfrac{1}{x}$的简图（图 2－1），其交点的横坐标即为原方程的根。从图 2－1 可以看出，$x^*\in(1,2)$。

当然，也可以利用数学软件（如 Matlab）直接作函数$y=x\ln x-1$的图形（图 2－2），则函数$y=x\ln x-1$的曲线与x轴交点的横坐标即为原方程的根。图 2－2 也表明$x^*\in(1,2)$。

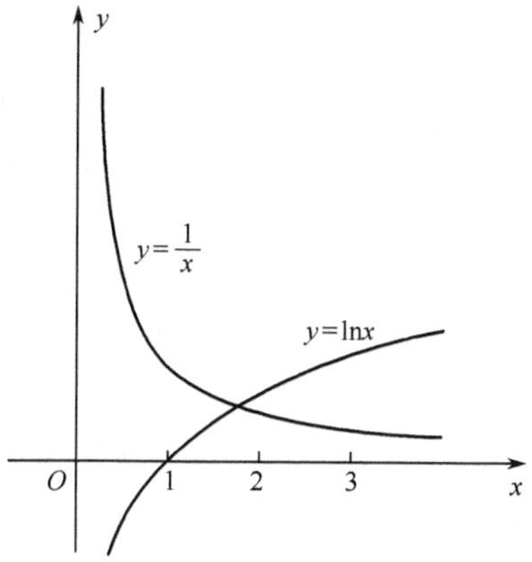

图 2－1

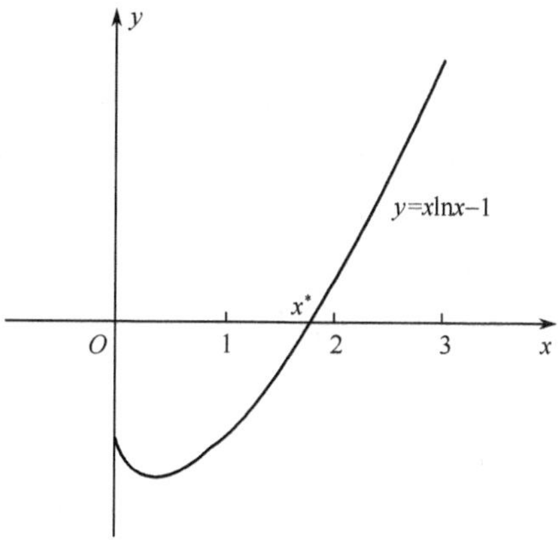

图 2－2

2.2.2 代数方程实根的上下界

在进行根的隔离时，如果知道根的上下界，就可以减少不必要的试验。对于n次代数方程来说，很容易根据n次多项式的系数来求得根的上下界，下面介绍几种代数方程实根上下界的求法。

定理 2.2.1 设$f(x)=a_0x^n+a_1x^{n-1}+\cdots+a_n, a_0\neq 0$

$$A=\max(|a_1|,|a_2|,\cdots,|a_n|)$$

则方程$f(x)=0$的实根(如果存在实根的话)的绝对值均小于$\left(1+\dfrac{A}{|a_0|}\right)$。

证明 当$|x|\geqslant 1+\dfrac{A}{|a_0|}$时,有

$$|a_1x^{n-1}+a_2x^{n-2}+\cdots+a_n|\leqslant|a_1|\cdot|x|^{n-1}+|a_2|\cdot|x|^{n-2}+\cdots+|a_n|$$

$$\leqslant A(|x|^{n-1}+|x|^{n-2}+\cdots+1)=A\frac{|x|^n-1}{|x|-1}<\frac{A|x|^n}{|x|-1}\leqslant|a_0x^n|$$

即

$$|a_0x^n|>|a_1x^{n-1}+a_2x^{n-2}+\cdots+a_n|$$

此时显然有$f(x)\neq 0$。所以,如果方程$f(x)=0$存在实根,则其绝对值小于$\left(1+\dfrac{A}{|a_0|}\right)$。

证毕。

例 2.2.3 求$f(x)=x^5+2x^4-5x^3+8x^2-7x-3=0$的实根的上下界。

解 因为

$$A=\max\{2,5,8,7,3\}=8, a_0=1$$

$$1+\frac{A}{|a_0|}=1+\frac{8}{1}=9$$

所以9和-9分别为原方程实根的上下界。

设$f(x)$为n次多项式,令

$$\varphi_1(x)=x^nf\left(\frac{1}{x}\right)$$

$$\varphi_2(x)=f(-x)$$

$$\varphi_3(x)=x^nf\left(-\frac{1}{x}\right)$$

它们也都是n次多项式。设它们的正根上界分别为N_1、N_2和N_3。若α是$f(x)$的正根,则$1/\alpha$是$\varphi_1(x)$的正根。因为$1/\alpha<N_1$,所以$\alpha>1/N_1$,即$1/N_1$是$f(x)$的正根下界。同样可证,$-1/N_3$和$-N_2$分别为$f(x)$的负根上界和下界。

由以上讨论可见,掌握正根上界的求法,正根下界、负根上界和下界也能求得。

用定理2.2.1求得的上界往往太大,而下界又往往太小,下面介绍几种比较精细的求正根上界的方法。

定理 2.2.2 设$f(x)=a_0x^n+a_1x^{n-1}+\cdots+a_n, a_0>0$,若$a_k(k\geqslant 1)$是它的第一个负系数(如果没有负系数,$f(x)$就不会有正根),$B$是所有负系数绝对值的最大值。则数$1+\sqrt[k]{B/a_0}$是$f(x)$的正根上界。

证明 当$x>1+\sqrt[k]{B/a_0}$时,有$a_0(x-1)^k>B$,则

$$f(x)\geqslant a_0x^n-B(x^{n-k}+x^{n-k-1}+\cdots+x+1)=a_0x^n-B\frac{x^{n-k+1}-1}{x-1}$$

$$>a_0x^n-B\frac{x^{n-k+1}}{x-1}=\frac{x^{n-k+1}}{x-1}[a_0x^{k-1}(x-1)-B]$$

$$>\frac{x^{n-k+1}}{x-1}[a_0(x-1)^k-B]\geqslant 0$$

所以，$f(x)$的实根不能大于$(1+\sqrt[k]{B/a_0})$，即$(1+\sqrt[k]{B/a_0})$是$f(x)$的正根上界。

例 2.2.4 求$f(x)=x^5+2x^4-5x^3+8x^2-7x-3=0$的正根上界。

解 $a_0=1>0, k=2, B=7$，则

$$1+\sqrt[k]{B/a_0}=1+\sqrt{7}\approx 3.6458$$

故正根上界为3.6458，或取其稍大的整数4。

定理 2.2.3 设有n次多项式$f(x)$，首项系数$a_0>0$，若$x=c>0$，且$f(c), f'(c), f''(c), \cdots, f^{(n)}(c)$都取正值，则数$c$是$f(x)$的正根上界。

证明 由泰勒公式，得

$$f(x)=f(c)+\frac{f'(c)}{1!}(x-c)+\frac{f''(c)}{2!}(x-c)^2+\cdots+\frac{f^{(n)}(c)}{n!}(x-c)^n$$

当$x\geqslant c$时，上式右端大于零。因此c是$f(x)$的正根上界。

例 2.2.5 求$f(x)=x^5+2x^4-5x^3+8x^2-7x-3=0$的正根上界。

解 $f'(x)=5x^4+8x^3-15x^2+16x-7$

$f''(x)=20x^3+24x^2-30x+16$

$f'''(x)=60x^2+48x-30$

$f^{(4)}(x)=120x+48$

$f^{(5)}(x)=120$

可以验证，当$x=2$时，$f(x), f'(x), \cdots, f^{(5)}(x)$均为正，故2是$f(x)=0$的正根上界。

2.2.3 代数方程实根的个数

如果不仅知道根的上下界，而且知道方程的实根个数，在进行根的隔离时，就不至于丢根或已经将全部根隔离而仍在找其余隔根区间。下面讨论代数方程实根的个数问题。

设有函数序列$f_0(x), f_1(x), \cdots, f_n(x)$。当$x=c$时，得数列$f_0(c), f_1(c), \cdots, f_n(c)$，此数列符号变更次数（如遇$f_k(c)=0$，则跳过$f_k(c)$）称为函数序列在$x=c$处变号次数。记为

$$V_c=V\{f_0(c), f_1(c), \cdots, f_n(c)\}$$

定理 2.2.4 设$f(x)$为一个n次多项式，$f(a)\neq 0$，$f(b)\neq 0$，记

$$V_x=V\{f(x), f'(x), f''(x), \cdots, f^{(n)}(x)\}$$

$f(x)$在区间(a,b)内实根的个数记为$N(a,b)$，则

$$0\leqslant N(a,b)=V_a-V_b-\text{正偶数或零}$$

此处，k重根要当k个根看待（证略）。

推论 2.2.1 设$f(x)$为n次多项式，$f(a)\neq 0$，$f(b)\neq 0$，若$V_a-V_b=1$，则$N(a,b)=1$，即$f(x)$在区间(a,b)内有且仅有一个根。

定理2.2.4中没有指明“正偶数或零”到底是零还是哪个正偶数。尽管如此，还是可以在有些问题中，利用定理2.2.4来确定某些区间内根的情况。

例 2.2.6 $f(x)=x^3+2x-5$

$$f'(x)=3x^2+2$$

$$f''(x)=6x$$

$$f'''(x)=6$$

$f(x),f'(x),f''(x),f'''(x)$构成一个函数序列,则

$$V_1=V\{f(1),f'(1),f''(1),f'''(1)\}=V\{-2,5,6,6\}=1$$

$$V_2=V\{f(2),f'(2),f''(2),f'''(2)\}=V\{7,14,12,6\}=0$$

所以 $N(1,2)=1$。即 $f(x)=x^3+2x-5=0$ 在$(1,2)$内有且仅有一个根。

设$f(x)=x^n+a_1x^{n-1}+a_2x^{n-2}+\cdots+a_n,a_n\neq0$,考虑$f(x)$在$(0,+\infty)$内的根(即正根)的个数。因为

$$f(0)=a_n\neq0,f(+\infty)\neq0$$

$$V_{+\infty}=V\{f(+\infty),f'(+\infty),\cdots,f^{(n)}(+\infty)\}=0$$

$$\begin{aligned}V_0&=V\{f(0),f'(0),f''(0),\cdots,f^{(n)}(0)\}\\&=V\left\{f(0),\frac{f'(0)}{1!},\frac{f''(0)}{2!},\cdots,\frac{f^{(n)}(0)}{n!}\right\}\\&=V\{a_n,a_{n-1},a_{n-2},\cdots,a_1,1\}\\&=V\{1,a_1,a_2,\cdots,a_{n-1},a_n\}\\&=f(x)\text{的系数数列变号次数}\end{aligned}$$

所以,$f(x)$的正根个数$=f(x)$的系数数列变号次数$-$正偶数或零。

例 2.2.7 讨论$f(x)=x^3+2x-5=0$ 实根的个数。

解 因 $V_0=\{1,0,2,-5\}=1$,故方程有一个正根。令 $x=-s$,得到一个新方程

$$s^3+2s+5=0$$

因为

$$V_0=V\{1,0,2,5\}=0$$

故新方程无正根,即原方程无负根。由以上讨论知,原方程只有一个正实根,其余两个为一对共轭复根。

例 2.2.8 讨论$f(x)=x^{41}+x^3+1=0$ 实根的个数。

解 因 $V_0=0$,故方程无正根。令 $x=-s$,得到一个新方程,即

$$s^{41}+s^3-1=0$$

因 $V_0=1$,故新方程有一个正根,即原方程有一个负根。由以上讨论知,原方程只有一个负实根,其余 40 个根皆为复根。

利用本节介绍的一些定理,可以将代数方程的根进行隔离。对具体方程,应灵活运用各种方法进行分析。

例 2.2.9 将方程$f(x)=x^4-5x^2+x+2=0$ 的根进行隔离。

解 用因式分解,得

$$f(x)=(x^4-4x^2)-(x^2-x-2)=x^2(x-2)(x+2)-(x-2)(x+1)=$$

$$(x-2)(x^3+2x^2-x-1)$$

故 $x=2$ 是原方程的一个根。下面只需讨论

$$f_1(x)=x^3+2x^2-x-1$$

即可。由于

$$f_1'(x)=3x^2+4x-1$$

$$f_1''(x)=6x+4$$

$$f_1'''(x)=6$$

当 $x=1$ 时,$f_1(x)$,$f_1'(x)$,$f_1''(x)$,$f_1'''(x)$都大于零,故方程正根的上界可取为 1。

通过简单的计算,可得函数及其导数的值在一些点处的符号表,见表 2-1 所列。

表 2-1

x	$-\infty$	-3	-2	-1	0	1
$f_1(x)$	-	-	+	+	-	+
$f_1'(x)$	+	+	+	-	-	+
$f_1''(x)$	-	-	-	-	+	+
$f_1'''(x)$	+	+	+	+	+	+
V_x	3	3	2	2	1	0

根据表 2-1 知,$f_1(x)$的 3 个实根分别在区间$(-3,-2)$,$(-1,0)$,$(0,1)$内。

开始列表时,只能就 x 为 $-\infty$ 和 1 观察符号情况,因为

$$0\leqslant N(-\infty,1)=V_{-\infty}-V_1-\text{正偶数或零}=3-\text{正偶数或零}$$

故$f_1(x)$在$(-\infty,1)$内或者有 3 个实根,或者有 1 个实根,然后根据$f_1(x)$的系数情况,选择$x=-3,-2,-1,0$ 这些点来观察符号变化情况,得

$$N(-3,-2)=1,N(-1,0)=1,N(0,1)=1$$

于是得出以上结论。

2.3 对分法

设函数$f(x)$在$[a,b]$内连续,$f(a)\cdot f(b)<0$,并且方程$f(x)=0$在(a,b)内有且仅有一个根 α,则可用对分法求 α 的近似值。

算法 2.1 求解非线性方程的对分法

输入:端点 a、b,根的容许误差 ε,函数值的容许误差 η,最大迭代次数 K。

输出:近似根 c_k 或迭代失败信息。

(1) 置 $a_0=a,b_0=b,k=0$,计算$f(a_0)$和$f(b_0)$。

(2) 计算 $c_k=\dfrac{a_k+b_k}{2}$及函数值$f(c_k)$。

(3) 若 $b_k-a_k<\varepsilon$ 或$|f(c_k)|<\eta$,则取 $\alpha\approx c_k$,停止计算;否则转(4)。

(4) 若 $k=K$,则输出“经 K 次迭代不成功”的信息,停止计算;否则转(5)。

(5) 若$f(c_k)f(a_0)<0$,取 $a_{k+1}=a_k,b_{k+1}=c_k$;若$f(c_k)f(b_0)<0$,取 $a_{k+1}=c_k,b_{k+1}=b_k$;置

$k=k+1$,转(2)。

在算法 2.1 中,对任一个 k,都有

$$\alpha\in(a_k,b_k),c_k=\frac{a_k+b_k}{2}$$

所以

$$|\alpha-c_k|<\frac{b_k-a_k}{2}=\frac{b-a}{2^{k+1}}$$

$$\lim_{k\to\infty}c_k=\alpha$$

由此可见,只要函数 $f(x)$ 在 $[a,b]$ 内连续,对分法产生的迭代序列 $\{c_k\}$ 必收敛于方程 $f(x)=0$ 在 (a,b) 内的根 α,收敛速度与公比为 $\frac{1}{2}$ 的数列的收敛速度相同。若要求 α 的近似值 c_k 的绝对误差限为 ε_0,则可在算法 2.1 中取 $\varepsilon=2\varepsilon_0$,并采用 $b_k-a_k\leqslant\varepsilon$ 作为迭代结束的条件。

算法 2.1 只能求方程 $f(x)=0$ 的实数根,而且只能求单根和奇数重根,不能求偶数重根和复数根。

例 2.3.1 求解方程 $f(x)=x^3+2x-5=0$。

解 由例 2.2.6 和例 2.2.7 可知,方程有唯一实根 $\alpha\in(1,2)$,$f(1)=-2<0$,$f(2)=7>0$。利用对分法求 α 的近似值的过程见表 2-2 所列。

表 2-2

k	有根区间 (a_k,b_k)	$c_k=\frac{a_k+b_k}{2}$	$f(c_k)$	$\varepsilon_k=\frac{b_k-a_k}{2}$
0	(1,2)	1.5	1.375	0.50000000
1	(1,1.5)	1.25	-0.546875	0.25000000
2	(1.25,1.5)	1.375	0.349609375	0.12500000
3	(1.25,1.375)	1.3125	-0.114013671875	0.06250000
4	(1.3125,1.375)	1.34375	0.113861083984	0.03125000
5	(1.3125,1.34375)	1.328125	-0.001049041748	0.01562500
6	(1.328125,1.34375)	1.3359375	0.056161403656	0.00781250
7	(1.328125,1.3359375)	1.33203125	0.027495205402	0.00390625

取

$$\alpha^*=1.33203125$$

绝对误差限为

$$\frac{1}{2^8}=\frac{1}{256}=0.00390625$$

α 的准确值为 1.32826885…,绝对误差为 -0.00376240…。

2.4 迭 代 法

2.4.1 迭代法

设有方程 $f(x)=0$,将它改写为等价形式

$$x=\varphi(x) \tag{2-1}$$

并作迭代公式

$$x_{n+1}=\varphi(x_n),\quad n=0,1,2,\cdots \tag{2-2}$$

在根的附近任取初始值 x_0，由式(2-2)可算得 $x_1,x_2,\cdots,x_n,\cdots$。若 $\varphi(x)$ 是连续的，且

$$\lim_{n\to\infty}x_n=\alpha$$

对式(2-2)两端同时取极限，得

$$\lim_{n\to\infty}x_{n+1}=\lim_{n\to\infty}\varphi(x_n)=\varphi(\lim_{n\to\infty}x_n)$$

$$\alpha=\varphi(\alpha)$$

即 α 是原方程的根。这种求根方法称为迭代法，式(2-2)称为**迭代公式**，$x_0,x_1,x_2,\cdots$ 分别称为根 α 的第 0 次，1 次，2 次，…近似值。

例 2.4.1 用迭代法解方程 $x=10^x-2$。

解 (1) 作迭代公式

$$x_{n+1}=10^{x_n}-2$$

若取 $x_0=1$，有

$$x_1=8$$

$$x_2=10^8-2$$

当 $n\to\infty$ 时，x_n 也无限增大，数列 $\{x_n\}$ 无极限，这时称为**迭代不收敛**或**迭代发散**。

(2) 将原方程改写为 $x=\lg(x+2)$，作迭代公式

$$x_{n+1}=\lg(x_n+2)$$

若仍取 $x_0=1$，有

$$x_1=0.4771,x_2=0.3939,x_3=0.3791,x_4=0.3764,$$

$$x_5=0.3759,x_6=0.3758,x_7=0.3758,\cdots$$

由于数列 $\{x_n\}$ 是收敛的，于是可得原方程的一个近似根，即

$$\alpha^*=0.3758$$

由例 2.4.1 可见，迭代公式只有在一定条件下才能收敛。

2.4.2 收敛定理

定理 2.4.1 设函数 $\varphi(x)$ 在 $[a,b]$ 上连续，在 (a,b) 内可导，且满足

(1) 当 $x\in[a,b]$ 时，$\varphi(x)\in[a,b]$。

(2) 当 $x\in(a,b)$ 时，$|\varphi'(x)|\leqslant m<1$，其中，$m$ 为一个常数。

则有如下结论成立：

(1) 在 $[a,b]$ 上，方程 $x=\varphi(x)$ 有且仅有一个根 α。

(2) 对任意的 $x_0\in[a,b]$，由迭代公式

$$x_{n+1}=\varphi(x_n),n=0,1,2,\cdots$$

产生的数列 $\{x_n\}\subset[a,b]$，并且有 $\lim_{n\to\infty}x_n=\alpha$。

（3）成立误差估计式

$$|\alpha - x_n| \leqslant \frac{m^n}{1-m}|x_1 - x_0| \tag{2-3}$$

$$|\alpha - x_n| \leqslant \frac{m}{1-m}|x_n - x_{n-1}| \tag{2-4}$$

证明　（1）令 $F(x) = x - \varphi(x)$，则 $F(x)$ 在 $[a,b]$ 上连续，由条件(1)可知

$$F(a) = a - \varphi(a) \leqslant 0, F(b) = b - \varphi(b) \geqslant 0$$

若上面的不等式中有一个等号成立，则方程 $x = \varphi(x)$ 有根 $\alpha = a$ 或 $\alpha = b$；若两个都是严格不等式成立，则由连续函数的介值定理，必存在 $\alpha \in (a,b)$，使 $F(\alpha) = 0$，即 $\alpha = \varphi(\alpha)$。即方程 $x = \varphi(x)$ 在 $[a,b]$ 上有根。若方程 $x = \varphi(x)$ 在 $[a,b]$ 上有两个不同的根 α_1 和 α_2，则由微分中值定理，有

$$|\alpha_1 - \alpha_2| = |\varphi(\alpha_1) - \varphi(\alpha_2)| = |\varphi'(\xi)||\alpha_1 - \alpha_2| \leqslant m|\alpha_1 - \alpha_2| < |\alpha_1 - \alpha_2|$$

其中，ξ 介于 α_1 和 α_2 之间，所以 $\xi \in (a,b)$。上式出现矛盾，所以在 $[a,b]$ 上，方程 $x = \varphi(x)$ 仅有一个根 α。

（2）因 $x_0 \in [a,b]$，由条件(1)知 $\{x_n\} \subset [a,b]$。又由条件(2)，得

$$|x_n - \alpha| = |\varphi(x_{n-1}) - \varphi(\alpha)| = |\varphi'(\xi_n)||x_{n-1} - \alpha| \leqslant m|x_{n-1} - \alpha| \leqslant \cdots \leqslant m^n|x_0 - \alpha|$$

其中，ξ_n 介于 x_{n-1} 与 α 之间，从而 $\xi_n \in (a,b)$。由于 $0 \leqslant m < 1$，所以有 $\lim\limits_{n\to\infty} x_n = \alpha$。

（3）因为

$$|x_{i+1} - x_i| = |\varphi(x_i) - \varphi(x_{i-1})| = |\varphi'(\xi_i)||x_i - x_{i-1}| \leqslant$$
$$m|x_i - x_{i-1}| \leqslant m^2|x_{i-1} - x_{i-2}| \cdots \leqslant m^i|x_1 - x_0|$$

其中，ξ_i 介于 x_i 和 x_{i-1} 之间，从而有

$$\xi_i \in (a,b), |\varphi'(\xi_i)| \leqslant m, i = 1,2,\cdots$$

所以，对任意的自然数 p 和 n，有

$$|x_{n+p} - x_n| = \left|\sum_{i=n}^{n+p-1}(x_{i+1} - x_i)\right| \leqslant \sum_{i=n}^{n+p-1}|x_{i+1} - x_i|$$
$$\leqslant \sum_{i=n}^{n+p-1} m^i|x_1 - x_0| = \frac{m^n(1-m^p)}{1-m}|x_1 - x_0|$$

令 $p \to +\infty$，有

$$|\alpha - x_n| \leqslant \frac{m^n}{1-m}|x_1 - x_0|$$

又由

$$|x_{n+1} - x_n| \leqslant m|x_n - x_{n-1}|$$
$$|x_{n+2} - x_{n+1}| \leqslant m^2|x_n - x_{n-1}|$$
$$\vdots$$
$$|x_{n+p} - x_{n+p-1}| \leqslant m^p|x_n - x_{n-1}|$$

其中，p 为任意正整数，所以

$$|x_{n+p}-x_n| \leqslant |x_{n+p}-x_{n+p-1}| + |x_{n+p-1}-x_{n+p-2}| + \cdots + |x_{n+1}-x_n| \leqslant$$

$$(m^p + m^{p-1} + \cdots + m)|x_n - x_{n-1}| = \frac{m-m^{p+1}}{1-m}|x_n - x_{n-1}|$$

令 $p \to +\infty$，则

$$|\alpha - x_n| \leqslant \frac{m}{1-m}|x_n - x_{n-1}|$$

证毕。

式(2-4)说明，只要 $|x_n - x_{n-1}|$ 足够小，就可以保证 x_n 充分接近 α。在实际计算时，常用条件 $|x_n - x_{n-1}| < \varepsilon$ 来控制迭代过程的结束。

例 2.4.2 用迭代法求 $x^3+2x-5=0$ 的根，要求准确到 5 位有效数字。

解 由例 2.2.6 和例 2.2.7 知，方程有唯一实根 $\alpha \in (1,2)$，将方程写成如下形式

$$x = \sqrt[3]{5-2x}$$

并作迭代公式

$$x_{n+1} = \sqrt[3]{5-2x_n}$$

在隔根区间[1,2]内

$$|\varphi'(x)| = \left|\frac{1}{3}\frac{-2}{(5-2x)^{2/3}}\right| = \frac{2}{3}\left|\frac{1}{(5-2x)^{2/3}}\right| \leqslant \frac{2}{3} < 1$$

故迭代必收敛。取 $x_0 = 1$，通过迭代，得

$$x_1 = 1.44225, x_2 = 1.28372, x_3 = 1.34489,$$
$$x_4 = 1.32196, x_5 = 1.33065, x_6 = 1.32737,$$
$$x_7 = 1.32861, x_8 = 1.32814, x_9 = 1.32832,$$
$$x_{10} = 1.32825, x_{11} = 1.32828, x_{12} = 1.32826,$$
$$x_{13} = 1.32827, x_{14} = 1.32827, \cdots$$

取 $\alpha^* = 1.3283$。

迭代法的优点是，不论 x_0 在 $[a,b]$ 上如何选取，都得到相同的结果；计算过程中偶尔发生错误不影响最后正确结果的获得；计算程序简单。

定理 2.4.1 指定了一个固定的区间 $[a,b]$，在此区间内任取一点 x_0 作为初始值，迭代都收敛。这种形式的收敛定理称为**大范围收敛定理**。但当条件不够充分时，预先指定一个区间常常是不可能的。若能使初值 x_0 充分接近根 α，则仍然可以希望迭代收敛。这种情况可以描述成"存在根 α 的一个邻域，当初始值 x_0 在此邻域内任意选取时，迭代都能收敛"，这种形式的收敛定理称为**局部收敛定理**。

定理 2.4.2 设 $\alpha = \varphi(\alpha)$，$\varphi'(x)$ 在包含 α 的某个开区间内连续。如果 $|\varphi'(\alpha)| < 1$，则存在 $\delta > 0$，当 $x_0 \in [\alpha-\delta, \alpha+\delta]$ 时，由式(2-2)产生的序列 $\{x_n\} \subset [\alpha-\delta, \alpha+\delta]$ 且收敛于 α。

证明 总可取常数 L，使 $|\varphi'(\alpha)| < L < 1$，由 $\varphi'(x)$ 的连续性，必存在 $\delta > 0$，当 $x \in [\alpha-\delta, \alpha+\delta]$ 时，有 $|\varphi'(x)| \leqslant L$；根据微分中值定理，当 $x \in [\alpha-\delta, \alpha+\delta]$ 时，有

$$|\varphi(x) - \alpha| = |\varphi(x) - \varphi(\alpha)| = |\varphi'(\xi)||x-\alpha|$$

其中，ξ 介于 x 和 α 之间。

$$|\varphi(x)-\alpha|\leqslant L|x-\alpha|<|x-\alpha|\leqslant\delta$$

即 $\varphi(x)\in[\alpha-\delta,\alpha+\delta]$。根据定理 2.4.1，对任意选取的 $x_0\in[\alpha-\delta,\alpha+\delta]$，由式(2-2)产生的序列 $\{x_n\}\subset[\alpha-\delta,\alpha+\delta]$ 且收敛于 α。

2.4.3 迭代法收敛速度

为描述迭代法的收敛快慢，引入收敛阶的概念。

定义 2.4.1 设序列 $\{x_k\}$ 收敛于 α，并且 $e_k=\alpha-x_k\neq 0(k=0,1,2,\cdots)$，如果存在常数 $r\geqslant 1$ 和常数 $c>0$，使极限

$$\lim_{k\to\infty}\frac{|e_{k+1}|}{|e_k|^r}=c \tag{2-5}$$

成立，或者使得当 $k>K$(某个正整数)时，有

$$\frac{|e_{k+1}|}{|e_k|^r}\leqslant c \tag{2-6}$$

成立，则称序列 $\{x_k\}$ 收敛于 α 具有 r **阶收敛速度**，简称 $\{x_k\}$ 是 r 阶收敛的。常数 c 称为**渐近收敛常数**(因子)。

显然，r 的大小反映序列 $\{x_k\}$ 收敛的快慢程度，r 越大收敛越快。当 $r=1$ 时，称序列 $\{x_k\}$ 是**线性收敛**的，此时必有 $0<c\leqslant 1$；当 $r=2$ 时，称序列 $\{x_k\}$ 是**平方收敛**的(或二次收敛的)；对于 $r>1$ 的情况，统称序列 $\{x_k\}$ 是**超线性收敛**的。

如果函数 $\varphi(x)$ 满足定理 2.4.2 的条件，且 $\varphi'(\alpha)\neq 0$，则在 α 附近有 $0<|\varphi'(x)|<L<1$，由迭代法产生的序列 $\{x_k\}$ 收敛。若取 $x_0\neq\alpha$，必有 $x_k=\varphi(x_{k-1})\neq\alpha(k=1,2,\cdots)$。而且

$$-e_{k+1}=e_{k+1}=\alpha-x_{k+1}=\varphi(\alpha)-\varphi(x_k)=\varphi'(\xi_k)e_k$$

其中，ξ_k 介于 x_k 和 α 之间，所以

$$\lim_{k\to\infty}\frac{|e_{k+1}|}{|e_k|}=|\varphi'(\alpha)|\neq 0$$

在这种情况下 $\{x_k\}$ 是线性收敛的。反之，若 $\varphi'(x)$ 存在且连续，要想得到超线性收敛的序列 $\{x_k\}$，就必然要求 $\varphi'(\alpha)=0$。特别地，对整数阶收敛的情形有以下定理。

定理 2.4.3 设 α 满足 $\varphi(\alpha)=\alpha$，整数 $p>1$，$\varphi^{(p)}(x)$ 在 α 附近连续，且

$$\varphi^{(k)}(\alpha)=0,k=1,2,\cdots,p-1,\varphi^{(p)}(\alpha)\neq 0 \tag{2-7}$$

则由迭代公式

$$x_{k+1}=\varphi(x_k),k=0,1,2,\cdots$$

产生的序列 $\{x_k\}$ 在 α 的某邻域上是 p 阶收敛的。且有

$$\lim_{k\to\infty}\frac{|e_{k+1}|}{|e_k|^p}=\frac{|\varphi^{(p)}(\alpha)|}{p!} \tag{2-8}$$

证明 由 $\varphi'(\alpha)=0$ 及定理 2.4.2 保证了序列 $\{x_k\}$ 的局部收敛性。取充分接近于 α 但不等于 α 的初始值 x_0，则 $x_k\neq\alpha$，$k=1,2,\cdots$，由泰勒公式，得

$$\varphi(x_k)=\varphi(\alpha)+\varphi'(\alpha)(x_k-\alpha)+\cdots+\frac{\varphi^{(p-1)}(\alpha)}{(p-1)!}(x_k-\alpha)^{p-1}+\frac{\varphi^{(p)}(\xi)}{p!}(x_k-\alpha)^p$$

其中，ξ 介于 x_k 和 α 之间。利用式(2-7)，得

$$-|e_{k+1}|=|x_{k+1}-\alpha|=|\varphi(x_k)-\varphi(\alpha)|=\left|\frac{\varphi^{(p)}(\xi)}{p!}(x_k-\alpha)^p\right|=\frac{|\varphi^{(p)}(\xi)|}{p!}|e_k|^p \tag{2-9}$$

由 $\varphi^{(p)}(x)$ 的连续性，对式(2-9)两边取极限得式(2-8)。

证毕。

例 2.4.3 在例 2.4.2 中，$\varphi(x)=\sqrt[3]{5-2x}$，$\varphi'(x)=-\dfrac{2}{3(5-2x)^{2/3}}$在不动点 α 附近连续，且 $\varphi'(\alpha)=-\dfrac{2}{3(5-2\alpha)^{2/3}}=-\dfrac{2}{3\alpha^2}\neq 0$，所以迭代公式

$$x_{k+1}=\sqrt[3]{5-2x_k},k=0,1,2,\cdots$$

是线性收敛的。

2.4.4 加速收敛技术

线性收敛的序列收敛较慢，常常考虑加速收敛的方法。设$\{x_k\}$线性收敛到 α，仍记 $e_k=\alpha-x_k$，且有

$$\lim_{k\to\infty}\frac{e_{k+1}}{e_k}=c,0<c<1$$

当 k 充分大时，有

$$x_{k+1}-\alpha\approx c(x_k-\alpha),x_{k+2}-\alpha\approx c(x_{k+1}-\alpha)$$

由

$$\frac{x_{k+2}-\alpha}{x_{k+1}-\alpha}\approx\frac{x_{k+1}-\alpha}{x_k-\alpha}$$

可解出

$$\alpha\approx\frac{x_kx_{k+2}-x_{k+1}^2}{x_{k+2}-2x_{k+1}+x_k}=x_k-\frac{(x_{x+1}-x_k)^2}{x_{x+2}-2x_{k+1}+x_k} \tag{2-10}$$

式(2-10)右端的值可能会比 x_{k+1}，x_{k+2}更接近于 α。因此可把这个值作为继 x_k 之后的一个新的 x_{k+1}，而原 x_{k+1}，x_{k+2}只起中间值的作用，并把它们记为 y_k 和 z_k。于是得到以下新的迭代公式

$$\begin{cases}y_k=\varphi(x_k),z_k=\varphi(y_k)\\ x_{k+1}=x_k-\dfrac{(y_k-x_k)^2}{z_k-2y_k+x_k}\end{cases},\ k=0,1,2,\cdots \tag{2-11}$$

式(2-11)称为**史蒂芬森加速迭代法**。

定理 2.4.4 设 $\alpha=\varphi(\alpha)$，$\varphi(x)$在包含 α 的某个开区间内具有连续的二阶导函数，并且 $\varphi'(\alpha)\neq 1$，则存在 $\delta>0$，当 $x_0\in[\alpha-\delta,\alpha+\delta]\setminus\{\alpha\}$时，由式(2-11)产生的序列$\{x_k\}$至少以二阶收敛速度收敛于 α。

证明　构造函数

$$\psi(x)=\begin{cases}\alpha, & x=\alpha\\ x-\dfrac{(\varphi(x)-x)^2}{\varphi(\varphi(x))-2\varphi(x)+x}=\dfrac{x\varphi(\varphi(x))-(\varphi(x))^2}{\varphi(\varphi(x))-2\varphi(x)+x}, & x\neq\alpha\end{cases}$$

于是，方程 $x=\psi(x)$ 与方程 $x=\varphi(x)$ 有共同的根 α。并且，式(2－11)就是以 $\psi(x)$ 为迭代函数的简单迭代法：

$$x_{k+1}=\psi(x),k=0,1,2,\cdots$$

利用洛比塔法则，得

$$\lim_{x\to\alpha}\psi(x)=\alpha,\lim_{x\to\alpha}\psi'(x)=0,\lim_{x\to\alpha}\psi''(x)=\frac{(3\varphi'(\alpha)-4)\varphi''(\alpha)}{3(\varphi'(\alpha)-1)}$$

又由 $\varphi'(\alpha)\neq1$，以及 $\varphi''(x)$ 的连续性知，函数 $\psi(x)$ 在包含 α 的某个开区间内具有连续的二阶导函数，并且 $\psi'(\alpha)=0$。所以，由定理2.4.3 知，必存在 $\delta>0$，当 $x_0\in[\alpha-\delta,\alpha+\delta]\backslash\{\alpha\}$ 时，由式(2－11)产生的序列 $\{x_k\}$ 至少以二阶收敛速度收敛于 α。

例 2.4.4　试分别用 $\varphi(x)=10^x-2$ 和 $\varphi(x)=\lg(x+2)$ 的史蒂芬森迭代法求方程 $10^x-x-2=0$ 在区间 $[0,+\infty)$ 内的根。

解　对于 $\varphi(x)=10^x-2,\varphi'(\alpha)=10^{\alpha}\ln10>1$，对于 $\varphi(x)=\lg(x+2),\varphi'(\alpha)=\dfrac{1}{(\alpha+2)\ln10}<\dfrac{1}{2}$，故当 x_0 充分接近 α 时，迭代公式

$$\begin{cases}y_k=10^{x_k}-2,z_k=10^{y_k}-2\\ x_{k+1}=x_k-\dfrac{(y_k-x_k)^2}{z_k-2y_k+x_k}\end{cases},\ k=0,1,2,\cdots \tag{2-12}$$

和

$$\begin{cases}y_k=\lg(x_k+2),z_k=\lg(y_k+2)\\ x_{k+1}=x_k-\dfrac{(y_k-x_k)^2}{z_k-2y_k+x_k}\end{cases},\ k=0,1,2,\cdots \tag{2-13}$$

都至少是平方收敛于 α。现取 $x_0=0.5$，其迭代结果见表 2－3 所列。由此可见两个迭代公式都得到了方程的近似解 $\alpha\approx0.375812087593426$，其精确度达到了 15 位有效数字。

表 2－3

k	公式(2－12)的迭代结果	公式(2－13)的迭代结果
0	0.500000000000000	0.500000000000000
1	0.459030642738056	0.375935526659935
2	0.417785635956166	0.375812087724540
3	0.387820327107946	0.375812087593426
4	0.376884425918174	0.375812087593426
5	0.375820921496610	
6	0.375812088194847	
7	0.375812087593426	
8	0.375812087593426	

值得注意的是，迭代公式

$$\begin{cases} x_0 = 0.5 \\ x_{k+1} = 10^{x_k} - 2 \end{cases}, k = 0, 1, 2, \cdots$$

并不收敛于方程 $10^x - x - 2 = 0$ 在区间 $[0, +\infty)$ 内的根。

2.5 牛顿迭代法

2.5.1 牛顿迭代公式

设有方程 $f(x) = 0$，在 xOy 坐标平面上作曲线 $y = f(x)$，用如下方法求根 α 的近似值。

(1) 在根 α 附近取一点 x_0 作为 α 的第零次近似值。

(2) 以曲线 $y = f(x)$ 在点 $(x_0, f(x_0))$ 的切线与 x 轴交点的横坐标 x_1 作为 α 的第一次近似值。切线方程为

$$y - f(x_0) = f'(x_0)(x - x_0)$$

令 $y = 0$，得切线与 x 轴交点的横坐标，设为 x_1，则

$$x_1 = x_0 - \frac{f(x_0)}{f'(x_0)}$$

(3) 以曲线 $y = f(x)$ 在点 $(x_1, f(x_1))$ 的切线与 x 轴交点的横坐标 x_2 作为 α 的第二次近似值

$$x_2 = x_1 - \frac{f(x_1)}{f'(x_1)}$$

$$\vdots$$

一般地，以曲线 $y = f(x)$ 在点 $(x_n, f(x_n))$ 的切线与 x 轴交点的横坐标 x_{n+1} 作为 α 的第 $n+1$ 次近似值

$$x_{n+1} = x_n - \frac{f(x_n)}{f'(x_n)}, n = 0, 1, \cdots \tag{2-14}$$

$x_0, x_1, \cdots, x_n, \cdots$ 逐次逼近 α（图 2-3）。

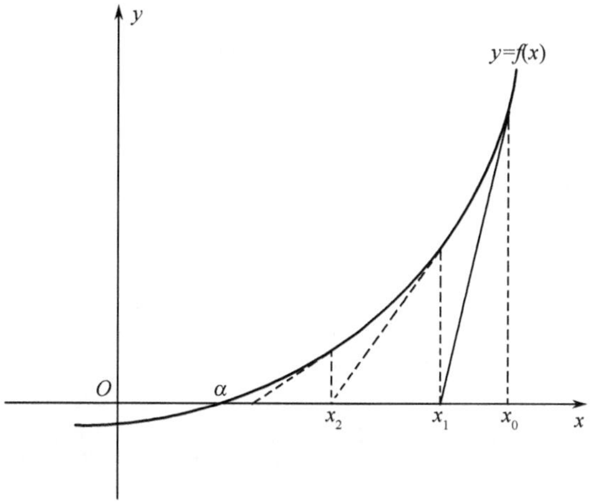

图 2-3　牛顿迭代法示意图

以上介绍的这种求根算法称为牛顿迭代法,也称为切线法。

2.5.2 牛顿迭代法的收敛性

牛顿迭代法可看成是下面方程的迭代公式

$$\begin{cases} x=\varphi(x) \\ \varphi(x)=x-\dfrac{f(x)}{f'(x)} \end{cases}$$

由收敛定理 2.4.1 知,若

$$|\varphi'(x)|\leqslant m<1$$

则迭代收敛。而

$$\varphi'(x)=1-\frac{[f'(x)]^2-f(x)f''(x)}{[f'(x)]^2}=\frac{f(x)f''(x)}{[f'(x)]^2}$$

于是有下面的定理。

定理 2.5.1 若 $f'(x)$ 在根 α 附近不为零,$f''(x)$ 存在,且

$$\left|\frac{f(x)f''(x)}{[f'(x)]^2}\right|\leqslant m<1$$

则牛顿迭代法收敛,有 $\lim\limits_{n\to\infty}x_n=\alpha$。

下面讨论牛顿迭代法的收敛速度。

对于牛顿迭代法,若 $f'(\alpha)\neq 0$,因为 $f(\alpha)=0$,所以

$$\varphi'(\alpha)=\frac{f(\alpha)f''(\alpha)}{[f'(\alpha)]^2}=0$$

这说明牛顿迭代法的收敛速度有可能是超线性的。

事实上,由泰勒公式

$$0=f(\alpha)=f(x_n)+f'(x_n)(\alpha-x_n)+\frac{f''(\xi_n)}{2}(\alpha-x_n)^2$$

得

$$\alpha=x_n-\frac{f(x_n)}{f'(x_n)}-\frac{f''(\xi)}{2f'(x_n)}(\alpha-x_n)^2$$

其中,ξ_n 介于 α 和 x_n 之间。

由牛顿迭代公式

$$x_{n+1}=x_n-\frac{f(x_n)}{f'(x_n)}$$

得

$$\alpha=x_{n+1}-\frac{f''(\xi_n)}{2f'(x_n)}(\alpha-x_n)^2$$

$$\frac{\alpha-x_{n+1}}{(\alpha-x_n)^2}=-\frac{f''(\xi_n)}{2f'(x_n)}$$

即

$$\frac{e_{n+1}}{e_n^2}=-\frac{f''(\xi_n)}{2f'(x_n)}$$

于是

$$\lim_{n\to\infty}\frac{e_{n+1}}{e_n^2} = -\frac{f''(\alpha)}{2f'(\alpha)}$$

若 $f''(\alpha)\neq 0$，则牛顿迭代法的收敛速度是平方收敛的。由此可见，牛顿法的收敛速度是相当快的，但当 $f'(x)\approx 0$ 时，牛顿迭代法收敛较慢。

2.5.3 牛顿迭代法中初始值的选取

如果收敛定理条件满足，则 x_0 可在区间上任取，但验证条件是否满足往往是麻烦的。下面介绍一种较为简便的方法。

若曲线 $y=f(x)$ 在 α 附近有极值点或拐点，牛顿迭代法有可能不收敛，故取隔根区间时，常使 $f'(x)$ 和 $f''(x)$ 在区间内都不变号。

根据 $f'(x)$ 和 $f''(x)$ 的正负，曲线只可能是如图 2-4 所示的 4 种情况，考察各种情况可知，只要把 x_0 选取得使 $f(x_0)$ 和 $f''(x_0)$ 同号，则 $x_0, x_1, x_2, \cdots$ 单调趋于根 α。

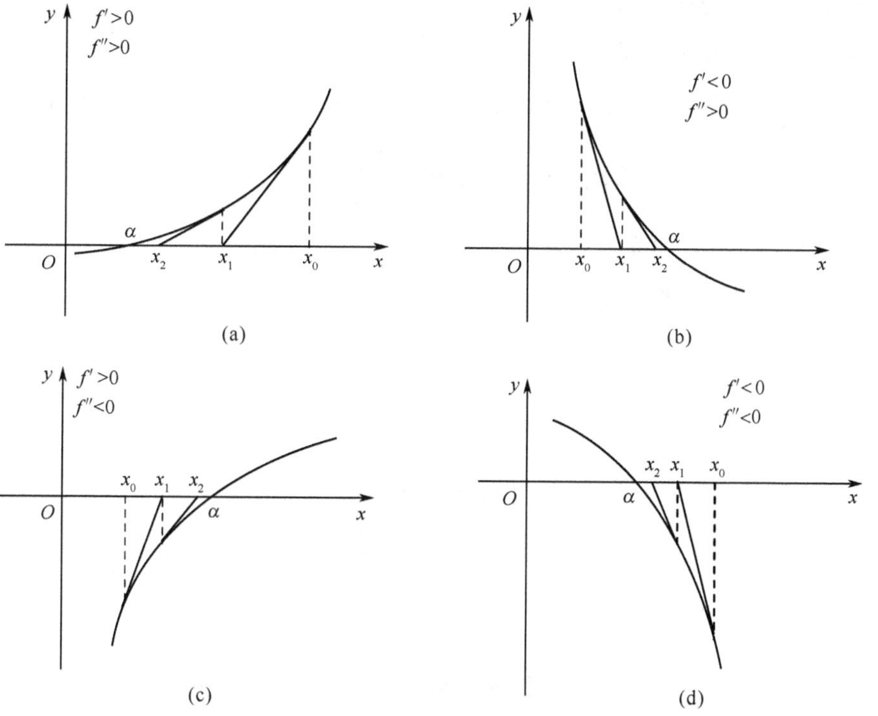

图 2-4 牛顿迭代法初值与其一、二阶导数的关系

例 2.5.1 求方程 $f(x)=x^3-2x^2-4x-7=0$ 在 $[3,4]$ 内的根的近似值(准确到 15 位有效数字)。

解

$$f(3)=-10<0,\qquad f(4)=9>0$$

$$f'(x)=3x^2-4x-4,\quad f''(x)=6x-4$$

$$f''(3)=14,\qquad f''(4)=20$$

取 $x_0=4$，则由牛顿迭代法，得

$$x_1=x_0-\frac{f(x_0)}{f'(x_0)}=3.678571428571428$$

$$x_2=x_1-\frac{f(x_1)}{f'(x_1)}=3.632872548611400$$

$$x_3=x_2-\frac{f(x_2)}{f'(x_2)}=3.631981141507077$$

$$x_4=x_3-\frac{f(x_3)}{f'(x_3)}=3.631980805566111$$

$$x_5=x_4-\frac{f(x_4)}{f'(x_4)}=3.631980805566063$$

$$x_6=x_5-\frac{f(x_5)}{f'(x_5)}=3.631980805566064$$

故取 $\alpha^*=3.631980805566064$。

例 2.5.2 计算$\sqrt{c}$的近似值。

解 令 $x=\sqrt{c}$,则原题等价于求解方程 $x^2-c=0$ 的正根。由牛顿迭代公式,得

$$x_{n+1}=x_n-\frac{x_n^2-c}{2x_n}=\frac{1}{2}\left(x_n+\frac{c}{x_n}\right)$$

这是平方根精确化的有效而简单的方法。

例如,计算 $\sqrt{0.78265}$的近似值,要求按五位有效数字进行计算。不妨取 $x_0=0.8$,通过迭代,得

$$x_1=0.88916$$

$$x_2=0.88469$$

$$x_3=0.88468$$

$$x_4=0.88468$$

所以 $\sqrt{0.78265}\approx0.88468$($\sqrt{0.78265}$的精确值为 0.88467508…)。

2.6 弦截法

设 x_{n-1},x_n 是$f(x)=0$ 的两个近似根,过两点$(x_{n-1},f(x_{n-1}))$和$(x_n,f(x_n))$作直线,将直线与 x 轴交点的横坐标 x_{n+1}作为$f(x)=0$ 的新的近似根(图 2-5)。

现推导求 x_{n+1}的迭代公式。过两点$(x_{n-1},f(x_{n-1}))$和$(x_n,f(x_n))$的直线的方程为

$$y=f(x_n)+\frac{f(x_n)-f(x_{n-1})}{x_n-x_{n-1}}(x-x_n)$$

令 $y=0$,得直线与 x 轴交点的横坐标

$$x_{n+1}=x_n-\frac{f(x_n)}{f(x_n)-f(x_{n-1})}(x_n-x_{n-1}),\quad n=1,2,\cdots \tag{2-15}$$

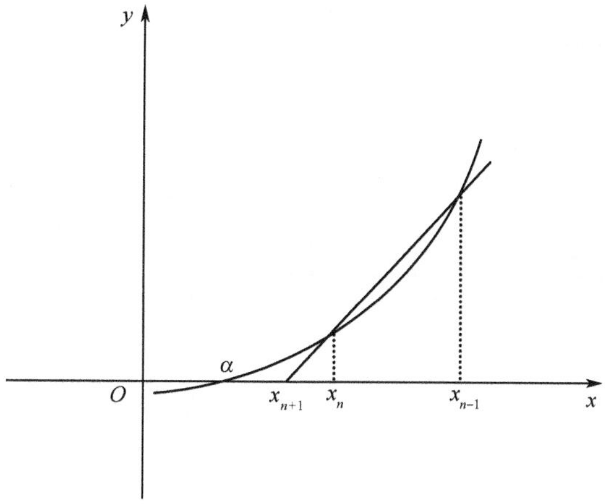

图 2-5　弦截法

这种求根算法称为**弦截法**，其公式可以看作是牛顿法公式中，$f'(x_n)$ 用近似值 $\frac{f(x_n)-f(x_{n-1})}{x_n-x_{n-1}}$ 取代的结果。

弦截法和切线法都是用直线代替曲线求根的近似值的方法，称为**线性化方法**。切线法在计算 x_{n+1} 时只用到前一步的 x_n，但每一步都要计算导数值 $f'(x_n)$；弦截法不需要求导数，但每一步都要用到前两步的结果 x_n 和 x_{n-1}。使用弦截法必须先给出两个初始值 x_0 和 x_1。

当 $f(x)$ 在根 α 的某个邻域内一阶导数不为零，二阶导数连续时，可以证明弦截法是按阶 $p=(1+\sqrt{5})/2\approx 1.618$ 收敛的。

例 2.6.1　用弦截法求方程 $x-\ln x=2$ 在区间 $(2,+\infty)$ 内的根，要求 $\frac{|x_k-x_{k-1}|}{|x_k|}<10^{-15}$ 或 $f(x_k)<10^{-15}$。

解　令 $f(x)=x-\ln x-2$，则在区间 $(2,+\infty)$ 内有 $f'(x)=1-\frac{1}{x}>0$，即 $f(x)$ 在区间 $(2,+\infty)$ 内严格单调递增，从而在该区间内最多只有一个根，又 $f(2)=-\ln 2<0$，$f(4)=2(1-\ln 2)>0$，所以，原方程在 $(2,+\infty)$ 内有且仅有一个根 α，且 $\alpha\in(2,4)$。

取 $x_0=2$，$x_1=4$，利用牛顿迭代公式

$$x_{n+1}=x_n-\frac{f(x_n)}{f(x_n)-f(x_{n-1})}(x_n-x_{n-1}),\ n=1,2,\cdots$$

进行计算，其结果见表 2-4 所列。

表 2-4　例 2.6.1 的计算结果

k	x_k	$f(x_k)$	$\varepsilon_k=\frac{\|x_k-x_{k-1}\|}{\|x_k\|}$
0	2	-6.93×10^{-1}	
1	4	6.14×10^{-1}	
2	3.060788438069005	-5.79×10^{-2}	2.35×10^{-1}
3	3.141738780867362	-3.04×10^{-3}	2.64×10^{-2}
4	3.146222134426150	1.97×10^{-5}	1.43×10^{-3}

（续）

k	x_k	$f(x_k)$	$\varepsilon_k=\frac{\lvert x_k-x_{k-1}\rvert}{\lvert x_k\rvert}$
5	3.146193211071446	-6.51×10^{-9}	9.19×10^{-6}
6	3.146193220620562	-1.40×10^{-14}	3.04×10^{-9}
7	3.146193220620583	0	6.49×10^{-15}

所以，方程的近似根可取为 $\alpha^*=x_7=3.146193220620583$。

2.7 用牛顿迭代法解方程组

牛顿迭代公式也可用下述方法得到，设已知根 α 的第 n 次近似值为 x_n，由泰勒展开式

$$0=f(x)=f(x_n)+f'(x_n)(x-x_n)+\frac{f''(x_n)}{2}(x-x_n)^2+\cdots$$

得线性近似方程

$$f(x_n)+f'(x_n)(x-x_n)=0$$

其根

$$x_{n+1}=x_n-\frac{f(x_n)}{f'(x_n)}$$

作为 α 的第 $(n+1)$ 次近似值。

用同样的方法可得非线性方程组的牛顿迭代公式。设有非线性方程组

$$\begin{cases}u(x,y)=0\\v(x,y)=0\end{cases}\tag{2-16}$$

和根的一对初始值 (x_0,y_0)。

由二元函数泰勒展开式得式(2-16)在 (x_0,y_0) 处的线性近似方程组

$$\begin{cases}u(x_0,y_0)+\dfrac{\partial u(x_0,y_0)}{\partial x}(x-x_0)+\dfrac{\partial u(x_0,y_0)}{\partial y}(y-y_0)=0\\v(x_0,y_0)+\dfrac{\partial v(x_0,y_0)}{\partial x}(x-x_0)+\dfrac{\partial v(x_0,y_0)}{\partial y}(y-y_0)=0\end{cases}$$

这是关于 x,y 的线性方程组，只要系数行列式不为零，就可唯一地求得一组解 (x_1,y_1)，将它作为式(2-16)的根的第一次近似值。

一般地，可得式(2-16)的近似方程组

$$\begin{cases}u(x_n,y_n)+\dfrac{\partial u(x_n,y_n)}{\partial x}(x-x_n)+\dfrac{\partial u(x_n,y_n)}{\partial y}(y-y_n)=0\\v(x_n,y_n)+\dfrac{\partial v(x_n,y_n)}{\partial x}(x-x_n)+\dfrac{\partial v(x_n,y_n)}{\partial y}(y-y_n)=0\end{cases}$$

其中，(x_n,y_n) 是根的第 n 次近似值。

解此方程组得根的第 $(n+1)$ 次近似值 (x_{n+1},y_{n+1})。设

$$J_n=\begin{vmatrix}\frac{\partial u(x_n,y_n)}{\partial x} & \frac{\partial u(x_n,y_n)}{\partial y}\\ \frac{\partial v(x_n,y_n)}{\partial x} & \frac{\partial v(x_n,y_n)}{\partial y}\end{vmatrix}\neq 0$$

则有迭代公式

$$\begin{cases}x_{n+1}=x_n+\dfrac{1}{J_n}\begin{vmatrix}\frac{\partial u(x_n,y_n)}{\partial y} & u(x_n,y_n)\\ \frac{\partial v(x_n,y_n)}{\partial y} & v(x_n,y_n)\end{vmatrix}\\ y_{n+1}=y_n+\dfrac{1}{J_n}\begin{vmatrix}u(x_n,y_n) & \frac{\partial u(x_n,y_n)}{\partial x}\\ v(x_n,y_n) & \frac{\partial v(x_n,y_n)}{\partial x}\end{vmatrix}\end{cases} \tag{2-17}$$

例 2.7.1 用式(2-17)求下列方程组的一对根

$$\begin{cases}u(x,y)=x^3+y^3-4=0\\ v(x,y)=x^4+y^2-3=0\end{cases}$$

已知初始近似值 $x_0=1,y_0=1.4$。

解 因为$\frac{\partial u}{\partial x}=3x^2,\frac{\partial u}{\partial y}=3y^2,\frac{\partial v}{\partial x}=4x^3,\frac{\partial v}{\partial y}=2y$,所以

$$J_n=\begin{vmatrix}3x_n^2 & 3y_n^2\\ 4x_n^3 & 2y_n\end{vmatrix}=6x_n^2y_n(1-2x_ny_n)$$

$$\begin{vmatrix}3y_n^2 & x_n^3+y_n^3-4\\ 2y_n & x_n^4+y_n^2-3\end{vmatrix}=3y_n^2(x_n^4+y_n^2-3)-2y_n(x_n^3+y_n^3-4)$$

$$\begin{vmatrix}x_n^3+y_n^3-4 & 3x_n^2\\ x_n^4+y_n^2-3 & 4x_n^3\end{vmatrix}=4x_n^3(x_n^3+y_n^3-4)-3x_n^2(x_n^4+y_n^2-3)$$

故有迭代公式

$$\begin{cases}x_{n+1}=x_n+\dfrac{3y_n^2(x_n^4+y_n^2-3)-2y_n(x_n^3+y_n^3-4)}{6x_n^2y_n(1-2x_ny_n)}\\ y_{n+1}=y_n+\dfrac{4x_n^3(x_n^3+y_n^3-4)-3x_n^2(x_n^4+y_n^2-3)}{6x_n^2y_n(1-2x_ny_n)}\end{cases}$$

现按 5 位小数进行计算,得

$$\begin{cases}x_0=1\\ y_0=1.4\end{cases},\quad\begin{cases}x_1=0.96815\\ y_1=1.45979\end{cases},\quad\begin{cases}x_2=0.96763\\ y_2=1.45716\end{cases},$$

$$\begin{cases}x_3=0.96764\\ y_3=1.45716\end{cases},\quad\begin{cases}x_4=0.96764\\ y_4=1.45716\end{cases}$$

因此方程组的一对近似根可取为

$$\begin{cases}x^* = 0.96764 \\ y^* = 1.45716\end{cases}$$

习　题　2

1. 用作图法找出下列方程的隔根区间(要求区间长度不超过1)。

(1) $x + 2^x - 4 = 0$;

(2) $\cos x + \sin x - 4x = 0$。

2. 将方程 $f(x) = x^3 - 3x - 1 = 0$ 的根进行隔离。

3. 求方程 $f(x) = x^3 - 3x - 1 = 0$ 的正根,要求误差不超过0.01。

4. 用对分法求方程 $x^2 - x - 1 = 0$ 的正根,要求误差不超过0.005。

5. 用对分法求方程 $e^x + 10x - 2 = 0$ 在(0,1)内的根,要求误差不超过0.01。

6. 求 $x - \sin x - 0.25 = 0$ 的实根,准确到小数点后第3位。

7. 用迭代法求解方程

(1) $x = 4 - 2^x$,准确到小数点后第3位。

(2) $x = (\cos x + \sin x)/4$,准确到小数后第5位。

8. 求 $x + \lg x - 0.5 = 0$ 在0.7附近的根,要求准确到小数点后第4位。

9. 用牛顿迭代法求方程 $x^3 - 3x - 1 = 0$ 的正根,准确到4位有效数字。

10. 已知$\sqrt{2}$的一个近似值是 $x_0 = 1.414$,用牛顿迭代法 $x_1 = \frac{1}{2}\left(x_0 + \frac{2}{x_0}\right)$ 计算 x_1(保留9位有效数字),并与准确值$\sqrt{2} = 1.414213562373\cdots$比较。

11. 用牛顿迭代法解方程 $x^n - a = 0$,导出求$\sqrt[n]{a}$的近似公式。

12. 用牛顿迭代法解方程$\frac{1}{x} - c = 0$,导出计算 c 的倒数而不用除法的一种算法。用此算法求0.324的倒数,取初始值 $x_0 = 3$,要求计算结果有5位有效数字。

13. 已知方程 $f(x) = x^3 - 2x - 5 = 0$。

(1) 方程有几个正根? 求正根的隔根区间。

(2) 用对分法求正根,误差不超过0.01。

(3) 用牛顿迭代法求正根,准确到5位有效数字,取 $x_0 = 2$。

(4) 用牛顿迭代法求正根,准确到5位有效数字,取 $x_0 = 2$,并与一般迭代法比较迭代次数。

14. 用牛顿迭代法求解方程组

$$\begin{cases}u = x^2 + y^2 - 1 = 0 \\ v = x^3 - y = 0\end{cases}$$

的近似解。取 $x_0 = 0.8, y_0 = 0.6$,作3次迭代(按4位有效数字进行计算)。

15. 解方程组

$$\begin{cases}2x^3 - y^2 - 1 = 0 \\ xy^3 - y - 4 = 0\end{cases}$$

取$(x_0, y_0) = (1.2, 1.7)$(准确到小数点后第 4 位)。

16. (1) 编写用对分法求根的程序。设方程为$f(x)=0$,隔根区间为(a,b),根的绝对误差限为 E。

(2) 用所编写的程序求第 3 题 ~ 第 5 题的根。

17. (1) 编写用牛顿迭代法求根的程序。设方程为$f(x)=0$,隔根区间为(a,b),要求准确到小数点后第 N 位。

(2) 用所编写的程序求第 8 题、第 9 题和第 13(4)题的根。

第3章　线性方程组的解法

3.1　引　　言

线性方程组的求解方法在科学计算中占有极其重要的地位。一方面,在工程技术领域,经常以线性方程组作为其基本模型,例如电学网络问题、热传导问题、质谱仪数据分析、CT 图像重建等;另一方面,在许多有效的数值方法中,求解线性方程组是其中的关键步骤,如样条插值法、矩阵特征值问题、微分方程数值解法等,都离不开线性方程组的求解。

设有线性方程组

$$\begin{cases} a_{11}x_1 + a_{12}x_2 + \cdots + a_{1n}x_n = b_1 \\ a_{21}x_1 + a_{22}x_2 + \cdots + a_{2n}x_n = b_2 \\ \qquad\vdots \\ a_{n1}x_1 + a_{n2}x_2 + \cdots + a_{nn}x_n = b_n \end{cases} \tag{3-1}$$

或写成矩阵形式

$$\boldsymbol{A}\boldsymbol{x} = \boldsymbol{b} \tag{3-2}$$

其中

$$\boldsymbol{A} = \begin{pmatrix} a_{11} & a_{12} & \cdots & a_{1n} \\ a_{21} & a_{22} & \cdots & a_{2n} \\ \vdots & \vdots & & \vdots \\ a_{n1} & a_{n2} & \cdots & a_{nn} \end{pmatrix}, \boldsymbol{x} = \begin{pmatrix} x_1 \\ x_2 \\ \vdots \\ x_n \end{pmatrix}, \boldsymbol{b} = \begin{pmatrix} b_1 \\ b_2 \\ \vdots \\ b_n \end{pmatrix}$$

设系数矩阵 $\boldsymbol{A}$ 非奇异(即 $\boldsymbol{A}$ 可逆),即 $\boldsymbol{A}$ 的行列式 $\det(\boldsymbol{A}) \neq 0$,则式(3-1)有唯一解。理论上,可以用克莱姆法则

$$x_j = \frac{\Delta_j}{\Delta}, \quad j = 1, 2, \cdots, n$$

求式(3-1)的唯一的解,其中,$\Delta = \det(\boldsymbol{A})$,$\Delta_j$ 是 $\boldsymbol{A}$ 中第 j 列换成向量 $\boldsymbol{b}$ 所得的矩阵的行列式。假定采用按某行(或列)展开的方法计算行列式,那么,用克莱姆法则求解一个形如式(3-1)的 n 元线性方程组所需的乘法次数为 $(n-1)(n+1)!$。当 n 稍大时,其运算量非常大。所以,克莱姆法则是一个效率低、经济效益差的算法,在实际工作中很少使用。

线性方程组的数值解法可分为直接法和迭代法两大类方法。直接法的特点是,运用此类方法求解线性方程组时,如果计算过程中没有舍入误差,那么经过有限次四则运算就能求得式(3-1)的精确解。但由于实际运算中总有舍入误差,因此直接法求得的解也只能是近似解。迭代法首先选取一组初值,再运用同样的计算步骤,重复计算,求得近似解。由于这类方法中出现了极限过程,因此必须研究迭代过程的收敛性。

本章先讨论求解线性方程组的直接法，包括高斯消去法及其变形、直接三角分解法；然后讨论迭代法，包括雅可比迭代法、高斯—塞得尔迭代法和松弛法。

3.2 高斯消去法

直接法的基本思想是利用方程组的变形，逐步将方程组转化为一个简单的、易于求解的特殊形式的线性方程组（如三角形方程组），然后再求解这一特殊形式的同解线性方程组。高斯消去法便是通过消元过程将方程组约化成上三角形方程组而完成的。

3.2.1 顺序高斯消去法

为了对高斯消去法有一个较清楚的了解，先看下列 4 个未知数的线性方程组的求解过程。

例 3.2.1 求解线性方程组

$$\begin{cases} x_1 + x_2 + 3x_4 = 4 \\ 2x_1 + x_2 - x_3 + x_4 = 1 \\ 3x_1 - x_2 - x_3 + 2x_4 = -3 \\ -x_1 + 2x_2 + 6x_3 - x_4 = 4 \end{cases} \tag{3-3}$$

解 消去法的第 1 步是用式(3-1)的第 1 个方程消去其余方程中的未知数 x_1，这可分别将第 1 个方程的 -2 倍、-3 倍和 1 倍加到第 2 个 ~ 第 4 个方程上，得

$$\begin{cases} x_1 + x_2 + 3x_4 = 4 \\ -x_2 - x_3 - 5x_4 = -7 \\ -4x_2 - x_3 - 7x_4 = -15 \\ 3x_2 + 6x_3 + 2x_4 = 8 \end{cases} \tag{3-4}$$

第 2 步是利用式(3-4)的第 2 个方程将第 3、第 4 个方程中的未知数 x_2 消去。为此，可将第 2 个方程的 -4 倍和 3 倍分别加到第 3 个、第 4 个方程上，得

$$\begin{cases} x_1 + x_2 + 3x_4 = 4 \\ -x_2 - x_3 - 5x_4 = -7 \\ 3x_3 + 13x_4 = 13 \\ 3x_3 - 13x_4 = -13 \end{cases} \tag{3-5}$$

第 3 步是利用式(3-5)的第 3 个方程将第 4 个方程的中的未知数 x_3 消去。为此，可将第 3 个方程的 -1 倍加到第 4 个方程上，得

$$\begin{cases} x_1 + x_2 + 3x_4 = 4 \\ -x_2 - x_3 - 5x_4 = -7 \\ 3x_3 + 13x_4 = 13 \\ -26x_4 = -26 \end{cases} \tag{3-6}$$

到此为止，消元过程结束。并且可以从式(3-6)的最后一个方程解出 $x_4 = 1$，将其代入第 3 个

方程可解出 $x_3=0$，再将 $x_3=0$ 和 $x_4=1$ 代入第 2 个方程解出 $x_2=2$，最后，将 $x_2=2$、$x_3=0$ 和 $x_4=1$ 代入第 1 个方程解出 $x_1=-1$。这样就完成了对式(3-3)的求解，其解为 $x_1=-1$，$x_2=2$，$x_3=0$，$x_4=1$。

以上求解线性方程组的过程称为**顺序高斯消去法**，其中，利用加减消元法将式(3-3)化为系数矩阵为上三角矩阵的上三角形方程组(式(3-6))的过程称为**消元**过程，而由式(3-6)依次求出 x_4、x_3、x_2、x_1 称为**回代**过程。

一般顺序高斯消去法主要包含消元和回代两个过程。消元过程就是对式(3-1)的增广矩阵($\boldsymbol{A}|\boldsymbol{b}$)做有限次的初等行变换，使它的系数矩阵部分变为上三角矩阵。所用的初等变换主要是用一个数乘以某一行加到另一行上。

如例 3.2.1 中的消元过程可用矩阵的初等行变换代替

$$(\boldsymbol{A}|\boldsymbol{b})=\left(\begin{array}{cccc|c}1&1&0&3&4\\2&1&-1&1&1\\3&-1&-1&2&-3\\-1&2&6&-1&4\end{array}\right)$$

$$\xrightarrow[(4)+(1)\times1]{\substack{(2)-(1)\times2\\(3)-(1)\times3}}\left(\begin{array}{cccc|c}1&1&0&3&4\\0&-1&-1&-5&-7\\0&-4&-1&-7&-15\\0&3&6&2&8\end{array}\right)$$

$$\xrightarrow[(4)+(2)\times3]{(3)-(2)\times4}\left(\begin{array}{cccc|c}1&1&0&3&4\\0&-1&-1&-5&-7\\0&0&3&13&13\\0&0&3&-13&-13\end{array}\right)$$

$$\xrightarrow{(4)-(3)\times1}\left(\begin{array}{cccc|c}1&1&0&3&4\\0&-1&-1&-5&-7\\0&0&3&13&13\\0&0&0&-26&-26\end{array}\right)\tag{3-7}$$

式(3-7)中的矩阵正是式(3-6)对应的增广矩阵。

类似地，可以推导出以下求解一般 n 元线性方程组(式(3-1))的顺序高斯消去法。

算法 3.1 顺序高斯消去法

输入：系数矩阵 $\boldsymbol{A}$、右端常向量 $\boldsymbol{b}$，未知数个数 n。

输出：线性方程组 $\boldsymbol{Ax}=\boldsymbol{b}$ 的解向量 $\boldsymbol{x}$ 或失败信息。

(1) 置 $\boldsymbol{A}^{(1)}=(a_{ij}^{(1)})_{n\times n}=(a_{ij})_{n\times n}=\boldsymbol{A}$，$\boldsymbol{b}^{(1)}=(b_1^{(1)},b_2^{(1)},\cdots,b_n^{(1)})^{\mathrm{T}}=\boldsymbol{b}$。

(2) 消元过程。对 $k=1,2,\cdots,n-1$ 执行以下消元过程。

① 如果 $a_{kk}^{(k)}=0$，输出“$a_{kk}^{(k)}=0$，顺序高斯消去法不能继续进行”的错误信息，停止计算。否则转②；

② 对 $i=k+1,k+2,\cdots,n$,计算

$$l_{ik}=a_{ik}^{(k)}/a_{kk}^{(k)}$$

$$a_{ij}^{(k+1)}=a_{ij}^{(k)}-l_{ik}a_{kj}^{(k)},\quad j=k+1,k+2,\cdots,n$$

$$b_i^{(k+1)}=b_i^{(k)}-l_{ik}b_k^{(k)}$$

(3) 回代过程。

① 如果 $a_{nn}^{(n)}=0$,输出“$a_{nn}^{(n)}=0$,顺序高斯消去法不能继续进行”的错误信息,停止计算。否则转②;

② 计算

$$x_n=b^{(n)}/a_{nn}^{(n)}$$

$$x_k=\left(b_k^{(k)}-\sum_{j=k+1}^{n}a_{kj}^{(k)}x_j\right)/a_{kk}^{(k)},\quad k=n-1,n-2,\cdots,2,1$$

③ 输出解向量 $\boldsymbol{x}=(x_1,x_2,\cdots,x_n)^{\mathrm{T}}$。

由算法 3.1 统计出顺序高斯消去法求解 n 元线性方程组所需的乘除法运算总次数为$\dfrac{n^3}{3}+n^2-\dfrac{n}{3}$,加减法运算总次数为$\dfrac{n^3}{3}+\dfrac{n^2}{2}-\dfrac{5n}{6}$。与克莱姆法则相比,顺序高斯消去法的运算量大为减少。例如,当 $n=20$ 时,克莱姆法则所需的乘除法运算总次数超过 5×10^{19} 次,而顺序高斯消去法只需 3060 次。

顺序高斯消去法计算过程中出现的 $a_{kk}^{(k)}(k=1,2,\cdots,n)$ 称为**主元素**。它们是由原始增广矩阵$(\boldsymbol{A}|\boldsymbol{b})$按自然顺序消元产生的。即使 $\det(\boldsymbol{A})\neq0$ 也可能对某个 $k<n$,出现 $a_{kk}^{(k)}=0$,这时消元过程就进行不下去了。

定理 3.2.1 顺序高斯消去法的所有主元素 $a_{kk}^{(k)}(k=1,2,\cdots,n)$ 均不为零的充分必要条件是式(3-1)的系数矩阵 $\boldsymbol{A}$ 的 n 个顺序主子式

$$D_k=\begin{vmatrix}a_{11}&\cdots&a_{1k}\\ \vdots&&\vdots\\ a_{k1}&\cdots&a_{kk}\end{vmatrix}=\begin{vmatrix}a_{11}^{(1)}&\cdots&a_{1k}^{(1)}\\ \vdots&&\vdots\\ a_{k1}^{(1)}&\cdots&a_{kk}^{(1)}\end{vmatrix}\neq0,\quad k=1,2,\cdots,n \tag{3-8}$$

证明 由于在顺序高斯消元过程中,只对系数矩阵做了第 3 类的初等行变换,即用一个非零的数乘某一行加到另一行上,这不改变对应子矩阵的行列式的值。因此有

$$D_k=\begin{vmatrix}a_{11}^{(1)}&\cdots&a_{1k}^{(1)}\\ \vdots&&\vdots\\ a_{k1}^{(1)}&\cdots&a_{kk}^{(1)}\end{vmatrix}=\begin{vmatrix}a_{11}^{(1)}&\cdots&a_{1k}^{(1)}\\ &\ddots&\vdots\\ &&a_{kk}^{(k)}\end{vmatrix}=a_{11}^{(1)}a_{22}^{(2)}\cdots a_{kk}^{(k)},\quad k=1,2,\cdots,n$$

所以,如果顺序高斯消去法的所有主元素 $a_{kk}^{(k)}(k=1,2,\cdots,n)$ 均不为零,则有 $D_k\neq0(k=1,2,\cdots,n)$;反之,若所有顺序主子式 $D_k\neq0(k=1,2,\cdots,n)$,则由 $D_1\neq0$,得 $a_{11}^{(1)}=D_1\neq0$,$a_{kk}^{(k)}=\dfrac{D_k}{D_{k-1}}\neq0,k=2,3,\cdots,n$。

3.2.2 主元消去法

在顺序高斯消去法中，如遇到某个 $a_{kk}^{(k)}$ 为零，消去过程就要中断，如果不为零，但绝对值很小，在求 $l_{ik}=a_{ik}^{(k)}/a_{kk}^{(k)}$ 时，不是因 l_{ik} 数值过大，造成计算机溢出停机，就是舍入误差过大，与精确解相差甚远。

例 3.2.2 用顺序高斯消去法解线性方程组

$$\begin{cases}0.0003x_1+3.0000x_2=2.0001\\1.0000x_1+1.0000x_2=1.0000\end{cases}\tag{3-9}$$

要求每步运算保留到小数点后 4 位。

解 按 4 位小数计算，有 $l_{21}=\dfrac{1.0000}{0.0003}\approx3333.3333$，用第 2 个方程减去第 1 个方程的 l_{21} 倍，从而消去第 2 个方程中的 x_1，得

$$\begin{cases}0.0003x_1+3.0000x_2=2.0001\\\qquad -9998.9999x_2=-6665.9999\end{cases}\tag{3-10}$$

回代求解

$$\begin{cases}x_2=\dfrac{6665.9999}{9998.9999}\approx0.6667\\x_1=\dfrac{2.0001-3.0000\times0.6667}{0.0003}=0\end{cases}$$

这个结果与原方程组的精确解 $\boldsymbol{x}=\left(\dfrac{1}{3},\dfrac{2}{3}\right)^{\mathrm{T}}$ 相差太远了。

如果将未知数的次序对调一下，即

$$\begin{cases}3.0000x_2+0.0003x_1=2.0001\\1.0000x_2+1.0000x_1=1.0000\end{cases}$$

再按顺序高斯消去法，同样按 4 位小数计算，其计算过程为

$$l_{21}=\frac{1.0000}{3.0000}\approx0.3333$$

用第 2 个方程减去第 1 个方程的 l_{21} 倍，从而消去第 2 个方程中的 x_2，得

$$\begin{cases}3.0000x_2+0.0003x_1=2.0001\\\qquad 0.9999x_1=0.3334\end{cases}\tag{3-11}$$

注：这里直接置第 2 个方程中 x_2 的系数为 0，虽然实际计算为 0.0001。

回代求解

$$\begin{cases}x_1=\dfrac{0.3334}{0.9999}\approx0.3334\\x_2=\dfrac{2.0001-0.0003\times0.3334}{3}\approx0.6667\end{cases}$$

计算结果与精确解相差无几。

两种消去过程为何差别如此大呢？下面分析计算过程的误差。

设式(3-9)的准确解为 $\boldsymbol{x}=(x_1,x_2)^{\mathrm{T}}$,顺序高斯消去法得到的解记为 $\boldsymbol{x}^{(1)}=(x_1^{(1)},x_2^{(1)})^{\mathrm{T}}$,改进方法得到的解记为 $\boldsymbol{x}^{(2)}=(x_1^{(2)},x_2^{(2)})^{\mathrm{T}}$。记 $\boldsymbol{e}^{(1)}=\boldsymbol{x}-\boldsymbol{x}^{(1)}=(e_1^{(1)},e_2^{(1)})^{\mathrm{T}}$,$\boldsymbol{e}^{(2)}=\boldsymbol{x}-\boldsymbol{x}^{(2)}=(e_1^{(2)},e_2^{(2)})^{\mathrm{T}}$ 为两个计算结果的绝对误差。由式(3-10)和式(3-11)的第1个方程,得

$$0.0003e_1^{(1)}+3.0000e_2^{(1)}=0 \tag{3-12}$$

$$0.0003e_1^{(2)}+3.0000e_2^{(2)}=0 \tag{3-13}$$

顺序高斯消去法先得到的是 $x_2^{(1)}$,其误差为 $e_2^{(1)}=-0.0000\dot{3}$,代入式(3-12),得

$$e_1^{(1)}=0.0000\dot{3}\times 10000=0.\dot{3}$$

即在计算 x_1 的解时,$x_2^{(1)}$ 的误差影响被放大了10000倍,从而得到完全错误的结果。而改进的计算过程先得到的是 $x_1^{(2)}$,其误差为 $e_1^{(2)}=-0.0000\dot{6}$,将其代入式(3-13),得

$$e_2^{(2)}=0.0000\dot{6}\times 0.0001=0.\dot{6}\times 10^{-8}$$

由于计算保留4位小数,所以在计算 x_2 的解时,这一误差不对计算结果产生影响。所以,改进的计算过程准确地得到了 x_2 的4位小数解。

一般地,在消元过程中,对于计算公式

$$a_{ij}^{(k+1)}=a_{ij}^{(k)}-l_{ik}a_{kj}^{(k)} \text{ 和 } b_i^{(k+1)}=b_i^{(k)}-l_{ik}b_k^{(k)}$$

当 $|l_{ik}|>1$ 时,若 $a_{kj}^{(k)}$(或 $b_k^{(k)}$)具有误差 e,则在 $a_{ij}^{(k+1)}$(或 $b_k^{(k+1)}$)中就会引入比 e 更大的误差 $l_{ik}e$;相反,当 $|l_{ik}|<1$ 时,在 $a_{ij}^{(k+1)}$(或 $b_k^{(k+1)}$)中引入的误差小于 e。类似地也可以分析回代过程的误差传播。

总之,为达到减小误差的目的,应设法使下面两个公式中的 $|a_{kk}^{(k)}|$ 的数值尽可能大:

$$l_{ik}=a_{ik}^{(k)}/a_{kk}^{(k)}$$

$$x_k=(b_k^{(k)}-\sum_{j=k+1}^{n}a_{kj}^{(k)}x_j)/a_{kk}^{(k)}$$

为此,对简单消去法作如下改进,用方程或未知量次序交换的方法选择绝对值尽可能大的系数作为第 k 步消元过程中的主元素,这样的消去法称为**选主元高斯消去法**。下面给出它的具体计算步骤。

算法3.2 选主元高斯消去法

输入:系数矩阵 $\boldsymbol{A}$、右端常向量 $\boldsymbol{b}$,未知数个数 n。

输出:线性方程组 $\boldsymbol{Ax}=\boldsymbol{b}$ 的解向量 $\boldsymbol{x}$ 或失败信息。

(1) 置 $\boldsymbol{A}^{(1)}=(a_{ij}^{(1)})_{n\times n}=(a_{ij})_{n\times n}=\boldsymbol{A}$,$\boldsymbol{b}^{(1)}=(b_1^{(1)},b_2^{(1)},\cdots,b_n^{(1)})^{\mathrm{T}}=\boldsymbol{b}$,$\boldsymbol{c}=(1,2,\cdots,n)^{\mathrm{T}}$。

(2) 消元过程。对 $k=1,2,\cdots,n-1$ 执行以下消元过程:

① 选择 $a_{i_kj_k}^{(k)}$,使之满足

$$|a_{i_kj_k}^{(k)}|=\max_{\substack{k\leqslant i\leqslant n\\ k\leqslant j\leqslant n}}|a_{ij}^{(k)}|$$

② 如果 $a_{i_kj_k}^{(k)}=0$,输出"系数矩阵的行列式为零,主元高斯消去法不能继续进行"的错误信息,停止计算,否则转③;

③ 如果 $i_k\neq k$,交换第 k 行与第 i_k 行,即进行以下互换操作:

$$t=a_{kj}^{(k)},a_{kj}^{(k)}=a_{i_kj}^{(k)},a_{i_kj}^{(k)}=t,\quad j=k,k+1,\cdots,n$$

$$t=b_k^{(k)},b_k^{(k)}=b_{i_k}^{(k)},b_{i_k}^{(k)}=t$$

④ 如果 $j_k\neq k$,交换第 k 列与第 j_k 列,即进行以下互换操作:

$$t=a_{ik}^{(i)},a_{ik}^{(i)}=a_{ij_k}^{(i)},a_{ij_k}^{(i)}=t,\quad i=1,2,\cdots,n$$

$$t=c_k,c_k=c_{j_k},c_{j_k}=t$$

⑤ 对 $i=k+1,k+2,\cdots,n$,计算

$$l_{ik}=a_{ik}^{(k)}/a_{kk}^{(k)}$$

$$a_{ij}^{(k+1)}=a_{ij}^{(k)}-l_{ik}a_{kj}^{(k)},\quad j=k+1,k+2,\cdots,n$$

$$b_i^{(k+1)}=b_i^{(k)}-l_{ik}b_k^{(k)}$$

(3)回代过程。

① 如果 $a_{nn}^{(n)}=0$,输出"系数矩阵的行列式为零,主元高斯消去法不能继续进行"的错误信息,停止计算。

② 计算

$$x_{c_n}=b^{(n)}/a_{nn}^{(n)}$$

$$x_{c_k}=(b_k^{(k)}-\sum_{j=k+1}^{n}a_{kj}^{(k)}x_{c_j})/a_{kk}^{(k)},\quad k=n-1,n-2,\cdots,2,1$$

③ 输出解向量 $\boldsymbol{x}=(x_1,x_2,\cdots,x_n)^{\mathrm{T}}$。

例 3.2.3 用主元高斯消去法求解以下线性方程组

$$\begin{cases}12x_1-3x_2+3x_3=15\\-18x_1+3x_2-x_3=-15\\x_1+x_2+x_3=6\end{cases}$$

其精确解为 $x_1=1,x_2=2,x_3=3$,以下用主元消去法解之。

解 第 1 次消元:主元素为 -18,它是第 2 个方程 x_1 的系数,将前两个方程次序对调,得

$$\begin{cases}-18x_1+3x_2-x_3=-15\\12x_1-3x_2+3x_3=15\\x_1+x_2+x_3=6\end{cases}$$

消去后两个方程中的 x_1,得

$$\begin{cases}-18x_1+3x_2-x_3=-15\\-x_2+2.333x_3=5.000\\1.167x_2+0.944x_3=5.167\end{cases}$$

第 2 次消元:主元素为 2.333,它是第 2 个方程 x_3 的系数,将未知量 x_2,x_3 次序对调,得

$$\begin{cases}-18x_1-x_3+3x_2=-15\\2.333x_3-x_2=5.000\\0.944x_3+1.167x_2=5.167\end{cases}$$

消去后一方程中的 x_3,得

$$\begin{cases} -18x_1 - x_3 + 3x_2 = -15 \\ \quad 2.333x_3 - x_2 = 5.000 \\ \quad\quad 1.572x_2 = 3.144 \end{cases}$$

通过回代,得方程组的解 $x_2 = 2.000, x_3 = 3.000, x_1 = 1.000$。

应当指出,方程或未知量次序的调动都不是必要的,只需记住主元素及其位置即可。即有如下改进的选主元高斯消去法。

算法 3.3 不进行元素交换的选主元高斯消去法

输入:系数矩阵 $\boldsymbol{A}$、右端常向量 $\boldsymbol{b}$,未知数个数 n。

输出:线性方程组 $\boldsymbol{Ax}=\boldsymbol{b}$ 的解向量 $\boldsymbol{x}$ 或失败信息。

(1) 置 $\boldsymbol{A}^{(1)} = (a_{ij}^{(1)})_{n\times n} = (a_{ij})_{n\times n} = \boldsymbol{A}, \boldsymbol{b}^{(1)} = (b_1^{(1)}, b_2^{(1)}, \cdots, b_n^{(1)})^{\mathrm{T}} = \boldsymbol{b}, \boldsymbol{r} = (1,2,\cdots,n)^{\mathrm{T}}$, $\boldsymbol{c} = (1,2,\cdots,n)^{\mathrm{T}}$。

(2) 消元过程。对 $k=1,2,\cdots,n-1$ 执行以下消元过程:

① 选择 $a_{r_{i_k}c_{j_k}}^{(k)}$,使之满足

$$|a_{r_{i_k}c_{j_k}}^{(k)}| = \max_{\substack{k\leqslant i\leqslant n \\ k\leqslant j\leqslant n}} |a_{r_ic_j}^{(k)}|$$

② 如果 $a_{r_{i_k}c_{j_k}}^{(k)} = 0$,输出"系数矩阵的行列式为零,主元高斯消去法不能继续进行"的错误信息,停止计算,否则转③;

③如果 $i_k \neq k$,交换向量 $\boldsymbol{r}$ 的第 k 与第 i_k 元素的位置,即进行以下互换操作:

$$t = r_k, r_k = r_{i_k}, r_{i_k} = t$$

④ 如果 $j_k \neq k$,交换向量 $\boldsymbol{c}$ 的第 k 与第 j_k 元素的位置,即进行以下互换操作:

$$t = c_k, c_k = c_{j_k}, c_{j_k} = t$$

⑤ 对 $i = k+1, k+2, \cdots, n$,计算

$$\begin{aligned} & l_{r_ic_k} = a_{r_ic_k}^{(k)} / a_{r_kc_k}^{(k)} \\ & a_{r_ic_j}^{(k+1)} = a_{r_ic_j}^{(k)} - l_{r_ic_k} a_{r_kc_j}^{(k)}, \quad j = k+1, k+2, \cdots, n \\ & b_{r_i}^{(k+1)} = b_{r_i}^{(k)} - l_{r_ic_k} b_{r_k}^{(k)} \end{aligned}$$

(3) 回代过程。

① 如果 $a_{r_nc_n}^{(n)} = 0$,输出"系数矩阵的行列式为零,主元高斯消去法不能继续进行"的错误信息,停止计算。

② 计算

$$\begin{aligned} & x_{c_n} = b_{r_n}^{(n)} / a_{r_nc_n}^{(n)} \\ & x_{c_k} = \left(b_{r_k}^{(k)} - \sum_{j=k+1}^{n} a_{r_kc_j}^{(k)} x_{c_j}\right) / a_{r_kc_k}^{(k)}, \quad k = n-1, n-2, \cdots, 2, 1 \end{aligned}$$

③ 输出解向量 $\boldsymbol{x} = (x_1, x_2, \cdots, x_n)^{\mathrm{T}}$。

算法 3.2 和算法 3.3 介绍的主元消去法称为**全主元消去法**,具有舍入误差小的优点,但因为要比较"全部"系数绝对值的大小,很费机时,在精度要求不是非常高时,常采用列主元消去

法或行主元消去法，在消元时，选择该列或该行中系数绝对值最大的元素作为主元素进行消元，这种消去法既保证了一定精度要求，耗费机时比全主元消去法又少得多。下面仅给出**列主元高斯消去法的计算步骤**。

算法 3.4 列主元高斯消去法

输入：系数矩阵 $\boldsymbol{A}$、右端常向量 $\boldsymbol{b}$，未知数个数 n。

输出：线性方程组 $\boldsymbol{Ax}=\boldsymbol{b}$ 的解向量 $\boldsymbol{x}$ 或失败信息。

（1）置 $\boldsymbol{A}^{(1)}=(a_{ij}^{(1)})_{n\times n}=(a_{ij})_{n\times n}=\boldsymbol{A},\boldsymbol{b}^{(1)}=(b_1^{(1)},b_2^{(1)},\cdots,b_n^{(1)})^{\mathrm{T}}=\boldsymbol{b}$。

（2）消元过程。对 $k=1,2,\cdots,n-1$ 执行以下消元过程：

① 选择 $a_{i_k k}^{(k)}$，使之满足

$$|a_{i_k k}^{(k)}|=\max_{k\leqslant i\leqslant n}|a_{ik}^{(k)}|$$

② 如果 $a_{i_k k}^{(k)}=0$，输出“系数矩阵的行列式为零，列主元高斯消去法不能继续进行”的错误信息，停止计算，否则转③；

③ 如果 $i_k\neq k$，交换第 k 行与第 i_k 行，即进行以下互换操作：

$$t=a_{kj}^{(k)},a_{kj}^{(k)}=a_{i_k j}^{(k)},a_{i_k j}^{(k)}=t,\ j=k,k+1,\cdots,n$$

$$t=b_k^{(k)},b_k^{(k)}=b_{i_k}^{(k)},b_{i_k}^{(k)}=t$$

④ 对 $i=k+1,k+2,\cdots,n$，计算

$$\begin{aligned}&l_{ik}=a_{ik}^{(k)}/a_{kk}^{(k)}\\&a_{ij}^{(k+1)}=a_{ij}^{(k)}-l_{ik}a_{kj}^{(k)},\quad j=k+1,k+2,\cdots,n\\&b_i^{(k+1)}=b_i^{(k)}-l_{ik}b_k^{(k)}\end{aligned}$$

（3）回代过程。

① 如果 $a_{nn}^{(n)}=0$，输出“系数矩阵的行列式为零，列主元高斯消去法不能继续进行”的错误信息，停止计算。

② 计算

$$x_n=b^{(n)}/a_{nn}^{(n)}$$

$$x_k=(b_k^{(k)}-\sum_{j=k+1}^{n}a_{kj}^{(k)}x_j)/a_{kk}^{(k)},\ k=n-1,n-2,\cdots,2,1$$

③ 输出解向量 $\boldsymbol{x}=(x_1,x_2,\cdots,x_n)^{\mathrm{T}}$。

3.3 矩阵的 LU 分解

3.3.1 矩阵的 LU 分解

在顺序高斯消去法中，若记

$$\boldsymbol{L}_k=\begin{pmatrix}1&&&&&\\&\ddots&&&&\\&&1&&&\\&&-l_{k+1,k}&1&&\\&&\vdots&&\ddots&\\&&-l_{n,k}&&&1\end{pmatrix},k=1,2,\cdots,n-1\qquad(3-14)$$

即 $\boldsymbol{L}_k$ 是一个主对角线元素为1，(i,k)位置处的元素为 $-l_{ik}=-a_{ik}^{(k)}/a_{kk}^{(k)}\ (i=k+1,\cdots,n)$，其余元素为0的**初等下三角矩阵**，则

$$\begin{cases}\boldsymbol{A}^{(k+1)}=\boldsymbol{L}_k\boldsymbol{A}^{(k)}\\ \boldsymbol{b}^{(k+1)}=\boldsymbol{L}_k\boldsymbol{b}^{(k)}\end{cases},\quad k=1,2,\cdots,n-1 \tag{3-15}$$

只要每次消元的主元素不为0，式(3-14)中的 $\boldsymbol{L}_k$ 就可以唯一地确定下来。高斯消去过程经过$(n-1)$次消元后得到的系数矩阵为

$$\boldsymbol{A}^{(n)}=\begin{pmatrix}a_{11}^{(1)} & a_{12}^{(1)} & \cdots & a_{1n}^{(1)}\\ 0 & a_{22}^{(2)} & \cdots & a_{2n}^{(2)}\\ \vdots & \vdots & & \vdots\\ 0 & 0 & \cdots & a_{nn}^{(n)}\end{pmatrix}$$

是一个上三角矩阵，若记 $\boldsymbol{U}=\boldsymbol{A}^{(n)}$，有

$$\boldsymbol{L}_{n-1}\boldsymbol{L}_{n-2}\cdots\boldsymbol{L}_1\boldsymbol{A}=\boldsymbol{L}_{n-1}\boldsymbol{L}_{n-2}\cdots\boldsymbol{L}_1\boldsymbol{A}^{(1)}=\boldsymbol{A}^{(n)}=\boldsymbol{U}$$

$$\boldsymbol{A}=\boldsymbol{L}_1^{-1}\boldsymbol{L}_2^{-1}\cdots\boldsymbol{L}_{n-1}^{-1}\boldsymbol{U}=\boldsymbol{L}\boldsymbol{U} \tag{3-16}$$

其中

$$\boldsymbol{L}=\boldsymbol{L}_1^{-1}\boldsymbol{L}_2^{-1}\cdots\boldsymbol{L}_{n-1}^{-1} \tag{3-17}$$

是一个对角线上的元素均为1的下三角矩阵，称这样的下三角矩阵为**单位下三角矩阵**。这种将矩阵 $\boldsymbol{A}=(a_{ij})_{n\times n}$ 分解成一个单位下三角矩阵和上三角矩阵的乘积的形式称为**矩阵的LU分解**。

值得注意的是，初等下三角矩阵 $\boldsymbol{L}_k$ 的逆矩阵仍为初等下三角矩阵，即

$$\boldsymbol{L}_k^{-1}=\begin{pmatrix}1 & & & & \\ & \ddots & & & \\ & & 1 & & \\ & & l_{k+1,k} & 1 & \\ & & \vdots & & \ddots & \\ & & l_{n,k} & & & 1\end{pmatrix},\quad k=1,2,\cdots,n-1$$

由此还可以计算出式(3-17)中的单位下三角矩阵为

$$\boldsymbol{L}=\boldsymbol{L}_1^{-1}\boldsymbol{L}_2^{-1}\cdots\boldsymbol{L}_{n-1}^{-1}=\begin{pmatrix}1 & 0 & \cdots & 0\\ l_{21} & 1 & \ddots & \vdots\\ \vdots & \ddots & \ddots & 0\\ l_{n1} & \cdots & l_{n,n-1} & 1\end{pmatrix}$$

定理3.3.1 设矩阵 $A=(a_{ij})_{n\times n}(n\geqslant 2)$ 的各阶顺序主子式 $D_k\neq 0(k=1,2,\cdots,n)$，则 $\boldsymbol{A}$ 有唯一LU分解，即

$$\boldsymbol{A}=\boldsymbol{L}\boldsymbol{U}$$

其中，$\boldsymbol{L}$ 为单位下三角矩阵；$\boldsymbol{U}$ 为上三角矩阵。

证明 由定理3.2.1知，若 $\boldsymbol{A}=(a_{ij})_{n\times n}(n\geqslant 2)$ 的前$(n-1)$个顺序主子式 $D_k\neq 0(k=1,$

$2,\cdots,n-1$)，则顺序高斯消去法的消元过程能顺利施行，则式(3-16)和式(3-17)式成立，这表明 $\boldsymbol{A}$ 存在 LU 分解。以下证明唯一性。设有两种 LU 分解

$$\boldsymbol{A}=\boldsymbol{L}_1\boldsymbol{U}_1=\boldsymbol{L}_2\boldsymbol{U}_2$$

因为 $\boldsymbol{A}$ 为非奇异矩阵，所以 $\boldsymbol{L}_1$、$\boldsymbol{U}_1$、$\boldsymbol{L}_2$、$\boldsymbol{U}_2$ 也都为非奇异矩阵，它们都存在可逆阵。于是

$$\boldsymbol{L}_2^{-1}\boldsymbol{L}_1=\boldsymbol{U}_2\boldsymbol{U}_1^{-1}$$

等式左端仍为单位下三角矩阵，右端仍为上三角矩阵。欲相等必须同为 n 阶单位矩阵 $\boldsymbol{I}$，即

$$\boldsymbol{L}_2^{-1}\boldsymbol{L}_1=\boldsymbol{I},\boldsymbol{U}_2\boldsymbol{U}_1^{-1}=\boldsymbol{I}$$

于是有

$$\boldsymbol{L}_2=\boldsymbol{L}_1,\boldsymbol{U}_2=\boldsymbol{U}_1$$

证毕。

如果已经用某种方法得到 $\boldsymbol{A}$ 的 LU 分解，即已知 $\boldsymbol{A}=\boldsymbol{LU}$，代入线性方程组 $\boldsymbol{Ax}=\boldsymbol{b}$，得

$$\boldsymbol{LUx}=\boldsymbol{b}$$

令 $\boldsymbol{Ux}=\boldsymbol{y}$，则有 $\boldsymbol{Ly}=\boldsymbol{b}$。即如果 $\boldsymbol{A}=\boldsymbol{LU}$，则求解 $\boldsymbol{Ax}=\boldsymbol{b}$ 的问题等价于求解两个系数矩阵为三角矩阵的方程组

$$\boldsymbol{Ly}=\boldsymbol{b};\boldsymbol{Ux}=\boldsymbol{y}$$

$$\boldsymbol{U}=\begin{pmatrix}u_{11}&u_{12}&\cdots&u_{1n}\\0&u_{22}&\cdots&u_{2n}\\\vdots&\vdots&&\vdots\\0&0&\cdots&u_{nn}\end{pmatrix},\boldsymbol{y}=\begin{pmatrix}y_1\\y_2\\\vdots\\y_n\end{pmatrix}$$

则由 $\boldsymbol{Ly}=\boldsymbol{b}$，即

$$\begin{pmatrix}1&0&\cdots&0\\l_{21}&1&\cdots&0\\\vdots&\vdots&&\vdots\\l_{n1}&l_{n2}&\cdots&1\end{pmatrix}\begin{pmatrix}y_1\\y_2\\\vdots\\y_n\end{pmatrix}=\begin{pmatrix}b_1\\b_2\\\vdots\\b_n\end{pmatrix}$$

很容易求得 $\boldsymbol{y}$：

$$\begin{cases}y_1=b_1\\y_k=b_k-\sum_{j=1}^{k-1}l_{kj}y_j,k=2,3,\cdots,n\end{cases}\tag{3-18}$$

再用 $\boldsymbol{Ux}=\boldsymbol{y}$，即

$$\begin{pmatrix}u_{11}&u_{12}&\cdots&u_{1n}\\0&u_{22}&\cdots&u_{2n}\\\vdots&\vdots&&\vdots\\0&0&\cdots&u_{nn}\end{pmatrix}\begin{pmatrix}x_1\\x_2\\\vdots\\x_n\end{pmatrix}=\begin{pmatrix}y_1\\y_2\\\vdots\\y_n\end{pmatrix}$$

不难求得 $\boldsymbol{x}$：

$$
\begin{cases} x_n = y_n / u_{nn} \\ x_k = (y_k - \sum_{j=k+1}^{n} u_{kj} x_j) / u_{kk}, k = n-1, n-2, \cdots, 1 \end{cases} \tag{3-19}
$$

由此可见,如果已经将 $\boldsymbol{A}$ 分解为单位下三角矩阵 $\boldsymbol{L}$ 和上三角矩阵 $\boldsymbol{U}$ 的乘积,那么求解线性方程组 $\boldsymbol{Ax}=\boldsymbol{b}$ 将变得非常简单。下面将研究 $\boldsymbol{A}$ 的 LU 分解的方法,以及 $\boldsymbol{A}$ 的 LU 分解的一些应用。

3.3.2 矩阵 A 的 LU 分解求法

设矩阵 $\boldsymbol{A}=(a_{ij})_{n\times n}(n\geqslant 2)$ 的各阶顺序主子式 $D_k\neq 0(k=1,2,\cdots,n)$,对 $\boldsymbol{A}$ 作 LU 分解

$$
\boldsymbol{A}=\boldsymbol{LU}=\begin{pmatrix} 1 & 0 & \cdots & 0 \\ l_{21} & 1 & \ddots & \vdots \\ \vdots & \ddots & \ddots & 0 \\ l_{n1} & \cdots & l_{n,n-1} & 1 \end{pmatrix}\begin{pmatrix} u_{11} & u_{12} & \cdots & u_{1n} \\ 0 & u_{22} & \ddots & \vdots \\ \vdots & \ddots & \ddots & u_{n-1,n} \\ 0 & \cdots & 0 & u_{nn} \end{pmatrix} \tag{3-20}
$$

由分解式(3-20)及矩阵的乘法,可知

$$
a_{1j}=u_{1j}, \quad j=1,2,\cdots,n
$$
$$
a_{i1}=l_{i1}u_{11}, \quad i=2,3,\cdots,n
$$

从而有

$$
\begin{aligned} u_{1j}&=a_{1j}, \quad j=1,2,\cdots,n \\ l_{i1}&=a_{i1}/u_{11}, \quad i=2,3,\cdots,n \end{aligned} \tag{3-21}
$$

当 $k=2,3,\cdots,n$ 时,有

$$
a_{kj} = \sum_{t=1}^{n} l_{kt}u_{tj} = \sum_{t=1}^{k-1} l_{kt}u_{tj} + u_{kj}, \quad j = k,k+1,\cdots,n
$$
$$
a_{ik} = \sum_{t=1}^{n} l_{it}u_{tk} = \sum_{t=1}^{k-1} l_{it}u_{tk} + l_{ik}u_{kk}, i = k+1,k+2,\cdots,n;k<n
$$

从而有

$$
\begin{aligned} u_{kj} &= a_{kj} - \sum_{t=1}^{k-1} l_{kt}u_{tj}, \quad j = k,k+1,\cdots,n \\ l_{ik} &= (a_{ik} - \sum_{t=1}^{k-1} l_{it}u_{tk})/u_{kk}, \quad i = k+1,k+2,\cdots,n;k<n \end{aligned} \tag{3-22}
$$

结合式(3-18)~式(3-22),可得到以下求解式(3-1)的 LU 分解算法。

算法 3.5 求解线性方程组 $\boldsymbol{Ax}=\boldsymbol{b}$ 的 LU 分解方法

输入:未知量个数 n,系数矩阵 $\boldsymbol{A}_{n\times n}$和右端常向量 $\boldsymbol{b}$。

输出:矩阵 $\boldsymbol{A}$ 的 LU 分解、方程组 $\boldsymbol{Ly}=\boldsymbol{b}$ 的解向量 $\boldsymbol{y}$ 和 $\boldsymbol{Ax}=\boldsymbol{b}$ 的解向量 $\boldsymbol{x}$ 或失败信息。

(1) 对 $k=1$ 执行以下操作。

① $u_{1j}=a_{1j}(j=1,2,\cdots,n)$,$y_1=b_1$。

② 若 $u_{11}=0$，输出“$u_{11}=0$，LU 分解不能继续进行”的错误信息，停止计算。否则转③。

③ $l_{i1}=a_{i1}/u_{11}(i=2,3,\cdots,n)$。

（2）对 $k=2,3,\cdots,n$，执行以下操作。

① 对 $j=k,k+1,\cdots,n$，计算

$$u_{kj}=a_{kj}-\sum_{t=1}^{k-1}l_{kt}u_{tj}$$

② 计算

$$y_k=b_k-\sum_{j=1}^{k-1}l_{kj}y_j$$

③ 若 $u_{kk}=0$，输出“$u_{kk}=0$，LU 分解不能继续进行”的错误信息，停止计算。否则转④。

④ 若 $k<n$，对 $i=k+1,k+2,\cdots,n$，计算

$$l_{ik}=(a_{ik}-\sum_{t=1}^{k-1}l_{it}u_{tk})/u_{kk}$$

（3）回代求解向量 x。

① 若 $u_{nn}=0$，输出“系数行列式 $\det(\boldsymbol{A})=0$，不能用 LU 分解求解方程组 $\boldsymbol{Ax}=0$”的错误信息，停止计算；否则转②。

② 计算 $x_n=y_n/u_{nn}$。

③ 对 $k=n-1,n-2,\cdots,1$，计算

$$x_k=(y_k-\sum_{j=k+1}^{n}u_{kj}x_j)/u_{kk}$$

在计算机上进行实际计算时，可把 u_{ij} 和 l_{ik} 的数值分别存放在原 a_{kj} 和 a_{ik} 的存储单元内，把 $\boldsymbol{y}$ 的元素存放在 $\boldsymbol{b}$ 的存储单元内。分解计算完成后，原增广矩阵 $(\boldsymbol{A}|\boldsymbol{b})$ 就成为

$$(\boldsymbol{A}|\boldsymbol{b})\xrightarrow{\text{LU 分解}}\left(\begin{array}{ccccc|c} u_{11} & u_{12} & \cdots & u_{1,n-1} & u_{1n} & y_1 \\ l_{21} & u_{22} & \ddots & \vdots & u_{2n} & y_2 \\ \vdots & \ddots & \ddots & \ddots & \vdots & \vdots \\ \vdots & \ddots & \ddots & \ddots & u_{n-1,n} & y_{n-1} \\ l_{n1} & \cdots & \cdots & l_{n,n-1} & u_{nn} & y_n \end{array}\right) \tag{3-23}$$

注意到式(3-23)最后一列的计算与上三角矩阵 $\boldsymbol{U}$ 的各元素的计算方法是一样的，这也是采用式(3-23)这样的紧凑格式的好处之一。若将 $\boldsymbol{x}$ 的各元素放到式(3-23)最后一行，有

$$(\boldsymbol{A}|\boldsymbol{b})\xrightarrow{\text{LU 分解}}\left(\begin{array}{ccccc|c} u_{11} & u_{12} & \cdots & u_{1,n-1} & u_{1n} & y_1 \\ l_{21} & u_{22} & \ddots & \vdots & u_{2n} & y_2 \\ \vdots & \ddots & \ddots & \ddots & \vdots & \vdots \\ \vdots & \ddots & \ddots & \ddots & u_{n-1,n} & y_{n-1} \\ l_{n1} & \cdots & \cdots & l_{n,n-1} & u_{nn} & y_n \\ \hline x_1 & x_2 & \cdots & x_{n-1} & x_n & \end{array}\right) \tag{3-24}$$

例 3.3.1 利用 LU 分解求解线性方程组。

$$\begin{pmatrix} 4 & 2 & 1 & 5 \\ 8 & 7 & 2 & 10 \\ 4 & 8 & 3 & 6 \\ 12 & 6 & 11 & 20 \end{pmatrix}\begin{pmatrix} x_1 \\ x_2 \\ x_3 \\ x_4 \end{pmatrix}=\begin{pmatrix} -2 \\ -7 \\ -7 \\ -3 \end{pmatrix}$$

解 先对增广矩阵进行 LU 分解,其具体计算步骤为

$$(\boldsymbol{A}|\boldsymbol{b})=\left(\begin{array}{cccc:c} 4 & 2 & 1 & 5 & -2 \\ 8 & 7 & 2 & 10 & -7 \\ 4 & 8 & 3 & 6 & -7 \\ 12 & 6 & 11 & 20 & -3 \end{array}\right)\xrightarrow[k=1]{\text{LU 分解}}\left(\begin{array}{cccc:c} 4 & 2 & 1 & 5 & -2 \\ 2 & & & & \\ 1 & & & & \\ 3 & & & & \end{array}\right)$$

$$\xrightarrow[k=2]{\text{LU 分解}}\left(\begin{array}{cccc:c} 4 & 2 & 1 & 5 & -2 \\ 2 & 3 & 0 & 0 & -3 \\ 1 & 2 & & & \\ 3 & 0 & & & \end{array}\right)\xrightarrow[k=3]{\text{LU 分解}}\left(\begin{array}{cccc:c} 4 & 2 & 1 & 5 & -2 \\ 2 & 3 & 0 & 0 & -3 \\ 1 & 2 & 2 & 1 & 1 \\ 3 & 0 & 4 & & \end{array}\right)$$

$$\xrightarrow[k=4]{\text{LU 分解}}\left(\begin{array}{cccc:c} 4 & 2 & 1 & 5 & -2 \\ 2 & 3 & 0 & 0 & -3 \\ 1 & 2 & 2 & 1 & 1 \\ 3 & 0 & 4 & 1 & -1 \end{array}\right)\xrightarrow{\text{回代求 } x}\left(\begin{array}{cccc:c} 4 & 2 & 1 & 5 & -2 \\ 2 & 3 & 0 & 0 & -3 \\ 1 & 2 & 2 & 1 & 1 \\ 3 & 0 & 4 & 1 & -1 \\ \hdashline 1 & -1 & 1 & -1 & \end{array}\right)$$

由式(3-24)的约定知,系数矩阵的 LU 分解为 $\boldsymbol{A}=\boldsymbol{LU}$,其中

$$\boldsymbol{L}=\begin{pmatrix} 1 & 0 & 0 & 0 \\ 2 & 1 & 0 & 0 \\ 1 & 2 & 1 & 0 \\ 3 & 0 & 4 & 1 \end{pmatrix},\quad \boldsymbol{U}=\begin{pmatrix} 4 & 2 & 1 & 5 \\ 0 & 3 & 0 & 0 \\ 0 & 0 & 2 & 1 \\ 0 & 0 & 0 & 1 \end{pmatrix}$$

方程组 $\boldsymbol{Ly}=\boldsymbol{b}$ 的解为

$$\boldsymbol{y}=(-2,-3,1,-1)^{\mathrm{T}}$$

原方程组的解为

$$\boldsymbol{x}=(1,-1,1,-1)^{\mathrm{T}}$$

3.4 对称矩阵的 LDL^{T} 分解

3.4.1 对称矩阵的矩阵分解形式

设 $\boldsymbol{A}$ 为 n 阶对称矩阵,且各阶顺序主子式 $D_i\neq0(i=1,2,\cdots,n)$,则有 $\boldsymbol{A}=\boldsymbol{LU}$,其中,$\boldsymbol{L}$ 为单位下三角矩阵,$\boldsymbol{U}$ 为主对角线元素不为零的上三角矩阵。

因为 $u_{ii}\neq0$,所以

$$
\begin{pmatrix} u_{11} & u_{12} & u_{13} & \cdots & u_{1n} \\ 0 & u_{22} & u_{23} & \cdots & u_{2n} \\ 0 & 0 & u_{33} & \cdots & u_{3n} \\ \vdots & \vdots & \vdots & & \vdots \\ 0 & 0 & 0 & \cdots & u_{nn} \end{pmatrix} = \begin{pmatrix} u_{11} & 0 & 0 & \cdots & 0 \\ 0 & u_{22} & 0 & \cdots & 0 \\ 0 & 0 & u_{33} & \cdots & 0 \\ \vdots & \vdots & \vdots & & \vdots \\ 0 & 0 & 0 & \cdots & u_{nn} \end{pmatrix} \begin{pmatrix} 1 & \frac{u_{12}}{u_{11}} & \frac{u_{13}}{u_{11}} & \cdots & \frac{u_{1n}}{u_{11}} \\ 0 & 1 & \frac{u_{23}}{u_{22}} & \cdots & \frac{u_{2n}}{u_{22}} \\ 0 & 0 & 1 & \cdots & \frac{u_{3n}}{u_{33}} \\ \vdots & \vdots & \vdots & & \vdots \\ 0 & 0 & 0 & \cdots & 1 \end{pmatrix}
$$

记

$$
\boldsymbol{D} = \begin{pmatrix} u_{11} & 0 & 0 & \cdots & 0 \\ 0 & u_{22} & 0 & \cdots & 0 \\ 0 & 0 & u_{33} & \cdots & 0 \\ \vdots & \vdots & \vdots & & \vdots \\ 0 & 0 & 0 & \cdots & u_{nn} \end{pmatrix}, \quad \widetilde{\boldsymbol{U}} = \begin{pmatrix} 1 & \frac{u_{12}}{u_{11}} & \frac{u_{13}}{u_{11}} & \cdots & \frac{u_{1n}}{u_{11}} \\ 0 & 1 & \frac{u_{23}}{u_{22}} & \cdots & \frac{u_{2n}}{u_{22}} \\ 0 & 0 & 1 & \cdots & \frac{u_{3n}}{u_{33}} \\ \vdots & \vdots & \vdots & & \vdots \\ 0 & 0 & 0 & \cdots & 1 \end{pmatrix}
$$

从而 $\boldsymbol{A}=\boldsymbol{L}\boldsymbol{D}\widetilde{\boldsymbol{U}}$。

由于 $\boldsymbol{A}$ 为对称矩阵，即 $\boldsymbol{A}=\boldsymbol{A}^{\mathrm{T}}$，所以

$$
\boldsymbol{A}=\boldsymbol{A}^{\mathrm{T}}=(\boldsymbol{L}\boldsymbol{D}\widetilde{\boldsymbol{U}})^{\mathrm{T}}=\widetilde{\boldsymbol{U}}^{\mathrm{T}}\boldsymbol{D}\boldsymbol{L}^{\mathrm{T}}=\widetilde{\boldsymbol{U}}^{\mathrm{T}}(\boldsymbol{D}\boldsymbol{L}^{\mathrm{T}})
$$

其中，$\widetilde{\boldsymbol{U}}^{\mathrm{T}}$ 为单位下三角矩阵；$(\boldsymbol{D}\boldsymbol{L}^{\mathrm{T}})$ 为主对角线元素不为零的上三角矩阵。而

$$
\boldsymbol{A}=\boldsymbol{L}(\boldsymbol{D}\widetilde{\boldsymbol{U}})
$$

由 LU 分解的唯一性，得

$$
\boldsymbol{L}=\widetilde{\boldsymbol{U}}^{\mathrm{T}}
$$

即 $\widetilde{\boldsymbol{U}}=\boldsymbol{L}^{\mathrm{T}}$。于是

$$
\boldsymbol{A}=\boldsymbol{L}\boldsymbol{D}\boldsymbol{L}^{\mathrm{T}}
$$

根据以上讨论得定理 3.4.1。

定理 3.4.1 设对称矩阵 $\boldsymbol{A}$ 的各阶主子式皆不为零，则唯一确定一个单位下三角矩阵 $\boldsymbol{L}$ 和主对角线元素不为零的对角矩阵 $\boldsymbol{D}$，使 $\boldsymbol{A}=\boldsymbol{L}\boldsymbol{D}\boldsymbol{L}^{\mathrm{T}}$。

3.4.2 对称矩阵 $\mathrm{LDL}^{\mathrm{T}}$ 分解的计算公式

已知矩阵

$$
\boldsymbol{A} = \begin{pmatrix} a_{11} & a_{21} & a_{31} & \cdots & a_{n1} \\ a_{21} & a_{22} & a_{32} & \cdots & a_{n2} \\ a_{31} & a_{32} & a_{33} & \cdots & a_{n3} \\ \vdots & \vdots & \vdots & & \vdots \\ a_{n1} & a_{n2} & a_{n3} & \cdots & a_{nn} \end{pmatrix}
$$

记

$$\boldsymbol{L}=\begin{pmatrix}1 & 0 & 0 & \cdots & 0\\ l_{21} & 1 & 0 & \cdots & 0\\ l_{31} & l_{32} & 1 & \cdots & 0\\ \vdots & \vdots & \vdots & & \vdots\\ l_{n1} & l_{n2} & l_{n3} & \cdots & 1\end{pmatrix},\quad \boldsymbol{D}=\begin{pmatrix}d_{11} & 0 & 0 & \cdots & 0\\ 0 & d_{22} & 0 & \cdots & 0\\ 0 & 0 & d_{33} & \cdots & 0\\ \vdots & \vdots & \vdots & & \vdots\\ 0 & 0 & 0 & \cdots & d_{nn}\end{pmatrix}$$

由 $\boldsymbol{A}=\boldsymbol{LDL}^{\mathrm{T}}$,得

$$\begin{pmatrix}a_{11} & a_{21} & a_{31} & \cdots & a_{n1}\\ a_{21} & a_{22} & a_{32} & \cdots & a_{n2}\\ a_{31} & a_{32} & a_{33} & \cdots & a_{n3}\\ \vdots & \vdots & \vdots & & \vdots\\ a_{n1} & a_{n2} & a_{n3} & \cdots & a_{nn}\end{pmatrix}=\begin{pmatrix}1 & & & & \\ l_{21} & 1 & & & \\ l_{31} & l_{32} & 1 & & \\ \vdots & \vdots & \vdots & \ddots & \\ l_{n1} & l_{n2} & l_{n3} & \cdots & 1\end{pmatrix}\begin{pmatrix}d_{11} & & & & \\ & d_{22} & & & \\ & & d_{33} & & \\ & & & \ddots & \\ & & & & d_{nn}\end{pmatrix}\begin{pmatrix}1 & l_{21} & l_{31} & \cdots & l_{n1}\\ & 1 & l_{32} & \cdots & l_{n2}\\ & & 1 & \cdots & l_{n3}\\ & & & \ddots & \vdots\\ & & & & 1\end{pmatrix}$$

$$=\begin{pmatrix}1 & & & & \\ l_{21} & 1 & & & \\ l_{31} & l_{32} & 1 & & \\ \vdots & \vdots & \vdots & \ddots & \\ l_{n1} & l_{n2} & l_{n3} & \cdots & 1\end{pmatrix}\begin{pmatrix}d_{11} & d_{11}l_{21} & d_{11}l_{31} & \cdots & d_{11}l_{n1}\\ & d_{22} & d_{22}l_{32} & \cdots & d_{22}l_{n2}\\ & & d_{33} & \cdots & d_{33}l_{n3}\\ & & & \ddots & \vdots\\ & & & & d_{nn}\end{pmatrix}$$

由矩阵的乘法,得

$$\begin{cases}a_{11}=d_{11}\\ a_{i1}=l_{i1}d_{11}, \quad i=2,3,\cdots,n\end{cases}\tag{3-25}$$

$$\begin{cases}a_{kk}=\sum\limits_{t=1}^{k-1}d_{tt}l_{kt}^2+d_{kk}\\ a_{ik}=\sum\limits_{t=1}^{k-1}d_{tt}l_{it}l_{kt}+l_{ik}d_{kk}, \quad i=k+1,\cdots,n\end{cases}, \quad k=2,3,\cdots,n\tag{3-26}$$

由式(3-25)和式(3-26),可得以下求对称矩阵的 LDL^{T} 分解算法。

算法 3.6 对称矩阵的 LDL^{T} 分解算法

输入:对称矩阵 $\boldsymbol{A}$ 及其维数 n。

输出:矩阵 $\boldsymbol{A}$ 的 LDL^{T} 分解式 $\boldsymbol{A}=\boldsymbol{LDL}^{\mathrm{T}}$ 中的单位下三角矩阵 $\boldsymbol{L}$ 和对角矩阵 $\boldsymbol{D}$ 或出错信息。

(1) 对 $k=1$ 进行以下操作:

① $d_{11}=a_{11}$。

② 若 $d_{11}=0$,输出"$d_{11}=0$,LDL^{T} 分解不能继续进行"的出错信息,停止计算;否则转③。

③ 对 $i=2,3,\cdots,n$,计算

$$l_{i1}=a_{i1}/d_{11}$$

(2) 对 $k=2,3,\cdots,n-1$ 进行以下操作。

① 计算

$$d_{kk}=a_{kk}-\sum_{t=1}^{k-1}d_{tt}l_{kt}^2$$

② 若 $d_{kk}=0$,输出"$d_{kk}=0$,LDL^{T} 分解不能继续进行"的出错信息,停止计算;否则转③。

③ 对 $i=k+1,\cdots,n$,计算

$$l_{ik} = (a_{ik} - \sum_{t=1}^{k-1} d_{tt}l_{it}l_{kt})/d_{kk}$$

(3) 计算 d_{nn}。

$$d_{nn} = a_{nn} - \sum_{t=1}^{n-1} d_{tt}l_{nt}^2$$

(4) 输出单位下三角矩阵 $\boldsymbol{L}$ 和对角矩阵 $\boldsymbol{D}$。

例 3.4.1 作下列矩阵的 $\mathrm{LDL^T}$ 分解

$$\boldsymbol{A} = \begin{pmatrix} 5 & 10 & 5 & -5 \\ 10 & 24 & -2 & -6 \\ 5 & -2 & 44 & -11 \\ -5 & -6 & -11 & 23 \end{pmatrix}$$

解 由算法 3.6,有

$k=1$: $d_{11}=a_{11}=5, l_{21}=a_{21}/d_{11}=2, l_{31}=a_{31}/d_{11}=1, l_{41}=a_{41}/d_{11}=-1$

$k=2$: $d_{22}=a_{22}-d_{11}l_{21}^2=4, l_{32}=(a_{32}-d_{11}l_{31}l_{21})/d_{22}=-3, l_{42}=(a_{42}-d_{11}l_{41}l_{21})/d_{22}=1$

$k=3$: $d_{33}=a_{33}-d_{11}l_{31}^2-d_{22}l_{32}^2=3, l_{43}=(a_{43}-d_{11}l_{41}l_{31}-d_{22}l_{42}l_{32})/d_{33}=2$

$k=4$: $d_{44}=a_{44}-d_{11}l_{41}^2-d_{22}l_{42}^2-d_{33}l_{43}^2=2$

于是

$$\boldsymbol{L} = \begin{pmatrix} 1 & 0 & 0 & 0 \\ 2 & 1 & 0 & 0 \\ 1 & -3 & 1 & 0 \\ -1 & 1 & 2 & 1 \end{pmatrix}, \quad \boldsymbol{D} = \begin{pmatrix} 5 & 0 & 0 & 0 \\ 0 & 4 & 0 & 0 \\ 0 & 0 & 3 & 0 \\ 0 & 0 & 0 & 2 \end{pmatrix}$$

$$\boldsymbol{A} = \boldsymbol{LDL}^{\mathrm{T}}$$

在进行 $\mathrm{LDL^T}$ 分解时,可仿照 3.3 节中 LU 分解的紧凑格式,写在同一矩阵中,然后分开写成 $\mathrm{LDL^T}$ 的形式。

例 3.4.2 作下列矩阵的 $\mathrm{LDL^T}$ 分解

$$\boldsymbol{A} = \begin{pmatrix} 2 & & & & & & & \\ 0 & 2 & & & & & & \\ 2 & 0 & 3 & & & \text{对} & & \\ 0 & 1 & 1 & 2 & & & \text{称} & \\ 0 & 0 & 1 & 0 & 5 & & & \\ 0 & 0 & 2 & 0 & 0 & 31 & & \\ 0 & 0 & 0 & 0 & 0 & 2 & 8 & \\ 0 & 0 & 0 & 0 & 0 & 3 & 2 & 18 \end{pmatrix}$$

解 用紧凑格式

$$
A=\begin{pmatrix}
2 & & & & & & & \\
0 & 2 & & & & & & \\
2 & 0 & 3 & & & 对 & & \\
0 & 1 & 1 & 2 & & & 称 & \\
0 & 0 & 1 & 0 & 5 & & & \\
0 & 0 & 2 & 0 & 0 & 31 & & \\
0 & 0 & 0 & 0 & 0 & 2 & 8 & \\
0 & 0 & 0 & 0 & 0 & 3 & 2 & 18
\end{pmatrix}
\xrightarrow{\text{LDL}^{\text{T}}\text{分解}}
\begin{pmatrix}
2 & 0 & 1 & 0 & 0 & 0 & 0 & 0 \\
0 & 2 & 0 & 0.5 & 0 & 0 & 0 & 0 \\
1 & 0 & 1 & 1 & 1 & 2 & 0 & 0 \\
0 & 0.5 & 1 & 0.5 & -2 & -4 & 0 & 0 \\
0 & 0 & 1 & -2 & 2 & -3 & 0 & 0 \\
0 & 0 & 2 & -4 & -3 & 1 & 2 & 3 \\
0 & 0 & 0 & 0 & 0 & 2 & 4 & -1 \\
0 & 0 & 0 & 0 & 0 & 3 & -1 & 5
\end{pmatrix}
$$

于是

$$
L=\begin{pmatrix}
1 & 0 & 0 & 0 & 0 & 0 & 0 & 0 \\
0 & 1 & 0 & 0 & 0 & 0 & 0 & 0 \\
1 & 0 & 1 & 0 & 0 & 0 & 0 & 0 \\
0 & 0.5 & 1 & 1 & 0 & 0 & 0 & 0 \\
0 & 0 & 1 & -2 & 1 & 0 & 0 & 0 \\
0 & 0 & 2 & -4 & -3 & 1 & 0 & 0 \\
0 & 0 & 0 & 0 & 0 & 2 & 1 & 0 \\
0 & 0 & 0 & 0 & 0 & 3 & -1 & 1
\end{pmatrix},\quad
D=\begin{pmatrix}
2 & 0 & 0 & 0 & 0 & 0 & 0 & 0 \\
0 & 2 & 0 & 0 & 0 & 0 & 0 & 0 \\
0 & 0 & 1 & 0 & 0 & 0 & 0 & 0 \\
0 & 0 & 0 & 0.5 & 0 & 0 & 0 & 0 \\
0 & 0 & 0 & 0 & 2 & 0 & 0 & 0 \\
0 & 0 & 0 & 0 & 0 & 1 & 0 & 0 \\
0 & 0 & 0 & 0 & 0 & 0 & 4 & 0 \\
0 & 0 & 0 & 0 & 0 & 0 & 0 & 5
\end{pmatrix}
$$

则 $A=LDL^{\mathrm{T}}$。

在利用计算机计算时，注意到 a_{ij}用过一次以后（计算 l_{ij}或 d_{ii}）不再用到了，因此可将 l_{ij}或 d_{ii}储存在放 a_{ij}和 a_{ii}的单元中，这样可大大节省存储量。

3.4.3 对称带形矩阵 $\mathrm{LDL^T}$ 分解的带宽性质

例 3.4.2 中矩阵 A 有一个明显的特点，它的非零元素集中分布在主对角线两边，其他地方是零元素。这种类型的矩阵，称为非零元素呈带形分布的矩阵，简称**带形矩阵**。

带形矩阵的某一行从第 1 个（最左一个）非零元素到最后一个（最右一个）非零元素之间（包括它们自己）的元素个数称为该行的**带宽**，而某一行第一个非零元素到该行主对角线元素之间（包括它们自己）的元素个数称为该行的**半带宽**。

例如，例 3.4.2 的 A 中，第 1 行 ~ 第 8 行的半带宽分别为

$$1,\ 1,\ 3,\ 3,\ 3,\ 4,\ 2,\ 3$$

而进行 $\mathrm{LDL^T}$ 分解后，L 中第 1 行 ~ 第 8 行的带宽仍分别为

$$1,\ 1,\ 3,\ 3,\ 3,\ 4,\ 2,\ 3$$

定理 3.4.2 对对称带形矩阵 A 进行 $\mathrm{LDL^T}$ 分解后，L 矩阵的带宽与原矩阵的半带宽相同。

证明 任取 A 的第 i 行，设该行左边的前 $(p-1)$ 个元素全为零，第 p 个元素不为零 $(p\leqslant i)$，即

$$a_{i1}=a_{i2}=\cdots=a_{ip-1}=0, a_{ip}\neq 0$$

则

$$l_{i1}=a_{i1}/d_{11}=0$$
$$l_{i2}=(a_{i2}-d_{11}l_{i1}l_{21})/d_{22}=0$$
$$\vdots$$
$$l_{ip-1}=(a_{i,p-1}-d_{11}l_{i1}l_{p-1,1}-d_{22}l_{i2}l_{p-1,2}-\cdots-d_{p-2,p-2}l_{i,p-2}l_{p-1,p-2})/d_{p-1,p-1}=0$$
$$l_{ip}=(a_{ip}-d_{11}l_{i1}l_{p1}-d_{22}l_{i2}l_{p2}-\cdots-d_{p-1p-1}l_{ip-1}l_{pp-1})/d_{pp}=a_{ip}/d_{pp}\neq 0$$

证毕。

这种带形矩阵的带宽性质使 $\mathrm{LDL^T}$ 分解时减少了许多计算工作量。在用电子计算机做这类计算时,只需储存带形区域的元素,而带形区域外的大量零元素不需储存,这就节省了大量存储量。当然,编制这样的程序是要有相当高技巧的,读者可查阅有关参考资料。

3.4.4 解对称正定线性方程组的矩阵分解法

设有线性方程组

$$\boldsymbol{Ax}=\boldsymbol{b} \tag{3-27}$$

其中,$\boldsymbol{A}$ 为对称正定矩阵。

因为对称矩阵 $\boldsymbol{A}$ 是正定的,所以 $\boldsymbol{A}$ 的各阶顺序主子式都不为零,$\boldsymbol{A}$ 可以做 $\mathrm{LDL^T}$ 分解。于是式(3-27)可写为

$$\boldsymbol{LDL}^{\mathrm{T}}\boldsymbol{x}=\boldsymbol{b} \tag{3-28}$$

令 $\boldsymbol{L}^{\mathrm{T}}\boldsymbol{x}=\boldsymbol{y}$,则式(3-28)可化为

$$\begin{cases}\boldsymbol{Cy}=\boldsymbol{b}\\ \boldsymbol{L}^{\mathrm{T}}x=\boldsymbol{y}\end{cases}$$

其中,$\boldsymbol{C}=\boldsymbol{LD}$,$\boldsymbol{C}$ 为下三角矩阵,其元素记以 c_{ij},则

$$c_{ii}=d_{ii},\quad i=1,2,\cdots,n$$
$$c_{ij}=l_{ij}d_{jj},\quad i=2,3,\cdots,n;j=1,2,\cdots,j-1$$

解方程组 $\boldsymbol{Cy}=\boldsymbol{b}$,得

$$\begin{cases}y_1=b_1/c_{11}=b_1/d_{11}\\ y_i=(b_i-\sum\limits_{k=1}^{i-1}c_{ik}y_k)/c_{ii}=(b_i-\sum\limits_{k=1}^{i-1}l_{ik}d_{kk}y_k)/d_{ii}\end{cases},\quad i=2,3,\cdots,n$$

$\boldsymbol{L}^{\mathrm{T}}$ 为单位上三角矩阵,解方程组 $\boldsymbol{L}^{\mathrm{T}}\boldsymbol{x}=\boldsymbol{y}$ 得

$$\begin{cases}x_n=y_n\\ x_i=y_i-\sum\limits_{k=i+1}^{n}l_{ki}x_k\end{cases},\quad i=n-1,n-2,\cdots,2,1$$

总结以上讨论,可得求解对称正定线性方程组(3-27)的 $\mathrm{LDL^T}$ 分解算法。

算法 3.7 对称正定线性方程组的 $\mathrm{LDL^T}$ 分解算法

输入:未知量个数 n,对称正定矩阵 $\boldsymbol{A}$,右端常向量 $\boldsymbol{b}$。

输出:方程组 $\boldsymbol{Ax}=\boldsymbol{b}$ 的解向量或出错信息。

(1) 对 $k=1$ 进行以下操作。

① $d_{11}=a_{11}$。

② 若 $d_{11}=0$,输出“$d_{11}=0$,LDL^T 分解不能继续进行”的出错信息,停止计算;否则转③。

③ 计算

$$y_1=b_1/d_{11}$$

④ 对 $i=2,3,\cdots,n$,计算

$$l_{i1}=a_{i1}/d_{11}$$

(2) 对 $k=2,3,\cdots,n-1$ 进行以下操作。

① 计算

$$d_{kk}=a_{kk}-\sum_{t=1}^{k-1}d_{tt}l_{kt}^2$$

② 若 $d_{kk}=0$,输出“$d_{kk}=0$,LDL^T 分解不能继续进行”的出错信息,停止计算;否则转③。

③ 计算

$$y_k=(b_k-\sum_{t=1}^{k-1}l_{kt}d_{tt}y_t)/d_{kk}$$

④ 对 $i=k+1,\cdots,n$,计算

$$l_{ik}=(a_{ik}-\sum_{t=1}^{k-1}d_{tt}l_{it}l_{kt})/d_{kk}$$

(3) 对 $k=n$ 进行以下操作。

① 计算

$$d_{nn}=a_{nn}-\sum_{t=1}^{n-1}d_{tt}l_{nt}^2$$

② 若 $d_{nn}=0$,输出“$d_{nn}=0$,不能用 LDL^T 分解求解原方程组”的出错信息,停止计算;否则转③。

③ 计算

$$y_n=(b_n-\sum_{t=1}^{n-1}l_{nt}d_{tt}y_t)/d_{nn}$$

(4) 回代求解 $\boldsymbol{L}^T\boldsymbol{x}=\boldsymbol{y}$。

① $x_n=y_n$

② 对 $k=n-1,n-2,\cdots,1$,计算

$$x_k=y_k-\sum_{t=k+1}^{n}l_{tk}x_t$$

(5) 输出解向量 $\boldsymbol{x}$。

例 3.4.3 求解对称正定方程组

$$\begin{pmatrix}5 & 10 & 5 & -5\\ 10 & 24 & -2 & -6\\ 5 & -2 & 44 & -11\\ -5 & -6 & -11 & 23\end{pmatrix}\begin{pmatrix}x_1\\ x_2\\ x_3\\ x_4\end{pmatrix}=\begin{pmatrix}5\\ 10\\ -1\\ -19\end{pmatrix}$$

解 由例3.4.1可知,系数矩阵 $\boldsymbol{A}$ 的 LDL^T 分解为

$$\boldsymbol{L}=\begin{pmatrix}1&0&0&0\\2&1&0&0\\1&-3&1&0\\-1&1&2&1\end{pmatrix},\quad \boldsymbol{D}=\begin{pmatrix}5&0&0&0\\0&4&0&0\\0&0&3&0\\0&0&0&2\end{pmatrix}$$

由算法3.7可得方程组 $\boldsymbol{LDy}=\boldsymbol{b}$ 的解为

$$y=(1,0,-2,-1)^T$$

再求解方程组 $\boldsymbol{L}^T\boldsymbol{x}=y$ 的解为

$$\boldsymbol{x}=(-2,1,0,-1)^T$$

此即为原方程组的解。

3.5 线性方程组解的可靠性

无论用何种方法计算出线性方程组(式(3-1))的解,都必须知道计算解的可靠程度。什么是解的可靠程度呢?就是计算解与原问题的准确解之间差别的大小。差别越小,精确度就越高,解就越可靠。

3.5.1 误差向量和向量范数

为定量描述所求解的精确度,记 $\boldsymbol{x}^*=(x_1^*,x_2^*,\cdots,x_n^*)^T$ 为式(3-1)的准确解,即 $\boldsymbol{x}^*$ 满足 $\boldsymbol{Ax}^*=\boldsymbol{b}$。设 $\tilde{\boldsymbol{x}}=(\tilde{x}_1,\tilde{x}_2,\cdots,\tilde{x}_n)^T$ 是按某种算法得到的式(3-1)的解向量(简称为**计算解**)。称

$$\boldsymbol{e}=(\varepsilon_1,\varepsilon_2,\cdots,\varepsilon_n)^T=(x_1^*-\tilde{x}_1,x_2^*-\tilde{x}_2,\cdots,x_n^*-\tilde{x}_n)^T=\boldsymbol{x}^*-\tilde{\boldsymbol{x}}$$

为**误差向量**。显然,误差向量显示了计算解的精确度,$\boldsymbol{e}$ 越小越精确。但 $\boldsymbol{e}$ 是一个向量,对它的"大小"必须有一个明确的度量方法。

对三维空间中的向量 $\boldsymbol{x}=(x_1,x_2,x_3)^T$,以数

$$\|\boldsymbol{x}\|=(x_1^2+x_2^2+x_3^2)^{\frac{1}{2}}$$

来度量它的长度。这个数可以作为向量 $\boldsymbol{x}$ 的"大小"的一个度量。容易验证,这一度量具有以下3个最基本的性质:

(1)(非负性)对一切向量 $\boldsymbol{x}$ 都有

$$\|\boldsymbol{x}\|\geqslant 0,\text{且}\|\boldsymbol{x}\|=0\text{ 的充分必要条件是 }\boldsymbol{x}=\boldsymbol{0} \tag{3-29}$$

(2)(正齐性)对任意实数 k 和向量 $\boldsymbol{x}$,有

$$\|k\boldsymbol{x}\|=|k|\,\|\boldsymbol{x}\| \tag{3-30}$$

(3)(三角不等式)对任意向量 $\boldsymbol{x}$ 和 $\boldsymbol{y}$,有

$$\|\boldsymbol{x}+\boldsymbol{y}\|\leqslant\|\boldsymbol{x}\|+\|\boldsymbol{y}\| \tag{3-31}$$

利用上述3个性质,可以定义一个度量 n 维向量"大小"的量。

定义 3.5.1 设 $\|\cdot\|$ 是定义在 $\mathbf{R}^n$ 上的实值函数，如果对于 $\mathbf{R}^n$ 中的任意向量 $\boldsymbol{x}$ 和 $\boldsymbol{y}$ 及任意实数 k，式(3-29)~式(3-31)所表示的性质都成立，则称 $\|\cdot\|$ 为**向量范数**(或**向量的模**)。

定理 3.5.1 对 $\mathbf{R}^n$ 中的任一向量 $\boldsymbol{x}=(x_1,x_2,\cdots,x_n)^{\mathrm{T}}$，记

$$\|\boldsymbol{x}\|_1=|x_1|+|x_2|+\cdots+|x_n| \tag{3-32}$$

$$\|\boldsymbol{x}\|_2=(|x_1|^2+|x_2|^2+\cdots+|x_n|^2)^{\frac{1}{2}} \tag{3-33}$$

$$\|\boldsymbol{x}\|_\infty=\max_{1\leqslant i\leqslant n}|x_i| \tag{3-34}$$

则 $\|\boldsymbol{x}\|_1$、$\|\boldsymbol{x}\|_2$ 和 $\|\boldsymbol{x}\|_\infty$ 都是向量范数。

(证明从略)

称 $\|\boldsymbol{x}\|_1$ 为 1-范数或列范数；称 $\|\boldsymbol{x}\|_2$ 为 2-范数或欧几里得范数，$\|\boldsymbol{x}\|_2$ 实际上就是 n 维向量空间 $\mathbf{R}^n$ 中向量 $\boldsymbol{x}$ 的欧几里得长度；称 $\|\boldsymbol{x}\|_\infty$ 为 ∞-范数或行范数。其实，它们都是 p-范数：

$$\|\boldsymbol{x}\|_p=(|x_1|^p+|x_2|^p+\cdots+|x_n|^p)^{\frac{1}{p}}$$

的特例，其中，正实数 $p\geqslant1$，并且有 $\lim\limits_{p\to\infty}\|\boldsymbol{x}\|_p=\|\boldsymbol{x}\|_\infty$。

在向量空间 $\boldsymbol{R}^n$ 中可以引进各种向量范数，它们都满足下述向量范数等价定理。

定理 3.5.2 向量范数等价定理 设 $\|\cdot\|_\alpha$ 和 $\|\cdot\|_\beta$ 是 $\mathbf{R}^n$ 中的两种范数，则存在与向量 $\boldsymbol{x}$ 无关的常数 m 和 $M(0<m<M)$，使得对任一向量 $\boldsymbol{x}\in\mathbf{R}^n$，有

$$m\|\boldsymbol{x}\|_\alpha\leqslant\|\boldsymbol{x}\|_\beta\leqslant M\|\boldsymbol{x}\|_\alpha \tag{3-35}$$

(证明从略)

例如，向量的 1-范数、2-范数和 ∞-范数之间有下述关系成立

$$\begin{cases}\|\boldsymbol{x}\|_\infty\leqslant\|\boldsymbol{x}\|_1\leqslant n\|\boldsymbol{x}\|_\infty\\ \|\boldsymbol{x}\|_\infty\leqslant\|\boldsymbol{x}\|_2\leqslant\sqrt{n}\|\boldsymbol{x}\|_\infty\\ \dfrac{1}{\sqrt{n}}\|\boldsymbol{x}\|_1\leqslant\|\boldsymbol{x}\|_2\leqslant\|\boldsymbol{x}\|_1\end{cases} \tag{3-36}$$

式(3-35)表明，一个向量若按某种范数是一个小量，则它按任何一种范数都是一个小量。因此，不同范数在数量上的差别对分析误差并不重要，反而使我们可以根据具体问题选择适当的范数以利于分析和计算。

类似于向量范数，也可以定义一个表示矩阵“大小”的量——矩阵范数(或矩阵的模)。

定义 3.5.2 设 $\|\cdot\|$ 是定义在 $\mathbf{R}^{n\times n}$ 上的实值函数，如果对于 $\mathbf{R}^{n\times n}$ 中的任意矩阵 $\boldsymbol{A}$ 和 $\boldsymbol{B}$ 及任意实数 k，有下述基本性质成立：

(1) (非负性) 对一切矩阵 $\boldsymbol{A}\in\mathbf{R}^{n\times n}$，有

$$\|\boldsymbol{A}\|\geqslant0,\text{且}\|\boldsymbol{A}\|=0\text{ 的充分必要条件是 }\boldsymbol{A}=\boldsymbol{0} \tag{3-37}$$

(2) (正齐性) 对任意实数 k 和矩阵 $\boldsymbol{A}\in\mathbf{R}^{n\times n}$，有

$$\|k\boldsymbol{A}\|=|k|\,\|\boldsymbol{A}\| \tag{3-38}$$

(3) (三角不等式) 对任意矩阵 $\boldsymbol{A}$、$\boldsymbol{B}\in\mathbf{R}^{n\times n}$，有

$$\|\boldsymbol{A}+\boldsymbol{B}\| \leqslant \|\boldsymbol{A}\| + \|\boldsymbol{B}\| \tag{3-39}$$

$$\|\boldsymbol{AB}\| \leqslant \|\boldsymbol{A}\| \ \|\boldsymbol{B}\| \tag{3-40}$$

则称 $\|\cdot\|$ 为**矩阵范数**(或**矩阵的模**)。

为了用范数来表示线性方程组解的精确度,还需要规定向量范数与矩阵范数之间的关系。

定义 3.5.3 对于给定的向量范数 $\|\cdot\|$ 和矩阵范数 $\|\cdot\|$,如果对于任一向量 $\boldsymbol{x}\in\mathbf{R}^n$ 和任一矩阵 $\boldsymbol{A}\in\mathbf{R}^{n\times n}$,满足

$$\|\boldsymbol{Ax}\| \leqslant \|\boldsymbol{A}\| \ \|\boldsymbol{x}\| \tag{3-41}$$

则称所给矩阵范数与向量范数是**相容的**。

定理 3.5.3 设在 $\mathbf{R}^n$ 中给定了一种向量范数,对任一矩阵 $\boldsymbol{A}\in\mathbf{R}^{n\times n}$,令

$$\|\boldsymbol{A}\| = \max_{\|\boldsymbol{x}\|=1} \|\boldsymbol{Ax}\| \tag{3-42}$$

则由式(3-42)定义的函数 $\|\cdot\|$ 是一种矩阵范数,并且它与给定的向量范数相容。

证明 先证相容性。对任意的 $\boldsymbol{A}\in\mathbf{R}^{n\times n}$ 和任意非零向量 $\boldsymbol{y}\in\mathbf{R}^n$,由于

$$\|\boldsymbol{A}\| = \max_{\|\boldsymbol{x}\|=1} \|\boldsymbol{Ax}\| \geqslant \left\| \boldsymbol{A}\frac{\boldsymbol{y}}{\|\boldsymbol{y}\|} \right\| = \frac{1}{\|\boldsymbol{y}\|}\|\boldsymbol{Ay}\|$$

即

$$\|\boldsymbol{Ay}\| \leqslant \|\boldsymbol{A}\| \ \|\boldsymbol{y}\|$$

此结果显然对 $\boldsymbol{y}=\boldsymbol{0}$ 也成立。

再验证式(3-37)~式(3-40)成立。

(1) 当 $\boldsymbol{A}=\boldsymbol{0}$ 时,$\|\boldsymbol{A}\|=0$;当 $\boldsymbol{A}\neq\boldsymbol{0}$ 时,必存在 $\bar{\boldsymbol{x}}\in\mathbf{R}^n$,使 $\|\bar{\boldsymbol{x}}\|=1$ 且 $\boldsymbol{A}\bar{\boldsymbol{x}}\neq 0$,从而有 $\|\boldsymbol{A}\| \geqslant \|\boldsymbol{A}\bar{\boldsymbol{x}}\| > 0$;

(2) 对任一实数 $k\in R$,有

$$\|k\boldsymbol{A}\| = \max_{\|\boldsymbol{x}\|=1}\|k\boldsymbol{Ax}\| = |k| \max_{\|\boldsymbol{x}\|=1}\|\boldsymbol{Ax}\| = |k| \ \|\boldsymbol{A}\|$$

(3) 对任意的矩阵 $\boldsymbol{A}$、$\boldsymbol{B}\in\mathbf{R}^{n\times n}$,

$$\begin{aligned}\|\boldsymbol{A}+\boldsymbol{B}\| &= \max_{\|\boldsymbol{x}\|=1}\|\boldsymbol{Ax}+\boldsymbol{Bx}\| \leqslant \max_{\|\boldsymbol{x}\|=1}(\|\boldsymbol{Ax}\| + \|\boldsymbol{Bx}\|)\\ &\leqslant \max_{\|\boldsymbol{x}\|=1}\|\boldsymbol{Ax}\| + \max_{\|\boldsymbol{x}\|=1}\|\boldsymbol{Bx}\| = \|\boldsymbol{A}\| + \|\boldsymbol{B}\|\end{aligned}$$

$$\|\boldsymbol{AB}\| = \max_{\|\boldsymbol{x}\|=1}\|\boldsymbol{A}(\boldsymbol{Bx})\| = \max_{\|\boldsymbol{x}\|=1}\frac{\|\boldsymbol{A}(\boldsymbol{Bx})\|}{\|\boldsymbol{Bx}\|}\|\boldsymbol{Bx}\| \leqslant \|\boldsymbol{A}\| \max_{\|\boldsymbol{x}\|=1}\|\boldsymbol{Bx}\| = \|\boldsymbol{A}\| \ \|\boldsymbol{B}\|$$

证毕。

称由式(3-42)所定义的矩阵范数为从属于所给定的向量范数的矩阵范数,又称为**矩阵的算子范数**。对向量 p-范数 $\|\cdot\|_p(p\geqslant 1)$,将相应的从属矩阵范数仍记为 $\|\cdot\|_p$,即

$$\|\boldsymbol{A}\|_p = \max_{\|\boldsymbol{x}\|_p=1}\|\boldsymbol{Ax}\|_p$$

其中,$\boldsymbol{A}\in\mathbf{R}^{n\times n}$,$\boldsymbol{x}\in\mathbf{R}^n$,并称 $\|\boldsymbol{A}\|_p$ 为矩阵 $\boldsymbol{A}$ 的 p-范数。

由定理 3.5.3 可知,矩阵 $\boldsymbol{A}$ 的 p-范数与向量 $\boldsymbol{x}$ 的 p-范数相容,即有

$$\|\boldsymbol{Ax}\|_p \leqslant \|\boldsymbol{A}\|_p \|\boldsymbol{x}\|_p$$

可以证明,对任何 n 阶方阵 $\boldsymbol{A}=(a_{ij})_{n\times n}$,有

$$\|\boldsymbol{A}\|_1 = \max_{1\leqslant j\leqslant n}\sum_{i=1}^{n}|a_{ij}| \tag{3-43}$$

$$\|A\|_2 = \sqrt{\lambda_{\max}(A^{\mathrm{T}}A)} \tag{3-44}$$

$$\|A\|_\infty = \max_{1\leqslant i\leqslant n}\sum_{j=1}^{n}|a_{ij}| \tag{3-45}$$

其中，$\lambda_{\max}(\boldsymbol{A}^{\mathrm{T}}\boldsymbol{A})$表示实对称矩阵$\boldsymbol{A}^{\mathrm{T}}\boldsymbol{A}$的最大特征值；$\|\cdot\|_1$、$\|\cdot\|_2$和$\|\cdot\|_\infty$又分别称为矩阵的**列范数**、**谱范数**和**行范数**。

例 3.5.1 设

$$\boldsymbol{A}=\begin{pmatrix}-5 & -3 & 1\\ 4 & 0 & 1\\ 4 & 1 & -2\end{pmatrix},\boldsymbol{x}=\begin{pmatrix}2\\ -5\\ 1\end{pmatrix}$$

则$\boldsymbol{Ax}=(6\quad 9\quad 1)^{\mathrm{T}}$，按范数的定义，有

$$\|\boldsymbol{x}\|_1=8,\qquad \|\boldsymbol{x}\|_2=5.477,\qquad \|\boldsymbol{x}\|_\infty=5$$

$$\|\boldsymbol{A}\|_1=13,\qquad \|\boldsymbol{A}\|_2=8.092,\qquad \|\boldsymbol{A}\|_\infty=9$$

$$\|\boldsymbol{Ax}\|_1=16,\qquad \|\boldsymbol{Ax}\|_2=10.863,\qquad \|\boldsymbol{Ax}\|_\infty=9$$

设$\|\cdot\|$是某种矩阵范数，定义

$$\|\boldsymbol{x}\| = \|\boldsymbol{X}\| \tag{3-46}$$

其中，$\boldsymbol{X}$是各列向量均为$\boldsymbol{x}$的n阶方阵。

易验证，式(3-46)定义的向量函数是一种向量范数，且与矩阵范数相容。这表明，对任何一种矩阵范数，都存在一种与之相容的向量范数。所以，以后凡需要同时考虑向量范数与矩阵范数时，都认为二者是相容的。

矩阵的范数同特征值之间有密切的关系，设λ是矩阵$\boldsymbol{A}$相应于特征向量$\boldsymbol{x}$的特征值，矩阵范数$\|\cdot\|$与向量范数$\|\cdot\|$相容，从而

$$|\lambda|\,\|\boldsymbol{x}\| = \|\lambda\boldsymbol{x}\| = \|\boldsymbol{Ax}\| \leqslant \|\boldsymbol{A}\|\,\|\boldsymbol{x}\|$$

由于特征向量为非零向量，$\|\boldsymbol{x}\|\neq 0$，所以$|\lambda|\leqslant\|\boldsymbol{A}\|$。设$n$阶方阵$\boldsymbol{A}$的$n$个特征值为$\lambda_1$，$\lambda_2,\cdots,\lambda_n$，称数

$$\rho(\boldsymbol{A}) = \max_{1\leqslant k\leqslant n}|\lambda_k| \tag{3-47}$$

为矩阵$\boldsymbol{A}$的**谱半径**。由上述讨论知，对矩阵$\boldsymbol{A}$的任何一种范数$\|\cdot\|$，都有

$$\rho(\boldsymbol{A})\leqslant\|\boldsymbol{A}\| \tag{3-48}$$

3.5.2 残向量

有了范数概念，虽然可以表征误差向量的"大小"，但计算误差向量是不可能的，因为准确解向量$\boldsymbol{x}^*$是未知的，我们只能获得计算解$\tilde{\boldsymbol{x}}$。一种自然的办法就是将计算解代入原方程组（式(3-1)），看其"相差多少"，即只考虑**残向量**

$$\boldsymbol{r}=\boldsymbol{b}-\boldsymbol{A}\tilde{\boldsymbol{x}} \tag{3-49}$$

的"大小"。遗憾的是，这不是一个可靠的办法。在有些情况下，尽管残向量很小，即其范数$\|\boldsymbol{r}\|$很小，计算解与准确解的差仍可能很大。

例 3.5.2 线性方程组

$$\begin{pmatrix} 1.0000 & 2.0000 \\ 0.4999 & 1.0001 \end{pmatrix}\begin{pmatrix} x_1 \\ x_2 \end{pmatrix}=\begin{pmatrix} 3.0000 \\ 1.5000 \end{pmatrix}$$

的准确解是 $x_1^*=1, x_2^*=1$。若用某种方法得到一个计算解 $\tilde{x}_1=2.0000, \tilde{x}_2=0.5000$,则残向量 $\boldsymbol{r}=(0,0.00015)^{\mathrm{T}}$ 是一个比较小的向量,但误差向量 $\boldsymbol{e}=(-1.000,0.5000)^{\mathrm{T}}$ 是一个不小的向量。

本例表明,将计算解代回原方程组检验这种古老的方法,可能会导致错误的结论。因此,不能简单地用残向量来度量计算解的精确度。

3.5.3 误差的代数表征

残向量虽不能代表解的精确度,但它的优点是易于计算,而我们希望得到的误差向量又计算不出来。自然希望在它们之间建立某种关系,以便用残向量来估计误差,由式(3-49),有

$$\tilde{\boldsymbol{x}}=\boldsymbol{A}^{-1}\boldsymbol{b}-\boldsymbol{A}^{-1}\boldsymbol{r}=\boldsymbol{x}^*-\boldsymbol{A}^{-1}\boldsymbol{r}$$

所以,误差向量为

$$\boldsymbol{e}=x^*-\tilde{\boldsymbol{x}}=\boldsymbol{A}^{-1}\boldsymbol{r}$$

由范数的性质,对任何一种范数都有

$$\|\boldsymbol{e}\|=\|\boldsymbol{A}^{-1}\boldsymbol{r}\|\leqslant\|\boldsymbol{A}^{-1}\|\ \|\boldsymbol{r}\| \tag{3-50}$$

又有准确解 $\boldsymbol{x}^*$ 满足

$$\boldsymbol{A}\boldsymbol{x}^*=\boldsymbol{b}$$

所以

$$\|\boldsymbol{b}\|\leqslant\|\boldsymbol{A}\|\ \|\boldsymbol{x}^*\|$$

所以

$$\frac{\|\boldsymbol{e}\|}{\|\boldsymbol{x}^*\|}\leqslant(\|\boldsymbol{A}\|\ \|\boldsymbol{A}^{-1}\|)\frac{\|\boldsymbol{r}\|}{\|\boldsymbol{b}\|} \tag{3-51}$$

其中,$\dfrac{\|\boldsymbol{e}\|}{\|\boldsymbol{x}^*\|}$为计算解 $\tilde{\boldsymbol{x}}$ 的相对误差;$\dfrac{\|\boldsymbol{r}\|}{\|\boldsymbol{b}\|}$为相对残量。式(3-51)表明,计算解的相对误差不超过相对残量的一个倍数,这个倍数是 $\|\boldsymbol{A}\|\ \|\boldsymbol{A}^{-1}\|$,它可能很大。

例如,在例 3.5.2 中,若用∞-范数,有

$$\|\boldsymbol{A}\|_\infty=3$$

$$\|\boldsymbol{A}^{-1}\|_\infty=\frac{1}{3}\left\|\begin{matrix} 10001 & -20000 \\ -4999 & 10000 \end{matrix}\right\|_\infty=\frac{30001}{3}$$

$$\|\boldsymbol{A}\|_\infty\|\boldsymbol{A}^{-1}\|_\infty=30001$$

因此,按式(3-51),计算解的相对误差可能是相对残向量大小的 30000 多倍。实际上

$$\frac{\|\boldsymbol{e}\|_\infty}{\|\boldsymbol{x}^*\|_\infty}=100\%,\ \frac{\|\boldsymbol{r}\|_\infty}{\|\boldsymbol{b}\|_\infty}=0.005\%$$

式(3-51)及上述例子说明了为什么小的残向量并不能保证计算解有小的误差,这完全取决

于数

$$\text{cond}(\boldsymbol{A}) = \|\boldsymbol{A}\| \ \|\boldsymbol{A}^{-1}\| \tag{3-52}$$

这个数对估计计算解的误差是十分重要的，称为矩阵 $\boldsymbol{A}$ 的**条件数**。

由 $\boldsymbol{I}=\boldsymbol{A}\boldsymbol{A}^{-1}$、式(3-40)和式(3-52)易知，对任何可逆矩阵 $\boldsymbol{A}$ 及算子范数 $\|\cdot\|$，都有

$$\text{cond}(\boldsymbol{A}) = \|\boldsymbol{A}\| \ \|\boldsymbol{A}^{-1}\| \geqslant \|\boldsymbol{A}\boldsymbol{A}^{-1}\| = \|\boldsymbol{I}\| = 1$$

即条件数总是不小于1，因而残向量总是比计算解的误差小。

3.5.4 病态线性方程组

设线性方程组 $\boldsymbol{Ax}=\boldsymbol{b}$ 的系数矩阵 $\boldsymbol{A}$ 非奇异，若 $\text{cond}(\boldsymbol{A})$ 相对很大，则称 $\boldsymbol{Ax}=\boldsymbol{b}$ 是**病态线性方程组**(也称矩阵 $\boldsymbol{A}$ 是**病态矩阵**)；若 $\text{cond}(\boldsymbol{A})$ 相对较小，则称 $\boldsymbol{Ax}=\boldsymbol{b}$ 是**良态线性方程组**(也称矩阵 $\boldsymbol{A}$ 是**良态矩阵**)。

矩阵 $\boldsymbol{A}$ 的条件数刻画了线性方程组 $\boldsymbol{Ax}=\boldsymbol{b}$ 的一种性态。$\boldsymbol{A}$ 的条件数越大，方程组 $\boldsymbol{Ax}=\boldsymbol{b}$ 的病态程度就越严重。对于严重病态的线性方程组 $\boldsymbol{Ax}=\boldsymbol{b}$，当 $\boldsymbol{A}$ 和 $\boldsymbol{b}$ 有微小变化时，即使求解过程是精确进行的，所得到的解相对于原方程组的解也会有很大的相对误差。下面不加证明地给出系数矩阵 $\boldsymbol{A}$ 和右端常向量 $\boldsymbol{b}$ 的很小变化对线性方程组的解的影响。

定理 3.5.4 设 $\boldsymbol{A}、\Delta\boldsymbol{A}\in\mathbf{R}^{n\times n}$，$\boldsymbol{b}、\Delta\boldsymbol{b}\in\mathbf{R}^{n}$，$\boldsymbol{A}$ 非奇异，$\boldsymbol{b}\neq\boldsymbol{0}$，$\boldsymbol{x}$ 是线性方程组 $\boldsymbol{Ax}=\boldsymbol{b}$ 的解向量。若 $\|\Delta\boldsymbol{A}\| < \dfrac{1}{\|\boldsymbol{A}^{-1}\|}$，则

(1) 方程组

$$(\boldsymbol{A}+\Delta\boldsymbol{A})(\boldsymbol{x}+\Delta\boldsymbol{x}) = \boldsymbol{b}+\Delta\boldsymbol{b} \tag{3-53}$$

有唯一解 $\boldsymbol{x}+\Delta\boldsymbol{x}$。

(2) 下列误差估计式成立：

$$\frac{\|\Delta\boldsymbol{x}\|}{\|\boldsymbol{x}\|} \leqslant \frac{\text{cond}(\boldsymbol{A})}{1-\text{cond}(\boldsymbol{A})\dfrac{\|\Delta\boldsymbol{A}\|}{\|\boldsymbol{A}\|}}\left(\frac{\|\Delta\boldsymbol{A}\|}{\|\boldsymbol{A}\|}+\frac{\|\Delta\boldsymbol{b}\|}{\|\boldsymbol{b}\|}\right) \tag{3-54}$$

式(3-54)表明，条件数 $\text{cond}(\boldsymbol{A})$ 越小，系数矩阵 $\boldsymbol{A}$ 和右端向量 $\boldsymbol{b}$ 的相对误差对解向量的相对误差的影响就越小；反之则影响可能越大。

例 3.5.3 设有线性方程组 $\boldsymbol{Ax}=\boldsymbol{b}$ 为

$$\begin{pmatrix} 1 & 1.0001 \\ 1 & 1 \end{pmatrix}\begin{pmatrix} x_1 \\ x_2 \end{pmatrix} = \begin{pmatrix} 2 \\ 2 \end{pmatrix}$$

(1) 求 $\text{cond}(A)_\infty$ 和 $\boldsymbol{Ax}=\boldsymbol{b}$ 的解 $\boldsymbol{x}$；

(2) 设 $\boldsymbol{b}$ 变化为 $\boldsymbol{b}+\Delta\boldsymbol{b}=(2.0001,2)^{\mathrm{T}}$，求 $\boldsymbol{A}(\boldsymbol{x}+\Delta\boldsymbol{x})=(\boldsymbol{b}+\Delta\boldsymbol{b})$ 的解向量 $\boldsymbol{x}+\Delta\boldsymbol{x}$；

(3) 计算 $\dfrac{\|\Delta\boldsymbol{b}\|_\infty}{\|\boldsymbol{b}\|_\infty}$ 和 $\dfrac{\|\Delta\boldsymbol{x}\|_\infty}{\|\boldsymbol{x}\|_\infty}$。

解 (1)

$$\boldsymbol{A}^{-1} = \begin{pmatrix} -10000 & 10001 \\ 10000 & -10000 \end{pmatrix}$$

$$\text{cond}(\boldsymbol{A})_\infty = \|\boldsymbol{A}\|_\infty \|\boldsymbol{A}^{-1}\|_\infty = 2.0001\times 20001 \approx 40004$$

$\boldsymbol{Ax}=\boldsymbol{b}$ 的解为

$$\boldsymbol{x}=(2,0)^{\mathrm{T}}$$

(2) $\boldsymbol{A}(\boldsymbol{x}+\Delta\boldsymbol{x})=(\boldsymbol{b}+\Delta\boldsymbol{b})$的解为

$$\boldsymbol{x}+\Delta\boldsymbol{x}=(1,1)^{\mathrm{T}}$$

(3) $\Delta\boldsymbol{b}=(0.0001,0)^{\mathrm{T}},\Delta\boldsymbol{x}=(-1,1)^{\mathrm{T}},\dfrac{\|\Delta\boldsymbol{b}\|_{\infty}}{\|\boldsymbol{b}\|_{\infty}}=0.005\%,\dfrac{\|\Delta\boldsymbol{x}\|_{\infty}}{\|\boldsymbol{x}\|_{\infty}}=50\%$

例 3.5.3 表明,由右端向量 $\boldsymbol{b}$ 的微小相对误差 0.005% 引进解的很大相对误差 50%,后者是前者的 10000 倍。其原因就是系数矩阵的条件数很大,方程组严重病态。

对于严重病态的线性方程组 $\boldsymbol{Ax}=\boldsymbol{b}$,即使原始数据 $\boldsymbol{A}$ 和 $\boldsymbol{b}$ 没有误差,但由于求解过程中有舍入误差,所得的解也会有很大的相对误差。

3.5.5 关于病态方程组的求解问题

可以用以下方法判别线性方程组 $\boldsymbol{Ax}=\boldsymbol{b}$ 是否病态:

(1) 当$|\det(\boldsymbol{A})|$相对很小或 $\boldsymbol{A}$ 的某些行(或列)近似线性相关时,方程组可能病态。

(2) 用(列)主元素高斯消去法求解方程组时,若出现绝对值很小的主元素,则方程组可能病态。

(3) 分别用 $\boldsymbol{b}$ 和 $\boldsymbol{b}+\Delta\boldsymbol{b}$($\|\Delta\boldsymbol{b}\|\ll 1$)作方程组的右端向量,求解 $\boldsymbol{Ax}=\boldsymbol{b}$ 和 $\boldsymbol{A}\tilde{\boldsymbol{x}}=\boldsymbol{b}+\Delta\boldsymbol{b}$,若 $\boldsymbol{x}$ 和 $\tilde{\boldsymbol{x}}$ 相差很大,则方程组可能病态。

(4) 当 $\boldsymbol{A}$ 的元素在数量级上有很大差别,且无一定规则时,方程组可能病态。例如

$$\boldsymbol{A}=\begin{pmatrix}0.1 & 0.1\\ 0.1 & 10^{10}\end{pmatrix},\quad \mathrm{cond}(\boldsymbol{A})\approx 10^{11}$$

相应的方程组 $\boldsymbol{Ax}=\boldsymbol{b}$ 严重病态。但对于

$$\boldsymbol{B}=\begin{pmatrix}10^{10} & 0.1\\ 0.1 & 10^{10}\end{pmatrix},\quad \mathrm{cond}(\boldsymbol{B})\approx 1$$

相应的方程组 $\boldsymbol{Bx}=\boldsymbol{b}$ 是良态的。

对于病态线性方程组可采用以下方法求解:

(1) 采用高精度的算术运算,如采用双精度运算,可改善或减轻病态矩阵的影响,但有时可能还是不行。

(2) 平衡方法。当 $\boldsymbol{A}$ 的元素在数量级上有很大差别时,可采用行平衡(或列平衡)的方法降低 $\boldsymbol{A}$ 的条件数。

设 n 元线性方程组 $\boldsymbol{Ax}=\boldsymbol{b},\boldsymbol{A}=(a_{ij})_{n\times n}$非奇异,**行平衡方法**是指:计算 $s_i=\max\limits_{1\leqslant j\leqslant n}|a_{ij}|$ $(i=1,2,\cdots,n)$,令

$$\boldsymbol{D}=\mathrm{diag}\left(\frac{1}{s_1},\frac{1}{s_2},\cdots,\frac{1}{s_n}\right)$$

得到与原方程组等价的同解方程组 $\boldsymbol{DAx}=\boldsymbol{Db}$,新方程组的系数矩阵 $\boldsymbol{DA}$ 的条件数有可能大大降低。例如,原方程组 $\boldsymbol{Ax}=\boldsymbol{b}$ 为

$$\begin{pmatrix}0.1 & 0.1\\ 0.1 & 10^{10}\end{pmatrix}\begin{pmatrix}x_1\\ x_2\end{pmatrix}=\begin{pmatrix}0.2\\ 10^{10}\end{pmatrix}$$

因 $\mathrm{cond}(\boldsymbol{A})\approx 10^{11}$ 很大，该方程组严重病态。进行平衡处理：$s_1=0.1, s_2=10^{10}, \boldsymbol{D}=\mathrm{diag}\left(\frac{1}{s_1},\frac{1}{s_2}\right)$。得到的方程组为

$$\begin{pmatrix} 1 & 1 \\ 10^{-11} & 1 \end{pmatrix}\begin{pmatrix} x_1 \\ x_2 \end{pmatrix}=\begin{pmatrix} 2 \\ 1 \end{pmatrix}$$

其系数矩阵的条件数 $\mathrm{cond}(\boldsymbol{DA})=\dfrac{4}{1-10^{-11}}\approx 4$ 很小，所以新方程组是良态的。

3.6 简单迭代法

现在研究线性方程组的另一类常用解法——迭代法。该法首先选取适当的初值，然后用同样的计算步骤重复计算，求得近似解。

3.6.1 迭代法简介

例 3.6.1 设有线性方程组

$$\begin{cases} 5x+2y=8 \\ 3x-20y=26 \end{cases} \tag{3-55}$$

不难求得其精确解

$$x^*=2, y^*=-1$$

将式(3-55)改写为

$$\begin{cases} x=-0.4y+1.6 \\ y=0.15x-1.3 \end{cases} \tag{3-56}$$

任取 $x^{(0)}$ 和 $y^{(0)}$ 作为试验值，为确定起见，不妨令 $x^{(0)}=y^{(0)}=0$，并称为式(3-56)的解的第零次近似值，将其代入式(3-56)，发现并不满足该方程，应重新选取，用 $x^{(0)}, y^{(0)}$ 代入式(3-56)右端，得

$$\begin{cases} x^{(1)}=-0.4y^{(0)}+1.6=1.6 \\ y^{(1)}=0.15x^{(0)}-1.3=-1.3 \end{cases}$$

将此结果作为新的试验值，称为式(3-56)的解的第一次近似值，将其代入式(3-56)，仍不满足方程，于是又用 $x^{(1)}, y^{(1)}$ 代入式(3-56)右端所得的结果

$$\begin{cases} x^{(2)}=-0.4y^{(1)}+1.6=2.12 \\ y^{(2)}=0.15x^{(1)}-1.3=-1.06 \end{cases}$$

作为新的试验值，并称为式(3-56)的解的第二次近似值。重复以上过程，得表 3-1。随着计算次数的增加，计算结果越来越接近于精确解。

表 3-1

k	0	1	2	3	4	5	6	…
$x^{(k)}$	0	1.6	2.12	2.024	1.9928	1.99856	2.000432	…
$y^{(k)}$	0	-1.3	-1.06	-0.982	-0.9964	-1.00108	-1.000216	…

求 $x^{(k)}$ 和 $y^{(k)}$ 的迭代公式为

$$\begin{cases} x^{(k+1)} = -0.4y^{(k)} + 1.6 \\ y^{(k+1)} = 0.15x^{(k)} - 1.3 \end{cases}, k=0,1,2,\cdots \tag{3-57}$$

以后将证明,对于式(3-57),当 $k\to\infty$ 时,$x^{(k)}\to x^*$,$y^{(k)}\to y^*$。

如果将(3-55)改写为

$$\begin{cases} x = 6.667y + 8.667 \\ y = -2.500x + 4.000 \end{cases}$$

然后写成相应的迭代公式

$$\begin{cases} x^{(k+1)} = 6.667y^{(k)} + 8.667 \\ y^{(k+1)} = -2.500x^{(k)} + 4.000 \end{cases}, \quad k=0,1,2,\cdots$$

仍用 $x^{(0)}=y^{(0)}=0$ 作为解的第零次近似值进行迭代,所得值见表 3-2 所列。随着计算次数的增加,计算结果越来越远离精确解。

表 3-2

k	0	1	2	3	4	…
$x^{(k)}$	0	8.667	35.335	-109.126	-553.611	…
$y^{(k)}$	0	4.000	-17.668	-84.358	276.807	…

前一种情况,数列$\{x^{(k)}\}$和$\{y^{(k)}\}$是收敛的;后一种情况,数列$\{x^{(k)}\}$和$\{y^{(k)}\}$是发散的,从例 3.6.1 可以看出,数列收敛是有条件的,它与方程组改写形式是有关的。

3.6.2 迭代过程的收敛性

设线性方程组

$$\boldsymbol{Ax}=\boldsymbol{b} \tag{3-58}$$

的系数矩阵 $\boldsymbol{A}$ 为 n 阶非奇异矩阵,右端向量 $\boldsymbol{b}\neq\boldsymbol{0}$。将式(3-58)改写为

$$\boldsymbol{x}=\boldsymbol{Mx}+\boldsymbol{f} \tag{3-59}$$

其中,$\boldsymbol{M}$ 为 n 阶方阵;$\boldsymbol{f}$ 为 n 维列向量。

任取一个向量 $\boldsymbol{x}^{(0)}=(x_1^{(0)},x_2^{(0)},\cdots,x_n^{(0)})^{\mathrm{T}}$ 作为式(3-58)的初始近似解,按递推公式

$$\boldsymbol{x}^{(k+1)}=\boldsymbol{Mx}^{(k)}+\boldsymbol{f}, \quad k=0,1,2,\cdots \tag{3-60}$$

产生一个向量值序列$\{\boldsymbol{x}^{(k)}\}=\{\boldsymbol{x}^{(0)},\boldsymbol{x}^{(1)},\boldsymbol{x}^{(2)},\cdots,\boldsymbol{x}^{(k)},\cdots\}$,当 k 足够大时,以此序列中的向量 $\boldsymbol{x}^{(k)}$ 作为式(3-58)的近似解。这种求解线性方程组的方法称为**迭代法**,式(3-60)称为**迭代公式**,其中矩阵 $\boldsymbol{M}$ 称为**迭代矩阵**。

设有向量值序列

$$\boldsymbol{x}^{(k)}=(x_1^{(k)},x_2^{(k)},\cdots,x_n^{(k)})^{\mathrm{T}}, \quad k=0,1,2,\cdots$$

若存在常向量 $\boldsymbol{x}^*=(x_1^*,x_2^*,\cdots,x_n^*)^{\mathrm{T}}$,使

$$\lim_{k\to\infty}x_j^{(k)}=x_j^*, \quad j=1,2,\cdots,n \tag{3-61}$$

则称向量值序列$\{\boldsymbol{x}^{(k)}\}$收敛于向量 $\boldsymbol{x}^*=(x_1^*,x_2^*,\cdots,x_n^*)^{\mathrm{T}}$,记为

$$\lim_{k\to\infty}\boldsymbol{x}^{(k)}=\boldsymbol{x}^{*} \tag{3-62}$$

若这样的常向量不存在，则称向量值序列$\{\boldsymbol{x}^{(k)}\}$发散。

由数列极限的性质知，对每一个$j(j=1,2,\cdots,n)$，$\lim\limits_{k\to\infty}x_j^{(k)}=x_j^{*}$ 等价于$\lim\limits_{k\to\infty}|x_j^{(k)}-x_j^{*}|=0$，这也等价于

$$\lim_{k\to\infty}\|\boldsymbol{x}^{(k)}-\boldsymbol{x}^{*}\|_{\infty}=\lim_{k\to\infty}(\max_{1\leqslant j\leqslant n}|x_j^{(k)}-x_j^{*}|)=0$$

再由范数的等价性定理可得以下结论：

定理 3.6.1 向量值序列$\{\boldsymbol{x}^{(k)}\}$收敛于向量$\boldsymbol{x}^{*}$的充分必要条件是对某一种向量范数$\|\cdot\|$，有

$$\lim_{k\to\infty}\|\boldsymbol{x}^{(k)}-\boldsymbol{x}^{*}\|=0 \tag{3-63}$$

如果对任取的初始向量$\boldsymbol{x}^{(0)}$，由式(3-60)产生的向量值序列都收敛于某一常向量$\boldsymbol{x}^{*}$，则称迭代式(3-60)是收敛的，否则称它是发散的。若迭代公式收敛，则

$$\boldsymbol{x}^{*}=\boldsymbol{M}\boldsymbol{x}^{*}+\boldsymbol{f} \tag{3-64}$$

即极限向量$\boldsymbol{x}^{*}$是式(3-59)的解，从而也是式(3-58)的解。下面讨论迭代式(3-60)收敛的条件。

定理 3.6.2 若迭代矩阵$\boldsymbol{M}$的某种范数$\|\boldsymbol{M}\|<1$，则

(1) 式(3-59)存在唯一的解向量$\boldsymbol{x}^{*}$。

(2) 迭代公式(3-60)收敛，并且

$$\lim_{k\to\infty}\boldsymbol{x}^{(k)}=\boldsymbol{x}^{*}\text{，对任意的}\boldsymbol{x}^{(0)}\in\mathbf{R}^{n}\text{ 成立}$$

(3) 下列误差估计式成立

$$\|\boldsymbol{x}^{(k)}-\boldsymbol{x}^{*}\|\leqslant\frac{\|\boldsymbol{M}\|^{k}}{1-\|\boldsymbol{M}\|}\|\boldsymbol{x}^{(1)}-\boldsymbol{x}^{(0)}\| \tag{3-65}$$

$$\|\boldsymbol{x}^{(k)}-\boldsymbol{x}^{*}\|\leqslant\frac{\|\boldsymbol{M}\|}{1-\|\boldsymbol{M}\|}\|\boldsymbol{x}^{(k)}-\boldsymbol{x}^{(k-1)}\| \tag{3-66}$$

其中，所涉及的矩阵范数与向量范数是相容的。

证明 (1) 只需证明$\boldsymbol{I}-\boldsymbol{M}$可逆即可。假设$\boldsymbol{I}-\boldsymbol{M}$不可逆，则存在非零向量$\tilde{\boldsymbol{x}}\neq\boldsymbol{0}$，使

$$\tilde{\boldsymbol{x}}=\boldsymbol{M}\tilde{\boldsymbol{x}}$$

两边取范数，则

$$\|\tilde{\boldsymbol{x}}\|=\|\boldsymbol{M}\tilde{\boldsymbol{x}}\|\leqslant\|\boldsymbol{M}\|\,\|\tilde{\boldsymbol{x}}\|$$

由于$\|\tilde{\boldsymbol{x}}\|>0$，所以$\|\boldsymbol{M}\|\geqslant1$，与已知条件矛盾，所以$\boldsymbol{I}-\boldsymbol{M}$可逆。即式(3-59)存在唯一的解向量$\boldsymbol{x}^{*}$。

(2) 由式(3-60)减去式(3-64)，得

$$\boldsymbol{x}^{(k+1)}-\boldsymbol{x}^{*}=\boldsymbol{M}(\boldsymbol{x}^{(k)}-\boldsymbol{x}^{*})$$

由此得

$$\begin{aligned}0&\leqslant\|\boldsymbol{x}^{(k+1)}-\boldsymbol{x}^{*}\|\leqslant\|\boldsymbol{M}\|\,\|\boldsymbol{x}^{(k)}-\boldsymbol{x}^{*}\|\leqslant\|\boldsymbol{M}\|^{2}\|\boldsymbol{x}^{(k-1)}-\boldsymbol{x}^{*}\|\\&\leqslant\cdots\leqslant\|\boldsymbol{M}\|^{k+1}\|\boldsymbol{x}^{(0)}-\boldsymbol{x}^{*}\|\end{aligned}$$

由$\|\boldsymbol{M}\|<1$，得

$$\lim_{k\to\infty}\|\boldsymbol{x}^{(k+1)}-\boldsymbol{x}^{*}\|=0$$

根据定理 3.6.1，可知$\lim\limits_{k\to\infty}\boldsymbol{x}^{(k)}=\boldsymbol{x}^{*}$成立。

(3) 对取定的 k,设 $m>k$,则

$$\boldsymbol{x}^{(k)}-\boldsymbol{x}^{(m)}=\sum_{i=k}^{m-1}(\boldsymbol{x}^{(i)}-\boldsymbol{x}^{(i+1)})$$

$$\|\boldsymbol{x}^{(k)}-\boldsymbol{x}^{(m)}\|\leqslant\sum_{i=k}^{m-1}\|\boldsymbol{M}\|^{i}\|\boldsymbol{x}^{(0)}-\boldsymbol{x}^{(1)}\|=\|\boldsymbol{M}\|^{k}\frac{1-\|\boldsymbol{M}\|^{m-k}}{1-\|\boldsymbol{M}\|}\|\boldsymbol{x}^{(0)}-\boldsymbol{x}^{(1)}\|$$

当 $m\to\infty$ 时,由 $\|M\|<1$,得

$$\|\boldsymbol{x}^{(k)}-\boldsymbol{x}^{*}\|\leqslant\frac{\|\boldsymbol{M}\|^{k}}{1-\|\boldsymbol{M}\|}\|\boldsymbol{x}^{(1)}-\boldsymbol{x}^{(0)}\|$$

仍设 $m>k$,则

$$\boldsymbol{x}^{(k)}-\boldsymbol{x}^{(m)}=\sum_{i=1}^{m-k}(\boldsymbol{x}^{(k+i-1)}-\boldsymbol{x}^{(k+i)})$$

$$\|\boldsymbol{x}^{(k)}-\boldsymbol{x}^{(m)}\|\leqslant\sum_{i=1}^{m-k}\|\boldsymbol{M}\|^{i}\|\boldsymbol{x}^{(k-1)}-\boldsymbol{x}^{(k)}\|=\|\boldsymbol{M}\|\frac{1-\|\boldsymbol{M}\|^{m-k}}{1-\|\boldsymbol{M}\|}\|\boldsymbol{x}^{(k-1)}-\boldsymbol{x}^{(k)}\|$$

当 $m\to\infty$ 时,由 $\|\boldsymbol{M}\|<1$,得

$$\|\boldsymbol{x}^{(k)}-\boldsymbol{x}^{*}\|\leqslant\frac{\|\boldsymbol{M}\|}{1-\|\boldsymbol{M}\|}\|\boldsymbol{x}^{(k-1)}-\boldsymbol{x}^{(k)}\|$$

证毕。

式(3-65)表明,$\|\boldsymbol{M}\|$ 越小,收敛的越快,而且式(3-65)可以作为误差估计式。

式(3-66)表明,当 $\|\boldsymbol{M}\|<1$ 且不是很接近于 1 时,只要 $\|\boldsymbol{x}^{(k-1)}-\boldsymbol{x}^{(k)}\|$ 很小,$\boldsymbol{x}^{(k)}$ 就很接近于 $\boldsymbol{x}^{*}$。所以,在实际计算时,可预先给定误差界 ε,当满足

$$\|\boldsymbol{x}^{(k-1)}-\boldsymbol{x}^{(k)}\|<\varepsilon$$

或

$$\frac{\|\boldsymbol{x}^{(k-1)}-\boldsymbol{x}^{(k)}\|}{\|\boldsymbol{x}^{(k)}\|}<\varepsilon$$

时就可停止迭代,用当前的 $\boldsymbol{x}^{(k)}$ 作为式(3-58)的近似解。

定理 3.6.3 式(3-60)对任意的 $x^{(0)}$ 和 f 都收敛的充分必要条件是迭代矩阵 M 的各个特征值的模都小于 1,即迭代矩阵 $\boldsymbol{M}$ 的谱半径 $\rho(\boldsymbol{M})<1$(证略)。

作为定理 3.6.3 的应用,下面举两个例子。

例 3.6.2

$$\begin{bmatrix}x_1\\x_2\end{bmatrix}=\begin{bmatrix}2.3&-5\\1&-2.3\end{bmatrix}\begin{bmatrix}x_1\\x_2\end{bmatrix}+\begin{bmatrix}f_1\\f_2\end{bmatrix}$$

因为

$$|\lambda I-M|=\begin{vmatrix}\lambda-2.3&5\\-1&\lambda+2.3\end{vmatrix}=\lambda^2-0.29$$

$$\lambda_{1,2}=\pm\sqrt{0.29}$$

$\rho(\boldsymbol{M})=\sqrt{0.29}<1$,所以迭代过程收敛。

例 3.6.3

$$\begin{bmatrix} x_1 \\ x_2 \end{bmatrix} = \begin{bmatrix} 5 & -5 \\ 1 & 0.1 \end{bmatrix} \begin{bmatrix} x_1 \\ x_2 \end{bmatrix} + \begin{bmatrix} f_1 \\ f_2 \end{bmatrix}$$

因为

$$|\lambda I - M| = \begin{vmatrix} \lambda - 5 & 5 \\ -1 & \lambda - 0.1 \end{vmatrix} = \lambda^2 - 5.1\lambda + 5.5 = 0$$

$$\lambda_{1,2} = \frac{5.1 \pm \sqrt{4.01}}{2}, \rho(\boldsymbol{M}) = \frac{5.1 + \sqrt{4.01}}{2} > 1$$

所以迭代过程发散。

3.7 雅可比迭代法与高斯—塞得尔迭代法

3.7.1 雅可比迭代法

设式(3-58)的系数矩阵 $\boldsymbol{A} = (a_{ij})_{n\times n}$ 满足条件 $a_{ii} \neq 0 (i = 1,2,\cdots,n)$。把 $\boldsymbol{A}$ 分解成

$$\boldsymbol{A} = \boldsymbol{D} + \boldsymbol{L} + \boldsymbol{U}$$

其中

$$\boldsymbol{D} = \begin{pmatrix} a_{11} & & & \\ & a_{22} & & \\ & & \ddots & \\ & & & a_{nn} \end{pmatrix}, \boldsymbol{L} = \begin{pmatrix} 0 & & & \\ a_{21} & 0 & & \\ \vdots & \ddots & \ddots & \\ a_{n1} & \cdots & a_{n,n-1} & 0 \end{pmatrix}, \boldsymbol{U} = \begin{pmatrix} 0 & a_{12} & \cdots & a_{1n} \\ & 0 & \ddots & \vdots \\ & & \ddots & a_{n-1,n} \\ & & & 0 \end{pmatrix}$$

根据已知条件，$\boldsymbol{D}^{-1}$存在。

将式(3-58)改写为

$$\boldsymbol{x} = -\boldsymbol{D}^{-1}(\boldsymbol{L} + \boldsymbol{U})\boldsymbol{x} + \boldsymbol{D}^{-1}\boldsymbol{b}$$

由此可得迭代公式

$$\boldsymbol{x}^{(k+1)} = -\boldsymbol{D}^{-1}(\boldsymbol{L} + \boldsymbol{U})\boldsymbol{x}^{(k)} + \boldsymbol{D}^{-1}\boldsymbol{b}, k = 0,1,2\cdots \tag{3-67}$$

其中，$\boldsymbol{x}^{(0)}$任取。

由式(3-67)所表示的迭代法称为**雅可比迭代法**，其迭代矩阵为

$$\boldsymbol{M}_{\mathrm{J}} = -\boldsymbol{D}^{-1}(\boldsymbol{L} + \boldsymbol{U})$$

由于 $\boldsymbol{D}^{-1} = \mathrm{diag}(a_{11}^{-1}, a_{22}^{-1}, \cdots, a_{nn}^{-1})$，所以，式(3-67)的分量形式为

$$\begin{cases} x_1^{(k+1)} = \dfrac{1}{a_{11}}(-a_{12}x_2^{(k)} - a_{13}x_3^{(k)} - \cdots - a_{1n}x_n^{(k)} + b_1) \\ x_2^{(k+1)} = \dfrac{1}{a_{22}}(-a_{21}x_1^{(k)} - a_{23}x_3^{(k)} - \cdots - a_{2n}x_n^{(k)} + b_2) \\ \vdots \\ x_n^{(k+1)} = \dfrac{1}{a_{nn}}(-a_{n1}x_1^{(k)} - a_{n2}x_2^{(k)} - \cdots - a_{n,n-1}x_{n-1}^{(k)} + b_n) \end{cases}, k = 0,1,2,\cdots \tag{3-68}$$

3.7.2 高斯—塞得尔迭代法

在式(3-68)中,计算 $x_i^{(k+1)}$ 时,前面的$(i-1)$个值 $x_1^{(k+1)},x_2^{(k+1)},\cdots,x_{i-1}^{(k+1)}$已经算出,如果用这些新值代替原来的旧值 $x_1^{(k)},x_2^{(k)},\cdots,x_{i-1}^{(k)}$,则式(3-68)可以改写为

$$\begin{cases} x_1^{(k+1)}=\dfrac{1}{a_{11}}(-a_{12}x_2^{(k)}-a_{13}x_3^{(k)}-\cdots-a_{1n}x_n^{(k)}+b_1) \\ x_2^{(k+1)}=\dfrac{1}{a_{22}}(-a_{21}x_1^{(k+1)}-a_{23}x_3^{(k)}-\cdots-a_{2n}x_n^{(k)}+b_2) \\ \vdots \\ x_n^{(k+1)}=\dfrac{1}{a_{nn}}(-a_{n1}x_1^{(k+1)}-a_{n2}x_2^{(k+1)}-\cdots-a_{n,n-1}x_{n-1}^{(k+1)}+b_n) \end{cases},k=0,1,2,\cdots \tag{3-69}$$

称式(3-69)所表示的迭代法为**高斯—塞得尔迭代法**。

式(3-69)也可用矩阵表示为

$$\boldsymbol{x}^{(k+1)}=-\boldsymbol{D}^{-1}\boldsymbol{L}\boldsymbol{x}^{(k+1)}-\boldsymbol{D}^{-1}\boldsymbol{U}\boldsymbol{x}^{(k)}+\boldsymbol{D}^{-1}\boldsymbol{b},k=0,1,2,\cdots$$

两边左乘 $\boldsymbol{D}$,整理,得

$$(\boldsymbol{D}+\boldsymbol{L})\boldsymbol{x}^{(k+1)}=-\boldsymbol{U}\boldsymbol{x}^{(k)}+\boldsymbol{b},k=0,1,2,\cdots$$

所以

$$\boldsymbol{x}^{(k+1)}=-(\boldsymbol{D}+\boldsymbol{L})^{-1}\boldsymbol{U}\boldsymbol{x}^{(k)}+(\boldsymbol{D}+\boldsymbol{L})^{-1}\boldsymbol{b},k=0,1,2,\cdots \tag{3-70}$$

其中,$x^{(0)}$任取。

式(3-70)也称为高斯—塞得尔迭代法的矩阵形式,矩阵

$$\boldsymbol{M}_{\mathrm{GS}}=-(\boldsymbol{D}+\boldsymbol{L})^{-1}\boldsymbol{U}$$

也称为高斯—塞得尔迭代法的迭代矩阵。

3.7.3 雅可比迭代法和高斯—塞得尔迭代法的收敛性

由定理3.6.3可得雅可比迭代法和高斯—塞得尔迭代法收敛的充分必要条件。

定理3.7.1 雅可比迭代法和高斯—塞得尔迭代法收敛的充分必要条件是它们的迭代矩阵的谱半径小于1,即$\rho(\boldsymbol{M}_{\mathrm{J}})<1$和$\rho(\boldsymbol{M}_{\mathrm{GS}})<1$。

又由定理3.6.2可得雅可比迭代法和高斯—塞得尔迭代法收敛的一个充分条件。

定理3.7.2 若存在某种范数$\|\cdot\|$,使$\|\boldsymbol{M}_{\mathrm{J}}\|<1$,则雅可比迭代法收敛;若存在某种范数$\|\cdot\|$,使$\|\boldsymbol{M}_{\mathrm{GS}}\|<1$,则高斯—塞得尔迭代法收敛。

下面针对一类特殊矩阵给出这两种迭代法的收敛性条件。

若矩阵$\boldsymbol{A}=(a_{ij})_{n\times n}$满足条件

$$|a_{ii}|>\sum_{\substack{j=1\\j\neq i}}^{n}|a_{ij}|,\quad i=1,2,\cdots,n \tag{3-71}$$

则称矩阵 $\boldsymbol{A}$ 为**主对角线按行严格占优矩阵**。类似地,若矩阵$\boldsymbol{A}=(a_{ij})_{n\times n}$满足条件

$$|a_{jj}|>\sum_{\substack{i=1\\i\neq j}}^{n}|a_{ij}|,\quad j=1,2,\cdots,n \tag{3-72}$$

则称矩阵 $\boldsymbol{A}$ 为**主对角线按列严格占优矩阵**。

引理3.7.1 若矩阵 $\boldsymbol{A}$ 是主对角线按行(或按列)严格占优矩阵,则 $\boldsymbol{A}$ 是可逆矩阵。

证明 设矩阵 $\boldsymbol{A}$ 是主对角线按行严格占优矩阵,即满足条件

$$|a_{ii}| > \sum_{\substack{j=1\\j\neq i}}^{n} |a_{ij}|, i = 1,2,\cdots,n \tag{3-73}$$

假设 $\boldsymbol{A}$ 不可逆,则存在非零列向量 $\boldsymbol{x}$,使得 $\boldsymbol{Ax}=\boldsymbol{0}$,设 $\boldsymbol{x}$ 的第 i 个分量满足

$$|x_i| = \max_{1\leq j\leq n} |x_j| > 0$$

考虑 $\boldsymbol{Ax}=\boldsymbol{0}$ 的第 i 个分量,有

$$a_{ii}x_i = -\sum_{j=1}^{n} a_{ij}x_j$$

所以

$$|a_{ii}x_i| \leq \sum_{\substack{j=1\\j\neq i}}^{n} |a_{ij}x_j| \left(\sum_{\substack{j=1\\j\neq i}}^{n} |a_{ij}|\right) |x_i| < |a_{ii}x_i|$$

矛盾。所以,$\boldsymbol{A}$ 可逆。

若矩阵 $\boldsymbol{A}$ 是主对角线按列严格占优矩阵,则 $\boldsymbol{A}^{\mathrm{T}}$ 是主对角线按行严格占优矩阵,从而 $\boldsymbol{A}^{\mathrm{T}}$ 可逆,因此 $\boldsymbol{A}$ 也是可逆的。

证毕。

定理 3.7.3 若方程组 $\boldsymbol{Ax}=\boldsymbol{b}$ 的系数矩阵 $\boldsymbol{A}$ 是主对角线按行(或按列)严格占优矩阵,则求解该方程组的雅可比迭代法和高斯-塞得尔迭代法都收敛。

证明 只用反证法证明雅可比迭代法的收敛性,高斯-塞得尔迭代法的收敛性可类似证明。

设矩阵 $\boldsymbol{A}$ 是主对角线按行(或按列)严格占优矩阵,假定雅可比迭代法不收敛,则由定理 3.6.3,迭代矩阵 $\boldsymbol{M}_{\mathrm{J}} = -\boldsymbol{D}^{-1}(\boldsymbol{L}+\boldsymbol{U})$ 存在一个特征值 λ 满足 $|\lambda|\geq 1$,且有 $\det(\lambda\boldsymbol{I}-\boldsymbol{M}_{\mathrm{J}}) = 0$,而

$$\det(\lambda\boldsymbol{I}-\boldsymbol{M}_{\mathrm{J}}) = \det(\lambda\boldsymbol{D}^{-1}\boldsymbol{D}+\boldsymbol{D}^{-1}(\boldsymbol{L}+\boldsymbol{U})) = \det(\boldsymbol{D}^{-1})\det(\lambda\boldsymbol{D}+\boldsymbol{L}+\boldsymbol{U})$$

其中,$\det(\boldsymbol{D}^{-1}) = 1/(a_{11}a_{22}\cdots a_{nn}) \neq 0$,所以 $\det(\lambda\boldsymbol{D}+(\boldsymbol{L}+\boldsymbol{U})) = 0$,$\lambda\boldsymbol{D}+\boldsymbol{L}+\boldsymbol{U}$ 不可逆

另外,由于 $|\lambda|\geq 1$ 及 $\boldsymbol{A}=\boldsymbol{D}+\boldsymbol{L}+\boldsymbol{U}$ 是主对角线按行(或按列)严格占优矩阵,易得 $\lambda\boldsymbol{D}+\boldsymbol{L}+\boldsymbol{U}$ 也是主对角线按行(或按列)严格占优矩阵。由引理 3.7.1 知,$\lambda\boldsymbol{D}+\boldsymbol{L}+\boldsymbol{V}$ 可逆,矛盾,所以,雅可比迭代法收敛。

证毕。

如果方程组的系数矩阵 $\boldsymbol{A}$ 是对称正定的,关于雅可比和高斯—塞得尔迭代法有下述收敛性定理。

定理 3.7.4 设矩阵 $\boldsymbol{A}$ 是对称矩阵,且对角元 $a_{ii}>0(i=1,2,\cdots,n)$,则

(1) 解方程组 $\boldsymbol{Ax}=\boldsymbol{b}$ 的雅可比迭代法收敛的充分必要条件是 $\boldsymbol{A}$ 及($2\boldsymbol{D}-\boldsymbol{A}$)都是正定矩阵,其中,$\boldsymbol{D}=\mathrm{diag}(a_{11},a_{22},\cdots,a_{nn})$。

(2) 解方程组 $\boldsymbol{Ax}=\boldsymbol{b}$ 的高斯—塞得尔迭代法收敛的充分必要条件是 $\boldsymbol{A}$ 是正定矩阵。

证明(略)。

例 3.7.1 分别用雅可比迭代法和高斯—塞得尔迭代法解方程组

$$\begin{cases} 10x_1 - x_2 - 2x_3 = 72 \\ -x_1 + 10x_2 - 2x_3 = 83 \\ -x_1 - x_2 + 5x_3 = 42 \end{cases}$$

要求 $\| \boldsymbol{x}^{(k+1)} - \boldsymbol{x}^{(k)} \|_\infty < 10^{-6}$。

解 由于方程组的系数矩阵是主对角线按行严格占优矩阵。用雅可比和高斯—塞得尔迭代法求解都收敛的。

雅可比迭代法的迭代矩阵和右端常数项为

$$M_J = \begin{pmatrix} 0 & 0.1 & 0.2 \\ 0.1 & 0 & 0.2 \\ 0.2 & 0.2 & 0 \end{pmatrix}, \quad f_J = \begin{pmatrix} 7.2 \\ 8.3 \\ 8.4 \end{pmatrix}$$

雅可比迭代法的迭代公式

$$\begin{cases} x_1^{(k+1)} = 0.1x_2^{(k)} + 0.2x_3^{(k)} + 7.2 \\ x_2^{(k+1)} = 0.1x_1^{(k)} + 0.2x_3^{(k)} + 8.3 \\ x_3^{(k+1)} = 0.2x_1^{(k)} + 0.2x_2^{(k)} + 8.4 \end{cases}, k = 1, 2, \cdots$$

其中,初始解向量 $\boldsymbol{x}^0 = (x_1^{(0)}, x_2^{(0)}, x_3^{(0)})^T$ 任意选取。

高斯—塞得尔迭代法的迭代公式为

$$\begin{cases} x_1^{(k+1)} = 0.1x_2^{(k)} + 0.2x_3^{(k)} + 7.2 \\ x_2^{(k+1)} = 0.1x_1^{(k+1)} + 0.2x_3^{(k)} + 8.3 \\ x_3^{(k+1)} = 0.2x_1^{(k+1)} + 0.2x_2^{(k+1)} + 8.4 \end{cases}, k = 1, 2, \cdots$$

其中,初始解向量 $\boldsymbol{x}^0 = (x_1^{(0)}, x_2^{(0)}, x_3^{(0)})^T$ 任意选取。

高斯—塞得尔迭代法的迭代矩阵和右端常数项为

$$\boldsymbol{M}_{GS} = -\begin{pmatrix} 10 & 0 & 0 \\ -1 & 10 & 0 \\ -1 & -1 & 5 \end{pmatrix}^{-1} \begin{pmatrix} 0 & -1 & -2 \\ 0 & 0 & -2 \\ 0 & 0 & 0 \end{pmatrix} = \begin{pmatrix} 0 & 0.1 & 0.2 \\ 0 & 0.01 & 0.22 \\ 0 & 0.022 & 0.084 \end{pmatrix}, \boldsymbol{f}_{GS} = \begin{pmatrix} 7.2 \\ 9.02 \\ 11.644 \end{pmatrix}$$

取 $x_1^{(0)} = x_2^{(0)} = x_3^{(0)} = 0$,计算结果见表 3-3 所列。

表 3-3

k	雅可比迭代法				高斯—塞得尔迭代法			
	$x_1^{(k)}$	$x_2^{(k)}$	$x_3^{(k)}$	e_k	$x_1^{(k)}$	$x_2^{(k)}$	$x_3^{(k)}$	e_k
0	0	0	0		0	0	0	
1	7.2000000	8.3000000	8.4000000	8.4	7.2000000	9.0200000	11.6440000	11.64
2	9.7100000	10.7000000	11.5000000	3.1	10.4308000	11.6718800	12.8205360	3.23
3	10.5700000	11.5710000	12.4820000	0.98	10.9312952	11.9572367	12.9777064	0.50
4	10.8535000	11.8534000	12.8282000	0.35	10.9912649	11.9946678	12.9971865	0.06
5	10.9509800	11.9509900	12.9413800	0.11	10.9989041	11.9993277	12.9996464	7.6×10^{-3}
6	10.9833750	11.9833740	12.9803940	0.04	10.9998620	11.9999155	12.9999555	9.6×10^{-4}
7	10.9944162	11.9944163	12.9933498	0.01	10.9999826	11.9999894	12.9999944	1.2×10^{-4}
8	10.9981116	11.9981116	12.9977665	0.004	10.9999978	11.9999987	12.9999993	1.5×10^{-5}
9	10.9993645	11.9993645	12.9992446	0.001	10.9999997	11.9999998	12.9999999	1.9×10^{-6}

（续）

k	雅可比迭代法				高斯—塞得尔迭代法			
	$x_1^{(k)}$	$x_2^{(k)}$	$x_3^{(k)}$	e_k	$x_1^{(k)}$	$x_2^{(k)}$	$x_3^{(k)}$	e_k
10	10.9997854	11.9997854	12.9997458	0.0005	10.9999996	11.9999997	12.9999999	2.4×10^{-7}
11	10.9999277	11.9999277	12.9999141	0.0002				
12	10.9999756	11.9999756	12.9999711	5.7×10^{-5}				
13	10.9999918	11.9999918	12.9999902	1.9×10^{-5}				
14	10.9999972	11.9999972	12.9999967	6.5×10^{-6}				
15	10.9999991	11.9999991	12.9999989	2.2×10^{-6}				
16	10.9999997	11.9999997	12.9999996	7.4×10^{-7}				

其中，$e_k = \| \boldsymbol{x}^{(k+1)} - \boldsymbol{x}^{(k)} \|_\infty = \max\limits_{1\le i\le 3} |x_i^{(k+1)} - x_i^{(k)}|$。

由表3－3可以看出，对于本例所给方程，雅可比迭代法和高斯—塞得尔迭代法都收敛，但后者比前者收敛的速度稍快些。最后得到的结果与该方程组的精确解 $x^* = (11,12,13)^{\mathrm{T}}$ 相差无几。

事实上，的确有许多线性方程组，高斯—塞得尔迭代法比雅可比迭代法收敛得更快。但也有雅可比迭代法比高斯—塞得尔迭代法收敛得更快的例子，甚至还有雅可比迭代法收敛而高斯—塞得尔迭代法发散的例子。

例 3.7.2 考察用雅可比迭代法、高斯—塞得尔迭代法求解线性方程组

$$\begin{cases} 2x_1 - x_2 + x_3 = 1 \\ x_1 + x_2 + x_3 = 1 \\ x_1 + x_2 - 2x_3 = 1 \end{cases} \tag{3-74}$$

和

$$\begin{cases} x_1 + 2x_2 - 2x_3 = 1 \\ x_1 + x_2 + x_3 = 1 \\ 2x_1 + 2x_2 + x_3 = 1 \end{cases} \tag{3-75}$$

的收敛性。

解 对式(3－74)，雅可比迭代法的迭代矩阵

$$\boldsymbol{M}_{\mathrm{J}} = \begin{pmatrix} 0 & 0.5 & -0.5 \\ -1 & 0 & -1 \\ 0.5 & 0.5 & 0 \end{pmatrix}$$

由

$$\det(\lambda \boldsymbol{I} - \boldsymbol{M}_{\mathrm{J}}) = \lambda(\lambda^2 + 1.25) = 0$$

得

$$\rho(\boldsymbol{M}_{\mathrm{J}}) = \sqrt{1.25} > 1$$

所以，用雅可比迭代法求解式(3－74)是发散的。

高斯—塞得尔迭代法的迭代矩阵

$$M_{GS}=\begin{pmatrix}0 & 0.5 & -0.5\\0 & -0.5 & -0.5\\0 & 0 & -0.5\end{pmatrix}$$

M_{GS}的所有特征值为：$\lambda_1=0,\lambda_2=\lambda_3=-0.5$，其谱半径$\rho(M_{GS})=0.5<1$。所以，用高斯—塞得尔迭代法求解式(3-74)是收敛的。

对式(3-75)，雅可比迭代法的迭代矩阵

$$M_J=\begin{pmatrix}0 & -2 & 2\\-1 & 0 & -1\\-2 & -2 & 0\end{pmatrix}$$

由

$$\det(\lambda I-M_J)=\lambda^3=0$$

得

$$\rho(M_J)=0<1$$

所以，用雅可比迭代法求解式(3-75)是收敛的。

高斯—塞得尔迭代法的迭代矩阵

$$M_{GS}=\begin{pmatrix}0 & -2 & 2\\0 & 2 & -3\\0 & 0 & 2\end{pmatrix}$$

M_{GS}的所有特征值为：$\lambda_1=0,\lambda_2=\lambda_3=2$，其谱半径$\rho(M_{GS})=2>1$。所以，用高斯—塞得尔迭代法求解式(3-75)是发散的。

3.8 解线性方程组的超松弛法

如果迭代法收敛太慢，就会增加计算的工作量而失去使用价值，因此如何加快迭代法的收敛速度具有重要意义。超松弛(Successive Over Relaxation, SOR)迭代法，是在高斯—塞得尔迭代法的基础上，为提高收敛速度，采用加权平均而得到的新算法。它是解大型稀疏矩阵方程组的有效方法之一，具有计算公式简单，程序设计容易，占用计算机内存少等优点，但需要选择好的加速因子。

设$\boldsymbol{x}^{(k)}$是第k步得到的迭代值，用高斯—塞得尔迭代法计算

$$\tilde{x}_i^{(k+1)}=\frac{1}{a_{ii}}\left(b_i-\sum_{j=1}^{i-1}a_{ij}x_j^{(k+1)}-\sum_{j=i+1}^{n}a_{ij}x_j^{(k)}\right),i=1,2,\cdots,n;k=0,1,2,\cdots \quad (3-76)$$

将$x_i^{(k)}$与$\tilde{x}_i^{(k+1)}$做加权平均，得

$$x_i^{(k+1)}=(1-\omega)x_i^{(k)}+\omega\tilde{x}_i^{(k+1)}=x_i^{(k)}+\omega(\tilde{x}_i^{(k+1)}-x_i^{(k)}),i=1,2,\cdots,n;k=0,1,2,\cdots$$

其中，$\omega>0$为松弛参数。

将式(3-76)代入上式，得

$$x_i^{(k+1)} = (1-\omega)x_i^{(k)} + \frac{\omega}{a_{ii}}\left(b_i - \sum_{j=1}^{i-1} a_{ij}x_j^{(k+1)} - \sum_{j=i+1}^{n} a_{ij}x_j^{(k)}\right), i = 1,2,\cdots,n; k = 0,1,2,\cdots \tag{3-77}$$

式(3-77)称为**SOR 迭代法**，$\omega>0$ 称为**松弛因子**，当 $\omega=1$ 时，式(3-77)即为高斯—塞得尔迭代法。仍记 $\boldsymbol{A}=\boldsymbol{D}+\boldsymbol{L}+\boldsymbol{U}$，其中，$\boldsymbol{D}$ 是由 $\boldsymbol{A}$ 的主对角元素构成的对角矩阵；$\boldsymbol{L}$ 是由 $\boldsymbol{A}$ 的主对角线以下部分元素构成的下三角矩阵；$\boldsymbol{U}$ 是由 $\boldsymbol{A}$ 的主对角线以上部分元素构成的上三角矩阵。则可将式(3-77)写成矩阵形式

$$\boldsymbol{x}^{(k+1)} = (1-\omega)\boldsymbol{x}^{(k)} + \omega\boldsymbol{D}^{-1}(\boldsymbol{b} - \boldsymbol{L}\boldsymbol{x}^{(k+1)} - \boldsymbol{U}\boldsymbol{x}^{(k)}), k=0,1,2,\cdots \tag{3-78}$$

在式(3-78)两边左乘 $\boldsymbol{D}$，整理，得

$$(\boldsymbol{D}+\omega\boldsymbol{L})\boldsymbol{x}^{(k+1)} = -[(\omega-1)\boldsymbol{D}+\omega\boldsymbol{U}]\boldsymbol{x}^{(k)} + \omega\boldsymbol{b}, k=0,1,2,\cdots$$

从而，有

$$\boldsymbol{x}^{(k+1)} = -(\boldsymbol{D}+\omega\boldsymbol{L})^{-1}[(\omega-1)\boldsymbol{D}+\omega\boldsymbol{U}]\boldsymbol{x}^{(k)} + \omega(\boldsymbol{D}+\omega\boldsymbol{L})^{-1}\boldsymbol{b}, k=0,1,2,\cdots \tag{3-79}$$

式(3-79)就是 SOR 方法的矩阵形式，SOR 方法的迭代矩阵为

$$\boldsymbol{M}_{\mathrm{SOR}} = -(\boldsymbol{D}+\omega\boldsymbol{L})^{-1}[(\omega-1)\boldsymbol{D}+\omega\boldsymbol{U}] \tag{3-80}$$

关于 SOR 方法的收敛性，有如下几个结论。

定理 3.8.1 求解线性方程组的超松弛迭代公式(3-78)或式(3-79)收敛的充分必要条件是迭代矩阵的谱半径 $\rho(\boldsymbol{M}_{\mathrm{SOR}})<1$。

定理 3.8.2 若式(3-78)或式(3-79)收敛，则

$$0<\omega<2$$

定理 3.8.3 设 $\boldsymbol{A}$ 对称正定，且 $0<\omega<2$，则解线性方程组 $\boldsymbol{A}\boldsymbol{x}=\boldsymbol{b}$ 的 SOR 方法收敛。

例 3.8.1 用 SOR 方法解线性方程组

$$\begin{pmatrix} 3 & -1 & 0 \\ -1 & 3 & 2 \\ 0 & 2 & 3 \end{pmatrix}\begin{pmatrix} x_1 \\ x_2 \\ x_3 \end{pmatrix} = \begin{pmatrix} 5 \\ 19 \\ 23 \end{pmatrix}$$

其精确解为 $\boldsymbol{x}^* = (3\ 4\ 5)^{\mathrm{T}}$。

解 取 $\boldsymbol{x}^{(0)} = (0\quad 0\quad 0)^{\mathrm{T}}$，迭代公式为

$$\begin{cases} x_1^{(k+1)} = (1-\omega)x_1^{(k)} + \dfrac{\omega}{3}(5 + x_2^{(k)}) \\ x_2^{(k+1)} = (1-\omega)x_2^{(k)} + \dfrac{\omega}{3}(19 + x_1^{(k+1)} - 2x_3^{(k)}) \\ x_3^{(k+1)} = (1-\omega)x_3^{(k)} + \dfrac{\omega}{3}(23 - 2x_2^{(k+1)}) \end{cases}, k=0,1,2,\cdots$$

取 $\omega=1.2$，第 15 次迭代结果为

$$\boldsymbol{x}^{(15)} = (3.00000001\quad 4.00000001\quad 4.99999999)^{\mathrm{T}}$$

相邻两次迭代的误差 $\|\boldsymbol{x}^{(15)} - \boldsymbol{x}^{(14)}\| \leqslant 4.74\times10^{-8}$，与精确解相比的误差为 $\|\boldsymbol{x}_{\mathrm{SOR}_{1.2}}^{(15)} - \boldsymbol{x}^*\| \leqslant$

2×10^{-8};若同样要求解达到8位有效数字,高斯—塞得尔迭代法需要进行32次迭代。

对于其他松弛因子,其满足误差 $\|x^{(k)}-x^*\|\leqslant\frac{1}{2}\times10^{-7}$ 的迭代次数 k,见表3-4所列。

表3-4 例3.8.1中不同松弛因子的迭代次数

松弛因子 ω	迭代次数 k	松弛因子 ω	迭代次数 k
0.1	573	1.1	24
0.2	209	1.2	15
0.3	172	1.3	17
0.4	127	1.4	22
0.5	98	1.5	29
0.6	77	1.6	38
0.7	62	1.7	55
0.8	50	1.8	85
0.9	40	1.9	179
1.0	32		

从例3.8.1看到,松弛因子选择的好,会使SOR迭代方法收敛大大加速。本例中,$\omega=1.2$ 是最佳松弛因子。

关于如何选取最佳松弛因子的问题,现在只对一些特殊的线性方程组(如系数矩阵为正定三对角矩阵,即各行最大带宽为3的正定矩阵)有选取办法,而对于一般的线性方程组,至今仍没有有效的解决方法。在实际计算工作中,经常采用试算的办法寻找较好的松弛因子,特别是在同时求解多个具有相同系数矩阵的线性方程组时,通过试验找出恰当的松弛因子能大大提高计算效率。

定理3.8.4 设 A 是对称正定的三对角矩阵,M_J、M_{GS} 和 $M_{SOR-\omega_b}$ 分别是解线性方程组 $Ax=b$ 的雅可比法、高斯—塞得尔法、SOR方法(取最佳松弛因子 ω_b)对应的迭代矩阵,则

$$\rho(M_{GS})=\rho^2(M_J)<1 \tag{3-81}$$

$$\omega_b=\frac{2}{1+\sqrt{1-\rho^2(M_J)}} \tag{3-82}$$

$$\rho(M_{SOR-\omega_b})=\omega_b-1 \tag{3-83}$$

例3.8.2 例3.8.1的方程组中

$$A=\begin{pmatrix}3&-1&0\\-1&3&2\\0&2&3\end{pmatrix},M_J=-\frac{1}{3}\begin{pmatrix}0&-1&0\\-1&0&2\\0&2&0\end{pmatrix}$$

A 的三个顺序主子式为 $3>0$,$\begin{vmatrix}3&-1\\-1&3\end{vmatrix}=8>0$,$\begin{vmatrix}3&-1&0\\-1&3&2\\0&2&3\end{vmatrix}=12>0$,$A$ 是对称正定三对角矩阵。

$|\lambda I-M_J|=\left(\lambda^2-\frac{5}{9}\right)\lambda$,$M_J$ 的特征值是 $\lambda_1=0,\lambda_2=\frac{\sqrt{5}}{3},\lambda_3=-\frac{\sqrt{5}}{3}$,所以 $\rho(M_J)=\frac{\sqrt{5}}{3}<1$。

由定理 3.8.4 的结论，$\rho(\boldsymbol{M}_{GS})=\frac{5}{9}<1$，而 SOR 方法的最佳松弛因子 $\omega_b=\frac{2}{1+\sqrt{1-\frac{5}{9}}}=\frac{6}{5}=1.2$，$\rho(\boldsymbol{M}_{SOR-\omega_b})=\omega_b-1=0.2$。

习 题 3

1. 用简单消去法解线性方程组。

(1) $\begin{cases} 2x_1+2x_2+3x_3=3 \\ 4x_1+7x_2+7x_3=1 \\ -2x_1+4x_2+5x_3=-7 \end{cases}$

(2) $\begin{cases} 2.37x_1+3.06x_2-4.28x_3=1.76 \\ 1.46x_1-0.78x_2+3.75x_3=4.69 \\ -3.69x_1+5.13x_2+1.06x_3=5.74 \end{cases}$

2. 用全主元消去法解线性方程组。

(1) $\begin{cases} x_1+2x_2+3x_3=6 \\ 2x_1+4x_2-x_3=7 \\ 3x_1+2x_2+9x_3=14 \end{cases}$

(2) $\begin{cases} x_1+0.8324x_2+0.7675x_3+0.9831x_4=8.8997 \\ 0.8324x_1+0.6930x_2+0.6400x_3+0.8190x_4=7.4144 \\ 0.7675x_1+0.6400x_2+0.5911x_3+0.7580x_4=6.8428 \\ 0.9831x_1+0.8190x_2+0.7580x_3+0.0055x_4=4.9171 \end{cases}$

3. 证明：

(1) 两个(单位)下(上)三角方阵的乘积仍为(单位)下(上)三角方阵。

(2) (单位)下(上)三角方阵之逆仍为(单位)下(上)三角方阵。

4. 将下列矩阵作 LU 分解。

(1) $\begin{bmatrix} 2 & 0 & -1 \\ -3 & 4 & -2 \\ 1 & 7 & -5 \end{bmatrix}$

(2) $\begin{bmatrix} 2 & -1 & 0 & 0 \\ -3 & 5 & 1 & 0 \\ 0 & 2 & 4 & -1 \\ 0 & 0 & 7 & 10 \end{bmatrix}$

(3) $\begin{bmatrix} 1 & 0.8324 & 0.7675 & 0.9831 \\ 0.8324 & 0.6930 & 0.6400 & 0.8190 \\ 0.7675 & 0.6400 & 0.5911 & 0.7580 \\ 0.9831 & 0.8190 & 0.7580 & 0.0055 \end{bmatrix}$

5. 用 LU 分解法求解线性方程组。

(1) $\begin{bmatrix} 2 & 0 & 1 \\ -3 & 4 & -2 \\ 1 & 7 & -5 \end{bmatrix}\begin{bmatrix} x_1 \\ x_2 \\ x_3 \end{bmatrix} = \begin{bmatrix} 4 \\ -3 \\ 6 \end{bmatrix}$

(2) $\begin{cases} 0.6x + 0.8y + 0.1z = 1 \\ 1.1x + 0.4y + 0.3z = 0.2 \\ x + y + 2z = 0.5 \end{cases}$

(3) $\begin{cases} x_1 + 0.17x_2 - 0.25x_3 + 0.54x_4 = 0.30 \\ 0.47x_1 + x_2 + 0.67x_3 - 0.32x_4 = 0.50 \\ -0.11x_1 + 0.35x_2 + x_3 - 0.74x_4 = 0.70 \\ 0.55x_1 + 0.43x_2 + 0.36x_3 + x_4 = 0.90 \end{cases}$

6. 设对称正定矩阵 $\boldsymbol{A}_{n\times n}$能作分解 $\boldsymbol{A} = \boldsymbol{L}\boldsymbol{L}^{\mathrm{T}}$,其中,$\boldsymbol{L}$ 为下三角矩阵,$\boldsymbol{L}^{\mathrm{T}}$ 为 L 的转置矩阵,试推导 $\boldsymbol{L}$ 的元素 l_{ij}可由下列公式确定:

$$\begin{cases} l_{11} = \sqrt{a_{11}} \\ l_{ij} = \left(a_{ij} - \sum\limits_{k=1}^{j-1} l_{ik}l_{jk}\right)/l_{jj}, \quad j = 1,2,\cdots,i-1 \\ l_{ii} = \sqrt{a_{ii} - \sum\limits_{k=1}^{i-1} l_{ik}^2}, \quad i = 2,3,\cdots,n \end{cases}$$

7. 利用矩阵的 LL^{T} 分解,证明解对称正定方程组 $\boldsymbol{Ax} = \boldsymbol{b}$ 可以运用公式

$$\begin{cases} y_1 = b_1/l_{11} \\ y_i = \left(b_i - \sum\limits_{k=1}^{i-1} l_{ik}y_k\right)/l_{ii}, \quad i = 2,3,\cdots,n \end{cases}$$

$$\begin{cases} x_n = y_n/l_{nn} \\ x_i = \left(y_i - \sum\limits_{k=i+1}^{n} l_{ik}x_k\right)/l_{ii}, \quad i = n-1,\cdots,2,1 \end{cases}$$

(以上方法称为平方根方法或乔累斯基方法。)

8. 作矩阵的 $\mathrm{LDL}^{\mathrm{T}}$ 分解(用 5 位小数计算)。

$$\begin{bmatrix} 1 & 0.8324 & 0.7675 & 0.9831 \\ 0.8324 & 0.6930 & 0.6400 & 0.8190 \\ 0.7675 & 0.6400 & 0.5911 & 0.7580 \\ 0.9831 & 0.8190 & 0.7580 & 0.0055 \end{bmatrix}$$

9. 分别用 $\mathrm{LDL}^{\mathrm{T}}$ 分解法和 LL^{T} 分解法求解线性方程组。

(1) $\begin{cases} 4x_1 - 2x_2 - 4x_3 = 10 \\ -2x_1 + 17x_2 + 10x_3 = 3 \\ -4x_1 + 10x_2 + 9x_3 = -7 \end{cases}$

(2) $\begin{cases} x_1 + 0.8324x_2 + 0.7675x_3 + 0.9831x_4 = 8.8997 \\ 0.8324x_1 + 0.6930x_2 + 0.6400x_3 + 0.8190x_4 = 7.4144 \\ 0.7675x_1 + 0.6400x_2 + 0.5911x_3 + 0.7580x_4 = 6.8428 \\ 0.9831x_1 + 0.8190x_2 + 0.7580x_3 + 0.0055x_4 = 4.9171 \end{cases}$

10. 用雅可比迭代法解下列线性方程组(按 3 位小数进行计算)。

(1) $\begin{cases} 27x + 6y - z = 85 \\ 6x + 15y + 2z = 72 \\ x + y + 54z = 110 \end{cases}$

(2) $\begin{cases} 8x + y - 2z = 9 \\ 3x + 10y + z = 19 \\ 5x - 2y + 20z = 72 \end{cases}$

11. 试证,若

$$\gamma = \max_j \sum_{i=1}^{n} |m_{ij}| < 1$$

则迭代公式 $\boldsymbol{x}^{(k+1)} = \boldsymbol{Mx}^{(k)} + \boldsymbol{f}$ 对任意的初始值 $x^{(0)}$ 和 f 都是收敛的。

12. 用高斯—塞得尔迭代法求解第 10 题,比较迭代次数。

13. 取 $x^{(0)} = (0,0,0,0)^{\mathrm{T}}$,分别用雅可比迭代法、高斯—塞得尔迭代法解线性方程组(各迭代 5 次)。

$$\begin{cases} 5x_1 - x_2 - x_3 - x_4 = -4 \\ -x_1 + 10x_2 - x_3 - x_4 = 12 \\ -x_1 - x_2 + 5x_3 - x_4 = 8 \\ -x_1 - x_2 - x_3 + 10x_4 = 34 \end{cases}$$

并与精确解 $x_1 = 1, x_2 = 2, x_3 = 3, x_4 = 4$ 比较。

14. 用 SOR 方法求解以下方程组,并给出最佳松弛因子 ω_b:

$$\begin{cases} 10x_1 - x_2 = 9 \\ -x_1 + 10x_2 - 2x_3 = 7 \\ -2x_2 + 0x_3 = 6 \end{cases}$$

15. 编写下列程序:

(1) 用列主元消去法求解线性方程组;

(2) $\boldsymbol{A}$ 的 LU 分解;

(3) 用 LU 分解求解线性方程;

(4) 用 $\mathrm{LDL^T}$ 分解求解对称正定线性方程组;

(5) 雅可比迭代法;

(6) 高斯—塞得尔迭代法。

并用所编的程序求解本习题中相应的习题。

第4章　矩阵特征值与特征向量的计算

4.1　引　言

设 $\boldsymbol{A}$ 是 n 阶方阵,如果数 $\lambda \in \boldsymbol{C}$ 和 n 维非零向量 $\boldsymbol{x} \in \boldsymbol{C}^n$ 满足

$$\boldsymbol{A}\boldsymbol{x} = \lambda \boldsymbol{x} \tag{4-1}$$

则称 λ 为矩阵 $\boldsymbol{A}$ 的特征值,$\boldsymbol{x}$ 称为矩阵 $\boldsymbol{A}$ 的属于特征值 λ 的特征向量。

任意一个 n 阶方阵 $\boldsymbol{A}$ 在复数域 $\boldsymbol{C}$ 内有且仅有 n 个特征值(包括重特征值),它们就是特征多项式方程

$$p_n(\lambda) = \det(\lambda \boldsymbol{I} - \boldsymbol{A}) = 0 \tag{4-2}$$

的所有根。当已知 $\boldsymbol{A}$ 的一个特征值 λ 时,可以通过求解齐次线性方程组

$$(\lambda \boldsymbol{I} - \boldsymbol{A})\boldsymbol{x} = \theta \tag{4-3}$$

的非零解得到 $\boldsymbol{A}$ 的属于 λ 的特征向量。

矩阵特征值问题可用于科学和工程上的许多领域,例如动力和结构系统的振动波形和频率可分别由适当矩阵的特征值和特征向量来决定,电力系统的静态稳定性分析、工程设计中的某些临界值的确定等都可归结为矩阵特征值问题。即使在数值计算本身,也有许多问题与特征值的计算有关,如线性方程组迭代解法的收敛性分析、微分方程数值解法的稳定性分析、微分方程组的刚性比等问题,都直接与特征值和特征向量有关。

虽然理论上可通过求解特征多项式方程(4-2)的所有根得到矩阵 $\boldsymbol{A}$ 的特征值,然后将不同的特征值 $\lambda = \lambda_i$ 代入齐次线性方程组(4-3)求对应的特征向量。但是,当问题的维数较大时,这种方法的工作量太大,而且有些实际问题只需要求部分特征值和特征向量,因此通常采用迭代法。本章只介绍两类实用迭代法——求矩阵的按模最大(或最小)的特征值的幂法(或反幂法)和求实对称矩阵的所有特征值的雅可比法。

4.2　幂法与反幂法

本节将介绍幂法和反幂法,幂法主要用于计算矩阵的按模最大的特征值(称为 $\boldsymbol{A}$ 的主特征值)和对应的特征向量;反幂法主要用于计算矩阵的按模最小的特征值和相应的特征向量,也可用来对已有近似特征值和特征向量进行修正。

4.2.1　幂法

设 n 阶实方阵 $\boldsymbol{A}$ 具有 n 个线性无关的特征向量 $\boldsymbol{v}_1, \boldsymbol{v}_2, \cdots, \boldsymbol{v}_n$,其相应的特征值 $\lambda_1, \lambda_2, \cdots, \lambda_n$ 满足

$$|\lambda_1| > |\lambda_2| \geqslant \cdots \geqslant |\lambda_n| \tag{4-4}$$

$$\boldsymbol{A}\boldsymbol{v}_i=\lambda_i\boldsymbol{v}_i, i=1,2,\cdots,n \tag{4-5}$$

任取非零向量 $\boldsymbol{x}^{(0)}$，从 $\boldsymbol{x}^{(0)}$ 出发，利用迭代公式

$$\boldsymbol{x}^{(k+1)}=\boldsymbol{A}\boldsymbol{x}^{(k)}, k=0,1,2,\cdots \tag{4-6}$$

可生成一个向量序列 $\{\boldsymbol{x}^{(k)}\}$，分析这一序列的收敛情况，可以从中找出计算 $\boldsymbol{\lambda}_1$ 和相应的特征向量的方法。

由于 n 维向量组 $\boldsymbol{v}_1,\boldsymbol{v}_2,\cdots,\boldsymbol{v}_n$ 线性无关，必存在不全为零的一组数 $a_1,a_2,\cdots,a_n$，使得

$$\boldsymbol{x}^{(0)}=a_1\boldsymbol{v}_1+a_2\boldsymbol{v}_2+\cdots+a_n\boldsymbol{v}_n$$

由式(4-5)和式(4-6)，得

$$\begin{aligned}\boldsymbol{x}^{(1)}&=\boldsymbol{A}\boldsymbol{x}^{(0)}=a_1\boldsymbol{\lambda}_1\boldsymbol{v}_1+a_2\boldsymbol{\lambda}_2\boldsymbol{v}_2+\cdots+a_n\boldsymbol{\lambda}_n\boldsymbol{v}_n\\ \boldsymbol{x}^{(2)}&=\boldsymbol{A}\boldsymbol{x}^{(1)}=a_1\boldsymbol{\lambda}_1^2\boldsymbol{v}_1+a_2\boldsymbol{\lambda}_2^2\boldsymbol{v}_2+\cdots+a_n\boldsymbol{\lambda}_n^2\boldsymbol{v}_n\\ &\vdots\end{aligned}$$

一般地，有

$$\begin{aligned}\boldsymbol{x}^{(k)}&=a_1\boldsymbol{\lambda}_1^k\boldsymbol{v}_1+a_2\boldsymbol{\lambda}_2^k\boldsymbol{v}_2+\cdots+a_n\boldsymbol{\lambda}_n^k\boldsymbol{v}_n\\ &=\boldsymbol{\lambda}_1^k\left[a_1\boldsymbol{v}_1+a_2\left(\frac{\boldsymbol{\lambda}_2}{\boldsymbol{\lambda}_1}\right)^k\boldsymbol{v}_2+\cdots+a_n\left(\frac{\boldsymbol{\lambda}_n}{\boldsymbol{\lambda}_1}\right)^k\boldsymbol{v}_n\right]\end{aligned} \tag{4-7}$$

因为 $\left|\dfrac{\boldsymbol{\lambda}_j}{\boldsymbol{\lambda}_1}\right|<1(j=2,3,\cdots,n)$，所以当 $k\to\infty$ 时，$\left(\dfrac{\boldsymbol{\lambda}_j}{\boldsymbol{\lambda}_1}\right)^k\to 0$。

不妨设 $a_1\neq 0$（否则可重新选取 $\boldsymbol{x}^{(0)}$，使 $a_1\neq 0$），则当 k 充分大时，有

$$\boldsymbol{x}^{(k)}\approx\boldsymbol{\lambda}_1^k a_1\boldsymbol{v}_1 \tag{4-8}$$

$$\boldsymbol{x}^{(k+1)}\approx\boldsymbol{\lambda}_1^{k+1}a_1\boldsymbol{v}_1\approx\boldsymbol{\lambda}_1\boldsymbol{x}^{(k)} \tag{4-9}$$

式(4-8)表明，当 k 充分大时，向量 $\boldsymbol{x}^{(k)}$ 可近似地作为 $\boldsymbol{A}$ 的属于 $\boldsymbol{\lambda}_1$ 的特征向量；而式(4-9)则说明当 k 充分大时，$\boldsymbol{x}^{(k+1)}$ 与 $\boldsymbol{x}^{(k)}$ 近似地只差一个倍数，这个倍数便是模最大的特征值 $\boldsymbol{\lambda}_1$。

确定 $\boldsymbol{\lambda}_1$ 可用以下两种方法。

（1）取

$$\boldsymbol{\lambda}_1\approx\frac{x_{j_k}^{(k+1)}}{x_{j_k}^{(k)}} \tag{4-10}$$

其中，$x_{j_k}^{(k+1)}$ 和 $x_{j_k}^{(k)}$ 是向量 $\boldsymbol{x}^{(k+1)}$ 和 $\boldsymbol{x}^{(k)}$ 的第 j_k 个分量，一般选取下标 j_k，使

$$|x_{j_k}^{(k)}|=\max_{1\leqslant j\leqslant n}|x_j^{(k)}| \tag{4-11}$$

（2）在式(4-9)两端左乘 $(\boldsymbol{x}^{(k)})^{\mathrm{T}}$，得

$$\boldsymbol{\lambda}_1\approx\frac{(\boldsymbol{x}^{(k)})^{\mathrm{T}}\boldsymbol{x}^{(k+1)}}{(\boldsymbol{x}^{(k)})^{\mathrm{T}}\boldsymbol{x}^{(k)}} \tag{4-12}$$

式(4-6)本质上是计算

$$\boldsymbol{x}^{(k)}=\boldsymbol{A}^k\boldsymbol{x}^{(0)}, k=1,2,\cdots$$

所以这种求按模最大的特征值及对应的特征向量的迭代法称为**幂法**。如果选取的 $\boldsymbol{x}^{(0)}$ 使得 $a_1=0$，那么由于计算过程有舍入误差的影响，必然会在迭代的某一步产生这样的 $\tilde{\boldsymbol{x}}^{(k)}$，它在 $\boldsymbol{v}^{(1)}$ 方向上的分量不为零。这样就相当于以 $\tilde{\boldsymbol{x}}^{(k)}$ 为初始向量重新开始迭代。

另外,从式(4-8)可以看到,当$|\lambda_1|>1$时,$\boldsymbol{x}^{(k)}$的非零分量的绝对值会迅速增大;而当$|\lambda_1|<1$时,$\boldsymbol{x}^{(k)}$的非零分量的绝对值又会迅速趋于零。这两种情况都会使计算机在实际计算中发生溢出而意外终止计算。为了避免这种情况的发生,通常每迭代一次都对$\boldsymbol{x}^{(k)}$进行归一化处理,即将$\boldsymbol{x}^{(k)}$乘以一个常数,使得其分量的绝对值最大为1。因此,实际使用的迭代公式是

$$\begin{cases}\boldsymbol{y}^{(k)}=\dfrac{\boldsymbol{x}^{(k)}}{x_{j_k}^{(k)}}\\ \boldsymbol{x}^{(k+1)}=\boldsymbol{A}\boldsymbol{y}^{(k)}\end{cases},k=0,1,2,\cdots \tag{4-13}$$

其中,下标j_k按式(4-11)进行选取。

算法 4.1 幂法

输入:维数n,矩阵$\boldsymbol{A}$,非零初始向量$\boldsymbol{x}^{(0)}$,容许误差ε_0及最大迭代次数K。

输出:矩阵$\boldsymbol{A}$的按模最大的近似特征值λ_1及相应的近似特征向量$\boldsymbol{y}^{(k)}$或"经过K次迭代幂法不收敛!"的错误信息。

(1) 置$k=0$;

(2) 求满足式(4-11),即

$$|x_{j_k}^{(k)}|=\max_{1\leqslant j\leqslant n}|x_j^{(k)}|$$

的最小下标j_k。

(3) 如果$x_{j_k}^{(k)}=0(k>0)$,则输出"$\boldsymbol{A}$有零特征值,对应的特征向量为$\boldsymbol{x}^{(k-1)}$,请选择新的初始向量重新开始计算",并停止迭代。否则转(4)。

(4) 计算

$$\begin{cases}\boldsymbol{y}^{(k)}=\dfrac{\boldsymbol{x}^{(k)}}{x_{j_k}^{(k)}}\\ \boldsymbol{x}^{(k+1)}=\boldsymbol{A}\boldsymbol{y}^{(k)}\\ \beta_k=x_{j_k}^{(k+1)}\end{cases} \tag{4-14}$$

(5) 若$k>0$,置$\varepsilon_1=\max\limits_{1\leqslant j\leqslant n}|y_j^{(k)}-y_j^{(k-1)}|$或$\varepsilon_2=|\beta_k-\beta_{k-1}|/|\beta_k|$。

(6) 若$\varepsilon_1<\varepsilon_0$或$\varepsilon_2<\varepsilon_0$,输出:$\lambda_1\approx\beta_k$,相应的近似特征向量为$\boldsymbol{y}^{(k)}$;并停止迭代;否则继续转(7)。

(7) 如果$k=K$,输出"经过K次迭代幂法不收敛!"的错误信息,停止迭代;否则置$k=k+1$,转(2)。

注:在式(4-14)中,也可将β_k换为以下类似于式(4-12)右端的表达式,即

$$\beta_k=\frac{(\boldsymbol{y}^{(k)})^{\mathrm{T}}\boldsymbol{x}^{(k+1)}}{(\boldsymbol{y}^{(k)})^{\mathrm{T}}\boldsymbol{y}^{(k)}} \tag{4-15}$$

例 4.2.1 设

$$\boldsymbol{A}=\begin{bmatrix}2&-1&0\\-1&2&-1\\0&-1&2\end{bmatrix}$$

求其按模最大的特征值和对应的特征向量,要求$\dfrac{|\beta_k-\beta_{k-1}|}{|\beta_k|}\leqslant10^{-7}$。

解 取 $x^{(0)}=(1,1,1)^T$，利用算法 4.1 进行计算，结果见表 4-1 所列。

表 4-1

k	$\boldsymbol{x}^{(k)}$			$\boldsymbol{y}^{(k)}$			β_k	$\varepsilon_k=\frac{\lvert\beta_k-\beta_{k-1}\rvert}{\lvert\beta_k\rvert}$
0	1	1	1	1	1	1	1	
1	1	0	1	1	0	1	2	0.5
2	2	-2	2	1	-1	1	3	0.3333
3	3	-4	3	-0.75	1	-0.75	3.5000000	0.1429
4	-2.5	3.5	-2.5	-0.7142857	1	-0.7142857	3.4285714	2.083×10^{-2}
5	-2.4285714	3.4285714	-2.4285714	-0.7083333	1	-0.7083333	3.4166667	3.484×10^{-3}
6	-2.4166667	3.4166667	-2.4166667	-0.7073171	1	-0.7073171	3.4146341	5.952×10^{-4}
7	-2.4146341	3.4146341	-2.4146341	-0.7071429	1	-0.7071429	3.4142857	1.021×10^{-4}
8	-2.4142857	3.4142857	-2.4142857	-0.7071130	1	-0.7071130	3.4142259	1.751×10^{-5}
9	-2.4142259	3.4142259	-2.4142259	-0.7071078	1	-0.7071078	3.4142157	3.004×10^{-6}
10	-2.4142157	3.4142157	-2.4142157	-0.7071070	1	-0.7071070	3.4142139	5.153×10^{-7}
11	-2.4142139	3.4142139	-2.4142139	-0.7071068	1	-0.7071068	3.4142136	8.842×10^{-8}
12	2.4142136	3.4142136	2.4142136	-0.7071068	1	-0.7071068		

因 β_{11} 已满足终止条件，所以 $\boldsymbol{A}$ 的按模最大的特征值 $\lambda_1\approx3.4142136$，相应的特征向量为

$$\boldsymbol{v}_1\approx(-0.7071068,1.0000000,-0.7071068)^T$$

与精确结果 $\lambda_1=2+\sqrt{2}=3.41421356237309\cdots$ 比较，近似特征值达到了 8 位有效数字。

4.2.2 反幂法

设 n 阶可逆矩阵 $\boldsymbol{A}$ 具有 n 个线性无关的特征向量 $\boldsymbol{v}_1,\boldsymbol{v}_2,\cdots,\boldsymbol{v}_n$，其相应的特征值 $\lambda_1,\lambda_2,\cdots,\lambda_n$ 满足

$$|\lambda_1|\geqslant|\lambda_2|\geqslant\cdots\geqslant|\lambda_{n-1}|>|\lambda_n| \tag{4-16}$$

其中，$\boldsymbol{A}\boldsymbol{v}_i=\lambda_i\boldsymbol{v}_i(i=1,2,\cdots,n)$，现在要计算 $\boldsymbol{A}$ 的按模最小的特征值 λ_n，以及相应的特征向量。

因 $\boldsymbol{A}$ 可逆，$\lambda_i\neq0(i=1,2,\cdots,n)$，由 $\boldsymbol{A}\boldsymbol{v}_i=\lambda_i\boldsymbol{v}_i$，得

$$\boldsymbol{A}^{-1}\boldsymbol{v}_i=\frac{1}{\lambda_i}\boldsymbol{v}_i,i=1,2,\cdots,n$$

所以 $\frac{1}{\lambda_n}$ 是 $\boldsymbol{A}^{-1}$ 的按模最大的特征值，$\boldsymbol{v}_n$ 是 $\boldsymbol{A}^{-1}$ 的属于 $\frac{1}{\lambda_n}$ 的特征向量。于是，对矩阵 $\boldsymbol{A}^{-1}$ 使用幂法求得 $\boldsymbol{A}^{-1}$ 的按模最大的特征值及其对应的特征向量，特征值的倒数就是 $\boldsymbol{A}$ 的按模最小的特征值，对应的特征向量就是这个特征值对应的特征向量。

对 $\boldsymbol{A}^{-1}$ 运用幂法，任取 $\boldsymbol{x}^{(0)}$，用公式 $\boldsymbol{x}^{(k+1)}=\boldsymbol{A}^{-1}\boldsymbol{x}^{(k)}$ 算得 $\boldsymbol{x}^{(1)},\boldsymbol{x}^{(2)},\cdots$。但此法要先求出 $\boldsymbol{A}^{-1}$，这往往是比较麻烦的，我们可采用另外的方法。因为 $\boldsymbol{x}^{(k+1)}=\boldsymbol{A}^{-1}\boldsymbol{x}^{(k)}$，所以 $\boldsymbol{A}\boldsymbol{x}^{(k+1)}=\boldsymbol{x}^{(k)}$。对于 $k=0,1,2,\cdots$，用解一系列系数矩阵相同的线性方程组的方法算得 $\boldsymbol{x}^{(1)},\boldsymbol{x}^{(2)},\cdots$，这就是所谓**反幂法**。

算法 4.2 反幂法

输入:维数 n,矩阵 $\boldsymbol{A}$,非零初始向量 $\boldsymbol{x}^{(0)}$,容许误差 ε_0及最大迭代次数 K。

输出:矩阵 $\boldsymbol{A}$ 的按模最小的近似特征值 λ_n及相应的近似特征向量 $\boldsymbol{y}^{(k)}$或"经过 K 次迭代反幂法不收敛!"的错误信息。

(1) 置 $k=0$。

(2) 求满足式(4-11),即

$$|x_{j_k}^{(k)}| = \max_{1\leqslant j\leqslant n}|x_j^{(k)}|$$

的最小下标 j_k。

(3) 计算 $\boldsymbol{y}^{(k)}=\dfrac{\boldsymbol{x}^{(k)}}{x_{j_k}^{(k)}}$。

(4) 求解线性方程组 $\boldsymbol{A}\boldsymbol{x}^{(k+1)}=\boldsymbol{y}^{(k)}$。

(5) $\beta_k = x_{j_k}^{(k+1)}$。

(6) 若 $k>0$,置 $\varepsilon_1 = \max\limits_{1\leqslant j\leqslant n}|\boldsymbol{y}_j^{(k)}-\boldsymbol{y}_j^{(k-1)}|$或 $\varepsilon_2 = |\beta_k-\beta_{k-1}|/|\beta_k|$。

(7) 若 $\varepsilon_1<\varepsilon_0$或 $\varepsilon_2<\varepsilon_0$,输出:$\lambda_n\approx\dfrac{1}{\beta_k}$,相应的近似特征向量为 $\boldsymbol{y}^{(k)}$,并停止迭代;否则继续转(8)。

(8) 如果 $k=K$,输出"经过 K 次迭代反幂法不收敛!"的错误信息,停止迭代;否则置 $k:=k+1$,转(2)。

例 4.2.2 设

$$\boldsymbol{A}=\begin{bmatrix}2 & -1 & 0\\ -1 & 2 & -1\\ 0 & -1 & 2\end{bmatrix}$$

求其按模最小的特征值和对应的特征向量,要求$\dfrac{|\beta_k-\beta_{k-1}|}{|\beta_k|}\leqslant 10^{-7}$。

解 取 $\boldsymbol{x}^{(0)}=(1,1,1)^{\mathrm{T}}$,利用算法 4.2 进行计算,结果见表 4-2所列。

表 4-2

k	$\boldsymbol{x}^{(k)}$			$\boldsymbol{y}^{(k)}$			β_k	$\varepsilon_k=\dfrac{\lvert\beta_k-\beta_{k-1}\rvert}{\lvert\beta_k\rvert}$
0	1	1	1	1	1	1	1.5	
1	1.5	2	1.5	0.75	1	0.75	1.75	0.1429
2	1.2500000	1.7500000	1.2500000	0.7142857	1	0.7142857	1.7142857	2.083×10^{-2}
3	1.2142857	1.7142857	1.2142857	0.7083333	1	0.7083333	1.7083333	3.484×10^{-3}
4	1.2083333	1.7083333	1.2083333	0.7073171	1	0.7073171	1.7073171	5.952×10^{-4}
5	1.2073171	1.7073171	1.2073171	0.7071429	1	0.7071429	1.7071429	1.021×10^{-4}
6	1.2071429	1.7071429	1.2071429	0.7071130	1	0.7071130	1.7071130	1.751×10^{-5}
7	1.2071130	1.7071130	1.2071130	0.7071078	1	0.7071078	1.7071078	3.004×10^{-6}
8	1.2071078	1.7071078	1.2071078	0.7071070	1	0.7071070	1.7071070	5.153×10^{-7}
9	1.2071070	1.7071070	1.2071070	0.7071068	1	0.7071068	1.7071068	8.842×10^{-8}
10	1.2071068	1.7071068	1.2071068					

因 β_9 已满足终止条件,所以 $\boldsymbol{A}$ 的按模最小的特征值 $\lambda_3 \approx \frac{1}{1.7071068} = 0.5857864$,相应的特征向量为

$$\boldsymbol{v}_3 \approx (0.7071068, 1.0000000, 0.7071068)^{\mathrm{T}}$$

与精确结果 $\lambda_3 = 2-\sqrt{2} = 0.58578643762690\cdots$ 比较,近似特征值达到了 7 位有效数字。

在实际计算中常采用带原点位移的反幂法求某个特征值 λ_s。此法的依据是:若 λ 是矩阵 $\boldsymbol{A}$ 的特征值,则 $(\lambda - p)$ 是矩阵 $(\boldsymbol{A}-p\boldsymbol{I})$ 的特征值,其中 $\boldsymbol{I}$ 是单位矩阵。反之,若 $\lambda - p$ 是矩阵 $(\boldsymbol{A}-p\boldsymbol{I})$ 的特征值,则 λ 是矩阵 $\boldsymbol{A}$ 的特征值,而特征向量相同。

设已知数 μ 是 n 阶方阵 $\boldsymbol{A}$ 的某个特征值 λ_s 的近似值,并且满足

$$0 < |\lambda_s - \mu| < |\lambda_i - \mu|,\ 1 \leqslant i \leqslant n, i \neq s \tag{4-17}$$

于是,对矩阵 $(\boldsymbol{A}-\mu\boldsymbol{I})$ 实施反幂法迭代,就可求出 $\boldsymbol{A}$ 的特征值及相应的特征向量。其中,μ 称为位移量。具体地说,就是将算法 4.2 的第(4)步中的 $\boldsymbol{A}\boldsymbol{x}^{(k+1)} = \boldsymbol{y}^{(k)}$ 换为 $(\boldsymbol{A}-\mu\boldsymbol{I})\boldsymbol{x}^{(k+1)} = \boldsymbol{y}^{(k)}$,第(7)步中的 $\lambda_n \approx \frac{1}{\beta_k}$ 换为 $\lambda_s \approx \mu + \frac{1}{\beta_k}$。

例 4.2.3 设

$$\boldsymbol{A} = \begin{bmatrix} 2 & -1 & 0 \\ -1 & 2 & -1 \\ 0 & -1 & 2 \end{bmatrix}$$

用反幂法求矩阵 $\boldsymbol{A}$ 接近于 1.8 的特征值和对应的特征向量,要求 $\frac{|\beta_k - \beta_{k-1}|}{|\beta_k|} \leqslant 10^{-7}$。

解 取 $\boldsymbol{x}^{(0)} = (0,0,1)^{\mathrm{T}}$,利用算法 4.2 计算 $(\boldsymbol{A}-1.8\boldsymbol{I})$ 的按模最小的特征值,结果见表 4-3所列。

表 4-3

k	$\boldsymbol{x}^{(k)}$			$\boldsymbol{y}^{(k)}$			β_k	$\varepsilon_k = \frac{\lvert\beta_k - \beta_{k-1}\rvert}{\lvert\beta_k\rvert}$
0	0	0	1	0	0	1	2.4489796	
1	−2.5510204	−0.5102041	2.4489796	1.0000000	0.2	−0.96	4.7959184	0.4894
2	4.7959184	−0.0408163	−5.0040816	−0.9584013	0.0081566	1.0000000	4.8897193	1.918×10^{-2}
3	−4.9022872	−0.0220561	4.8897193	1.0000000	0.0044992	−0.9974363	4.9911645	2.032×10^{-2}
4	4.9911645	−0.0017671	−4.9960171	−0.9990287	0.0003537	1.0000000	4.9973418	1.236×10^{-3}
5	−4.9978018	−0.0005316	4.9973418	1.0000000	0.0001064	−0.9999080	4.9997109	4.739×10^{-4}
6	4.9997109	−0.0000578	−4.9998289	−0.9999764	0.0000116	1.0000000	4.9999339	4.460×10^{-5}
7	−4.9999481	−0.0000132	4.9999339	1.0000000	0.0000026	−0.9999972	4.9999914	1.150×10^{-5}
8	4.9999914	−0.0000017	−4.9999944	−0.9999994	0.0000003	1.0000000	4.9999983	1.380×10^{-6}
9	−4.9999987	−0.0000003	4.9999983	1.0000000	0.0000001	−0.9999999	4.9999998	2.909×10^{-7}
10	4.9999998	−0.0000000	−4.9999998	−1.0000000	0.0000000	1.0000000	5.0000000	4.003×10^{-8}
11	−5.0000000	−0.0000000	5.0000000	1.0000000	0.0000000	−1.0000000		

因 β_{10} 已满足终止条件,所以 $\boldsymbol{A}$ 的接近于 1.8 的特征值为 $\lambda_2 \approx 1.8 + \frac{1}{5.0000000} =$

2.0000000,相应的特征向量为

$$v_2 \approx (1.0000000, 0.0000000, -1.0000000)^T$$

与精确结果 $\lambda_2 = 2$ 比较,近似特征值达到了 8 位有效数字。

4.3 雅可比方法

本节介绍求实对称矩阵全部特征值及其对应的特征向量的雅可比方法。先将方法中需要用到的线性代数知识扼要地归纳到预备知识之中,更具体的论述可在线性代数教材中找到。

4.3.1 预备知识

(1) 设 $\boldsymbol{A}$ 是 n 阶实对称矩阵,则它的特征值都是实数,并有互相正交的 n 个线性无关的特征向量。

(2) 相似矩阵有相同的特征值。

(3) 若 $\boldsymbol{A}$ 是实对称矩阵,$\boldsymbol{U}$ 是正交矩阵,则 $\boldsymbol{B} = \boldsymbol{U}^T\boldsymbol{A}\boldsymbol{U}$ 也是实对称矩阵。

(4) 正交矩阵的乘积仍是正交矩阵。

(5) 设 $\boldsymbol{A}$ 是 n 阶实对称矩阵,而

$$\boldsymbol{U} = \begin{bmatrix} u_{11} & u_{12} & \cdots & u_{1n} \\ u_{21} & u_{22} & \cdots & u_{2n} \\ \vdots & \vdots & & \vdots \\ u_{n1} & u_{n2} & \cdots & u_{nn} \end{bmatrix}, \boldsymbol{D} = \begin{bmatrix} \lambda_1 & 0 & 0 & 0 \\ 0 & \lambda_2 & 0 & 0 \\ 0 & 0 & & 0 \\ 0 & 0 & 0 & \lambda_n \end{bmatrix}$$

分别是正交矩阵和对角矩阵,且有

$$\boldsymbol{U}^T\boldsymbol{A}\boldsymbol{U} = \boldsymbol{D}$$

则 $\lambda_i (i = 1, 2, \cdots, n)$ 都是 $\boldsymbol{A}$ 的特征值,$\boldsymbol{U}$ 的第 i 列 $\boldsymbol{u}_i = (u_{1i}, u_{2i}, \cdots, u_{ni})^T$ 为 λ_i对应的特征向量。

由(5)可知,对于任意的实对称矩阵 $\boldsymbol{A}$,只要能求得一个正交矩阵 $\boldsymbol{U}$,使 $\boldsymbol{U}^T\boldsymbol{A}\boldsymbol{U} = \boldsymbol{D}$,($\boldsymbol{D}$ 为对角矩阵)就能得到 $\boldsymbol{A}$ 的所有特征值和对应的特征向量,这就是雅可比方法的理论基础。

4.3.2 雅可比方法

雅可比方法就是用一系列的平面旋转矩阵 $\boldsymbol{U}_k$对实对称矩阵 $\boldsymbol{A}$ 做正交相似变换,逐步将 $\boldsymbol{A}$ 化为对角矩阵,从而求出 $\boldsymbol{A}$ 的所有特征值及对应的特征向量。

(1) 设 $\boldsymbol{A}$ 为二阶实对称矩阵。由解析几何知,平面上坐标轴逆时针旋转 θ 角,同一个点在新坐标系中的坐标$(y_1, y_2)^T$ 与其在旧坐标系中的坐标$(x_1, x_2)^T$ 有线性变换关系

$$\begin{cases} x_1 = y_1\cos\theta - y_2\sin\theta \\ x_2 = y_1\sin\theta + y_2\cos\theta \end{cases} \tag{4-18}$$

记

$$\boldsymbol{U}(\theta) = \begin{pmatrix} \cos\theta & -\sin\theta \\ \sin\theta & \cos\theta \end{pmatrix}, \boldsymbol{x} = \begin{pmatrix} x_1 \\ x_2 \end{pmatrix}, \boldsymbol{y} = \begin{pmatrix} y_1 \\ y_2 \end{pmatrix}$$

则式(4－18)可写成矩阵形式

$$\boldsymbol{x}=\boldsymbol{U}(\theta)\boldsymbol{y} \tag{4-19}$$

可以验证 $\boldsymbol{U}^{\mathrm{T}}(\theta)\boldsymbol{U}(\theta)=\boldsymbol{I}$，即 $\boldsymbol{U}(\theta)$ 是正交阵，称 $\boldsymbol{U}(\theta)$ 为平面坐标旋转矩阵。

适当选择 θ，利用 $\boldsymbol{U}(\theta)$ 可将任意二阶实对称矩阵对角化。

设 $\boldsymbol{A}=\begin{pmatrix} a_{11} & a_{21} \\ a_{21} & a_{22} \end{pmatrix}$ 为实对称矩阵，则

$$\begin{aligned}\boldsymbol{U}^{\mathrm{T}}(\theta)\boldsymbol{A}\boldsymbol{U}(\theta)&=\begin{pmatrix} \cos\theta & \sin\theta \\ -\sin\theta & \cos\theta \end{pmatrix}\begin{pmatrix} a_{11} & a_{21} \\ a_{21} & a_{22} \end{pmatrix}\begin{pmatrix} \cos\theta & -\sin\theta \\ \sin\theta & \cos\theta \end{pmatrix}\\ &=\begin{pmatrix} a_{11}\cos^2\theta+a_{22}\sin^2\theta+a_{21}\sin2\theta & \frac{1}{2}(a_{22}-a_{11})\sin2\theta+a_{21}\cos2\theta \\ \frac{1}{2}(a_{22}-a_{11})\sin2\theta+a_{21}\cos2\theta & a_{11}\sin^2\theta+a_{22}\cos^2\theta-a_{21}\sin2\theta \end{pmatrix}\end{aligned}$$

只要选取 θ 满足 $\frac{1}{2}(a_{22}-a_{11})\sin2\theta+a_{21}\cos2\theta=0$，即满足

$$\tan2\theta=\frac{2a_{21}}{a_{11}-a_{22}}$$

$\boldsymbol{U}^{\mathrm{T}}(\theta)\boldsymbol{A}\boldsymbol{U}(\theta)$ 就成为对角阵，则 $\boldsymbol{A}$ 的特征值为

$$\begin{cases}\lambda_1=a_{11}\cos^2\theta+a_{22}\sin^2\theta+a_{21}\sin2\theta \\ \lambda_2=a_{11}\sin^2\theta+a_{22}\cos^2\theta-a_{21}\sin2\theta\end{cases}$$

对应的特征向量为

$$\boldsymbol{u}_1=\begin{pmatrix} \cos\theta \\ \sin\theta \end{pmatrix},\boldsymbol{u}_2=\begin{pmatrix} -\sin\theta \\ \cos\theta \end{pmatrix}$$

(2)设 $\boldsymbol{A}$ 为 n 阶($n\geqslant3$)实对称矩阵。令

$$\boldsymbol{U}_{ij}(\theta)=\begin{pmatrix} 1 &&&&&&&&& \\ & \ddots &&&&&&&& \\ && 1 &&&&&&& \\ &&& \cos\theta &&&& -\sin\theta && \\ &&&& 1 &&&&& \\ &&&&& \ddots &&&& \\ &&&&&& 1 &&& \\ &&& \sin\theta &&&& \cos\theta && \\ &&&&&&&& 1 && \\ &&&&&&&&& \ddots & \\ &&&&&&&&&& 1 \end{pmatrix}\begin{matrix} \\ \\ \\ \leftarrow\text{第 } i \text{ 行} \\ \\ \\ \\ \leftarrow\text{第 } j \text{ 行} \\ \\ \\ \\ \end{matrix}$$

$$\qquad\qquad\qquad\uparrow\text{第 } i \text{ 列}\qquad\qquad\uparrow\text{第 } j \text{ 列}$$

即 $\boldsymbol{U}_{ij}(\theta)$ 的主对角线元素除第 i 行，第 j 行为 $\cos\theta$ 外，其余都是“1”，第 i 行第 j 列元素为

$-\sin\theta$,第 j 行第 i 列元素为 $\sin\theta$,$\boldsymbol{U}_{ij}(\theta)$ 的其他元素都是零。很容易验证

$$\boldsymbol{U}_{ij}^{\mathrm{T}}(\theta)\boldsymbol{U}_{ij}(\theta)=\boldsymbol{I}$$

因此,$\boldsymbol{U}_{ij}(\theta)$ 是正交矩阵,称 $\boldsymbol{U}_{ij}(\theta)$ 为平面旋转矩阵。令

$$\boldsymbol{A}_1=(\boldsymbol{U}_{ij}(\theta))^{\mathrm{T}}\boldsymbol{A}\boldsymbol{U}_{ij}(\theta)$$

则 $\boldsymbol{A}_1$ 应与 $\boldsymbol{A}$ 有相同的特征值,且 $\boldsymbol{A}_1$ 仍是实对称矩阵。

直接计算可知,$\boldsymbol{A}$ 的元素 a_{rs} 与 $\boldsymbol{A}_1$ 的元素 b_{rs} 之间有如下关系

$$\begin{cases} b_{ii}=a_{ii}\cos^2\theta+a_{jj}\sin^2\theta+a_{ij}\sin2\theta \\ b_{jj}=a_{ii}\sin^2\theta+a_{jj}\cos^2\theta-a_{ij}\sin2\theta \\ b_{ij}=b_{ji}=\dfrac{1}{2}(a_{jj}-a_{ii})\sin2\theta+a_{ij}\cos2\theta \end{cases} \tag{4-20}$$

$$\begin{cases} b_{ik}=b_{ki}=a_{ik}\cos\theta+a_{jk}\sin\theta \\ b_{jk}=b_{kj}=-a_{ik}\sin\theta+a_{jk}\cos\theta \end{cases},k\neq i,j \tag{4-21}$$

$$b_{pk}=a_{pk}(p\neq i,j;k\neq i,j) \tag{4-22}$$

由此可见,用 $\boldsymbol{U}_{ij}(\theta)$ 对 $\boldsymbol{A}$ 作相似变换,只改变第 i 行,第 j 行,第 i 列和第 j 列上的元素,其他元素不变。令

$$\tan2\theta=\frac{2a_{ij}}{a_{ii}-a_{jj}} \tag{4-23}$$

于是 $b_{ij}=b_{ji}=0$。由式(4-21)知

$$b_{ik}^2+b_{jk}^2=(a_{ik}\cos\theta+a_{jk}\sin\theta)^2+(-a_{ik}\sin\theta+a_{jk}\cos\theta)^2=a_{ik}^2+a_{jk}^2$$

即

$$b_{ik}^2+b_{jk}^2=a_{ik}^2+a_{jk}^2,k\neq i,j \tag{4-24}$$

同理

$$b_{ki}^2+b_{kj}^2=a_{ki}^2+a_{kj}^2,k\neq i,j \tag{4-25}$$

利用式(4-20)可验证

$$b_{ii}^2+b_{jj}^2+b_{ij}^2+b_{ji}^2=a_{ii}^2+a_{jj}^2+a_{ij}^2+a_{ji}^2 \tag{4-26}$$

因 $b_{ij}=b_{ji}=0$,所以

$$b_{ii}^2+b_{jj}^2=a_{ii}^2+a_{jj}^2+2a_{ij}^2 \tag{4-27}$$

由式(4-24)~式(4-27)可知,$\boldsymbol{A}$ 经 $\boldsymbol{U}_{ij}(\theta)$ 作正交相似变换以后,所有元素平方之和不变;对角线元素平方之和增加了 $2a_{ij}^2$,非对角线元素平方之和减少了 $2a_{ij}^2$;将事先选定的非对角线元素 a_{ij} 变成了0(即 $b_{ij}=0$)。

不要以为对每一个非零元素进行一次这样的变换就能得到对角矩阵,因为如果 a_{ik} 或 a_{jk} 为零,经变换以后往往又不是零了。但每经一次这样的变换,非对角线元素总是“向零接近一步”。雅可比方法就是将上述消去非对角线元素的过程不断进行,直到满足所要求的精确度为止。

利用

$$\tan 2\theta = \frac{2a_{ij}}{a_{ii} - a_{jj}}$$

计算出 θ，然后计算 $\sin\theta$、$\cos\theta$ 的过程可改为

$$\begin{cases} p = -a_{ij} \\ q = \frac{1}{2}(a_{jj} - a_{ii}) \\ \omega = \operatorname{sign}(q)\frac{p}{\sqrt{p^2 + q^2}} \end{cases} \tag{4-28}$$

$$\begin{cases} \sin\theta = \frac{\omega}{\sqrt{2(1 + \sqrt{1 - \omega^2})}} \\ \cos\theta = \sqrt{1 - \sin^2\theta} \end{cases} \tag{4-29}$$

其中，$\operatorname{sign}(q) = \begin{cases} 1, & q \geqslant 0 \\ -1, & q < 0 \end{cases}$，由式(4-28)和式(4-29)确定的角度 θ 在 $\left[-\frac{\pi}{4}, \frac{\pi}{4}\right]$ 内。

下面给出用雅可比方法解 n 阶实对称矩阵 $\boldsymbol{A}$ 的特征值问题的计算步骤。

算法 4.3 雅可比方法

输入：维数 n，矩阵 $\boldsymbol{A}$，容许误差 ε 及最大迭代次数 K。

输出：矩阵 $\boldsymbol{A}$ 的所有特征值 λ_i 的近似值，及相应的近似特征向量 $\boldsymbol{y}^{(k)}$ 或“经过 K 次迭代雅可比方法没达到要求的精度！”的错误信息。

（1）置 $k=0$，$\boldsymbol{A}_k = \boldsymbol{A} = (a_{rs}^{(k)})_{n\times n}$；$\boldsymbol{U}_k = \boldsymbol{I}$。

（2）从 $\boldsymbol{A}_k$ 中找出绝对值最大的非对角线元素 $a_{i_k j_k}^{(k)}$。

（3）若 $|a_{i_k j_k}^{(k)}| < \varepsilon$，则 $\boldsymbol{A}_k$ 近似为一个对角矩阵。输出近似特征值 $\lambda_i \approx a_{ii}^{(k)}$ 及对应的近似特征向量 $\boldsymbol{v}_i \approx \boldsymbol{u}_i^{(k)}$（其中 $\boldsymbol{u}_i^{(k)}$ 是 $\boldsymbol{U}_k$ 的第 i 列元素构成的列向量，$i=1,2,\cdots,n$）；停止计算。否则转(4)。

（4）由式(4-28)和式(4-29)计算 $\sin\theta_k$ 和 $\cos\theta_k$。

（5）计算 $\boldsymbol{A}_{k+1} = (\boldsymbol{U}_{i_k j_k}(\theta_k))^{\mathrm{T}}\boldsymbol{A}_k\boldsymbol{U}_{i_k j_k}(\theta_k) = (a_{rs}^{(k+1)})_{n\times n}$，其中，$a_{rs}^{(k+1)}$ 用式(4-20)~式(4-22)计算。

（6）计算 $\boldsymbol{U}_{k+1} = \boldsymbol{U}_k\boldsymbol{U}_{i_k j_k}(\theta_k) = (u_{rs})_{n\times n}$；其中，$u_{rs}$ 由下式给出：

$$\begin{cases} u_{ri_k}^{(k+1)} = u_{ri_k}^{(k)}\cos\theta_k + u_{rj_k}^{(k)}\sin\theta_k \\ u_{rj_k}^{(k+1)} = -u_{ri_k}^{(k)}\sin\theta_k + u_{rj_k}^{(k)}\cos\theta_k \quad, r=1,2,\cdots,n \\ u_{rs}^{(k+1)} = u_{rs}^{(k)}, s \neq i_k, j_k \end{cases} \tag{4-30}$$

（7）置 $k=k+1$，若 $k>K$，输出“经过 K 次迭代雅可比方法没达到要求的精度！”的错误信息，停止计算，否则转(2)。

例 4.3.1 用雅可比方法求下列矩阵的所有特征值 λ_i 及对应的单位特征向量：

$$\boldsymbol{A} = \begin{pmatrix} 2 & -1 & 0 \\ -1 & 2 & -1 \\ 0 & -1 & 2 \end{pmatrix}$$

要求非对角线的元素的绝对值不超过 10^{-7}。

解 取 $\boldsymbol{A}_0=\boldsymbol{A}$，利用雅可比算法4.3，计算矩阵 $\boldsymbol{A}$ 的所有特征值和特征向量，其结果见表4-4所列。

表4-4

k	(i_k,j_k)	$\boldsymbol{U}_{k+1}$	$\boldsymbol{A}_{k+1}$	ε_{k+1}
0	(2,1)	$\begin{pmatrix} 0.7071068 & 0.7071068 & 0.0000000 \\ -0.7071068 & 0.7071068 & 0.0000000 \\ 0.0000000 & 0.0000000 & 1.0000000 \end{pmatrix}$	$\begin{pmatrix} 3.0000000 & 0.0000000 & 0.7071068 \\ 0.0000000 & 1.0000000 & -0.7071068 \\ 0.7071068 & -0.7071068 & 2.0000000 \end{pmatrix}$	0.7071
1	(3,2)	$\begin{pmatrix} 0.7071068 & 0.6279630 & -0.3250576 \\ -0.7071068 & 0.6279630 & -0.3250576 \\ 0.0000000 & 0.4597008 & 0.8880738 \end{pmatrix}$	$\begin{pmatrix} 3.0000000 & 0.3250576 & 0.6279630 \\ 0.3250576 & 0.6339746 & 0.0000000 \\ 0.6279630 & 0.0000000 & 2.3660254 \end{pmatrix}$	0.6280
2	(3,1)	$\begin{pmatrix} 0.4318461 & 0.6279630 & -0.6474345 \\ -0.7725744 & 0.6279630 & 0.0937614 \\ 0.4654436 & 0.4597008 & 0.7563315 \end{pmatrix}$	$\begin{pmatrix} 3.3864461 & 0.2768366 & 0.0000000 \\ 0.2768366 & 0.6339746 & -0.1703642 \\ 0.0000000 & -0.1703642 & 1.9795793 \end{pmatrix}$	0.2678
3	(2,1)	$\begin{pmatrix} 0.4919456 & 0.5820809 & -0.6474345 \\ -0.7065473 & 0.7014269 & 0.0937614 \\ 0.5087047 & 0.4113176 & 0.7563315 \end{pmatrix}$	$\begin{pmatrix} 3.4140135 & 0.0000000 & -0.0168814 \\ 0.0000000 & 0.6064072 & -0.1695257 \\ -0.0168814 & -0.1695257 & 1.9795793 \end{pmatrix}$	0.1695
4	(3,2)	$\begin{pmatrix} 0.4919456 & 0.4996517 & -0.7129781 \\ -0.7065473 & 0.7076161 & 0.0083856 \\ 0.5087047 & 0.4996275 & 0.7011362 \end{pmatrix}$	$\begin{pmatrix} 3.4140135 & -0.0020382 & -0.0167579 \\ -0.0020382 & 0.5857879 & 0.0000000 \\ -0.0167579 & 0.0000000 & 2.0001986 \end{pmatrix}$	0.0168
5	(3,1)	$\begin{pmatrix} 0.5003602 & 0.4996517 & -0.7070982 \\ -0.7065971 & 0.7076161 & 0.0000121 \\ 0.5003601 & 0.4996275 & 0.7071153 \end{pmatrix}$	$\begin{pmatrix} 3.4142121 & -0.0020381 & 0.0000000 \\ -0.0020381 & 0.5857879 & -0.0000242 \\ 0.0000000 & -0.0000242 & 2.0000000 \end{pmatrix}$	2.038×10^{-3}
6	(2,1)	$\begin{pmatrix} 0.5000000 & 0.5000121 & -0.7070982 \\ -0.7071068 & 0.7071068 & 0.0000121 \\ 0.5000000 & 0.4999879 & 0.7071153 \end{pmatrix}$	$\begin{pmatrix} 3.4142136 & 0.0000000 & 0.0000000 \\ 0.0000000 & 0.5857864 & -0.0000242 \\ 0.0000000 & -0.0000242 & 2.0000000 \end{pmatrix}$	2.415×10^{-5}
7	(3,2)	$\begin{pmatrix} 0.5000000 & 0.5000000 & -0.7071068 \\ -0.7071068 & 0.7071068 & -0.0000000 \\ 0.5000000 & 0.5000000 & 0.7071068 \end{pmatrix}$	$\begin{pmatrix} 3.4142136 & 0.0000000 & 0.0000000 \\ 0.0000000 & 0.5857864 & 0.0000000 \\ 0.0000000 & 0.0000000 & 2.0000000 \end{pmatrix}$	1.741×10^{-8}

其中，ε_k 为 $\boldsymbol{A}_k$ 的非对角元的最大元素的绝对值。

$\varepsilon_8=1.741\times10^{-8}$ 已经达到了题目的精度要求，所以，$\boldsymbol{A}$ 的3个特征值可近似地取为 $\boldsymbol{A}_8$ 的对角线的元素，即

$$\lambda_1\approx3.414213562373095$$

$$\lambda_2\approx0.585786437626905$$

$$\lambda_3 \approx 2.000000000000000$$

对应的特征向量可近似地取为 U_8相应的列向量，即

$$v_1 \approx \begin{pmatrix} 0.5000000 \\ -0.7071068 \\ 0.5000000 \end{pmatrix}, v_2 \approx \begin{pmatrix} 0.5000000 \\ 0.7071068 \\ 0.5000000 \end{pmatrix}, v_3 \approx \begin{pmatrix} -0.7071068 \\ -0.0000000 \\ 0.7071068 \end{pmatrix}$$

A 的特征值的精确值为

$$\lambda_1 = 2 + \sqrt{2} \approx 3.414213562373095$$

$$\lambda_2 = 2 - \sqrt{2} \approx 0.585786437626905$$

$$\lambda_3 = 2$$

对应的特征向量为

$$u_1 = \begin{pmatrix} \frac{1}{2} \\ -\frac{\sqrt{2}}{2} \\ \frac{1}{2} \end{pmatrix}, u_2 = \begin{pmatrix} \frac{1}{2} \\ \frac{\sqrt{2}}{2} \\ \frac{1}{2} \end{pmatrix}, u_3 = \begin{pmatrix} -\frac{\sqrt{2}}{2} \\ 0 \\ \frac{\sqrt{2}}{2} \end{pmatrix}$$

由此可见，雅可比方法迭代 8 次的结果已经相当精确了。

上面介绍的雅可比方法，每次都是选取矩阵绝对值最大的非对角线元素作为消去对象，但这种选法消耗计算机时间较多，目前常采用一种称为过“关”的雅可比法，这种方法是先选一串递减的正数 $\delta_1, \delta_2, \cdots, \delta_p$作为限值，这些限值也称为“关”，首先对限值 δ_1，按一定次序（例如一行一行地自左至右的次序）检查矩阵的非对角线元素，凡绝对值小于 δ_1的就让其过“关”，不小于 δ_1的就作变换消成零。这样进行多遍（因在后面相似变换中有可能将已过“关”的元素变为不过“关”了，所以要进行多遍），使所有非对角线元素的绝对值均小于 δ_1，然后对 $\delta_2, \delta_3, \cdots, \delta_p$类似处理，最后得出一个近似的对角矩阵来。

“关”的设置有很多种方法，下面介绍一种常用的方法。

首先计算对称矩阵 A_0的非对角线元素平方之和 σ_0，并令

$$\delta_0 = \sqrt{\sigma_0} = \left[2\sum_{i=1}^{n-1}\sum_{j=i+1}^{n}(a_{ij}^{(0)})^2\right]^{\frac{1}{2}}$$

（1）令

$$\delta_1 = \frac{\delta_0}{n}$$

将矩阵 A_0的非对角线元素按行扫描，如果

$$|a_{ij}| \geq \delta_1$$

则作变换，使 a_{ij}化为零；否则让元素 a_{ij}过“关”。经过多次扫描，多次变换，得所有非对角线元素都过“关”的对称矩阵 A_1。

(2) 令

$$\delta_2 = \frac{\delta_1}{n}$$

重复以上步骤,得所有非对角线元素的绝对值都小于 δ_2 的对称矩阵 $\boldsymbol{A}_2$。

$$\vdots$$

$$\vdots$$

以上过程进行到 $\delta_p \leqslant \left(\frac{\varepsilon}{n}\right)\delta_0$ 为止,其中,ε 为给定的精度要求。记最后得到的矩阵为 $\boldsymbol{A}_p$,其非对角线元素平方和为 σ_p,则

$$\frac{\sigma_p}{\sigma_0} < \varepsilon^2$$

事实上

$$\sigma_p = 2\sum_{i=1}^{n-1}\sum_{j=i+1}^{n}(a_{ij}^{(k)})^2 \leqslant n(n-1)\delta_p^2 < n^2\delta_p^2 \leqslant \varepsilon^2\delta_0^2 = \varepsilon^2\sigma_0$$

于是有

$$\frac{\sigma_p}{\sigma_0} < \varepsilon^2$$

习　题　4

1. 设 $\boldsymbol{A}$ 是 $n \times n$ 实矩阵,使用形式 $\boldsymbol{u}^{(k)} = \boldsymbol{A}^k\boldsymbol{u}^{(0)}$ 的幂法产生向量 $\boldsymbol{u}^{(k)}$ 需要多少次乘法运算?使用形式 $\boldsymbol{u}^{(i)} = \boldsymbol{A}\boldsymbol{u}^{(i-1)}$ $(i=1,2,\cdots,k)$ 的幂法产生向量 $\boldsymbol{u}^{(k)}$ 需要多少次乘法运算?

2. 用幂法计算下列矩阵绝对值最大的特征值和对应的特征向量。

(1) $\boldsymbol{A} = \begin{pmatrix} 2 & 3 & 2 \\ 10 & 3 & 4 \\ 3 & 6 & 1 \end{pmatrix}$ (2) $\boldsymbol{A} = \begin{pmatrix} 3 & -4 & 3 \\ -4 & 6 & 3 \\ 3 & 3 & 1 \end{pmatrix}$

要求近似特征值 β_k 满足 $|\beta_k - \beta_{k-1}|/|\beta_k| \leqslant 10^{-4}$。

3. 试用反幂法计算第 2 题各矩阵按模最小的特征值和相应的特征向量;要求近似特征值 β_k 满足 $|\beta_k^{-1} - \beta_{k-1}^{-1}|/|\beta_k^{-1}| \leqslant 10^{-4}$。

4. 已知矩阵

$$\boldsymbol{A} = \begin{pmatrix} -3 & 1 & 0 \\ 1 & -3 & -3 \\ 0 & -3 & 4 \end{pmatrix}$$

的一个特征值 $\lambda \approx 5$,试用反幂法求 λ 和相应的特征向量,要求近似特征值 β_k 满足 $|(\beta_k - 5)^{-1} - (\beta_{k-1} - 5)^{-1}|/|(\beta_k - 5)^{-1}| \leqslant 10^{-4}$。

5. 用雅可比方法求矩阵

$$\boldsymbol{A} = \begin{pmatrix} 4 & 1 & 0 \\ 1 & 2 & 1 \\ 0 & 1 & 1 \end{pmatrix}$$

的全部特征值和相应的特征向量(要求特征值的误差不超过 10^{-5})。

6. 编写下列程序：

(1) 求矩阵按模最大的特征值及相应的特征向量的幂法；

(2) 求矩阵按模最小的特征值及相应的特征向量的反幂法；

(3) 求实对称矩阵所有特征值和相应的特征向量的雅可比方法；

(4) 用所编的程序求解本习题中相应的习题。

第5章 插值与拟合

5.1 引 言

用以表示变量 y 与变量 x 之间的数量关系的函数 $y=f(x)$，大都是通过实验或观测得到的。虽然从原则上说，它在某个区间 $[a,b]$ 上是存在的，有的还是连续的，但通过实际观察得到的往往只是在 $[a,b]$ 上一系列点 x_i 上的函数值 $y_i=f(x_i)$ $(i=0,1,\cdots,n)$，即表格函数

x_i	x_0	x_1	$\cdots$	x_n
$f(x_i)$	y_0	y_1	$\cdots$	y_n

而对于 x_i 以外的点的函数 $f(x)$ 的情况一无所知。

能否构造一个用公式表示的函数 $\varphi(x)$，这个函数 $\varphi(x)$ 具有能近似代替原来函数和本身比较简单这样两个特性呢？如果这样的函数可以找到，即使它是近似的，对计算表中没有列出的函数值，以及分析函数的性质都是非常有用的。

解决这个问题的方法有两类：一类称为插值法；另一类称为拟合法或称逼近法。

有时虽然知道 $y=f(x)$ 的解析式，但解析式比较复杂，不便于分析函数的性质，而 $y=f(x)$ 在某些点 x_i 上的值是容易求得的，显然利用插值法和拟合法来研究函数 $y=f(x)$ 也是很有意义的。

下面给出有关插值法的一些基本概念。

已知函数 $y=f(x)$ 在区间 $[a,b]$ 上 $(n+1)$ 个互异点 $x_i(i=0,1,\cdots,n)$ 上的函数值 y_i，若存在一个简单函数 $\varphi(x)$，使

$$\varphi(x_i)=y_i, i=0,1,\cdots,n \tag{5-1}$$

并要求误差

$$R(x)=f(x)-\varphi(x) \tag{5-2}$$

的绝对值 $|R(x)|$ 在整个区间 $[a,b]$ 上比较小，这样的问题称为**插值问题**，其中，点 $x_i(i=0,1,\cdots,n)$ 称为**插值节点**，$f(x)$ 称为**被插值函数**，$\varphi(x)$ 称为**插值函数**，$[\min(x_0,x_1,\cdots,x_n),\max(x_0,x_1,\cdots,x_n)]$ 称为**插值区间**，在插值区间内部，用 $\varphi(x)$ 代替 $f(x)$ 称为**内插**；在插值区间以外，用 $\varphi(x)$ 代替 $f(x)$ 称为**外插或外推**。式(5-2)称为插值函数 $\varphi(x)$ 的余项或误差。

本章的重点是介绍插值法。

5.2 插值多项式的存在性和唯一性、线性插值与抛物插值

5.2.1 代数插值问题

由于多项式是最简单的函数类，人们很早就用它去近似地表示表格函数或复杂的函数，用多项式作为插值函数的方法也称为**代数插值法**。

定义 5.2.1 已知函数 $y=f(x)$ 在区间 $[a,b]$ 上 $n+1$ 个互异点 $x_i(i=0,1,\cdots,n)$ 上的函数值 y_i，若存在一个次数不超过 n 的多项式

$$\varphi(x)=a_0+a_1x+a_2x^2+\cdots+a_nx^n\text{（其中，}a_i\text{为实数）}$$

满足条件

$$\varphi(x_i)=f(x_i)=y_i,\quad i=0,1,\cdots,n \tag{5-3}$$

则称 $\varphi(x)$ 为函数 $f(x)$ 的 n **次代数插值多项式**，相应的问题称为 n **次代数插值问题**。

代数插值有明确的几何意义，即通过平面上给定的 $n+1$ 个互异点 (x_i,y_i) $(i=0,1,\cdots,n)$，作一条 n 次代数曲线 $y=\varphi(x)$ 近似地表示曲线 $y=f(x)$，如图 5－1 所示。

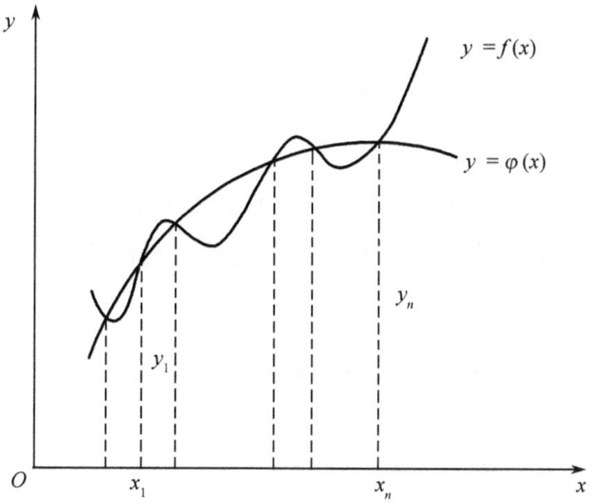

图 5－1

5.2.2 插值多项式的存在性和唯一性

定理 5.2.1 n 次代数插值问题的解是存在且唯一的。

证明 设 n 次多项式

$$\varphi(x)=a_0+a_1x+a_2x^2+\cdots+a_nx^n \tag{5-4}$$

是函数 $y=f(x)$ 在 $[a,b]$ 上的 $n+1$ 个互异的节点 $x_i(i=0,1,\cdots,n)$ 上的插值多项式。则求插值多项式 $\varphi(x)$ 的问题就可归结为求它的系数 $a_i(i=0,1,\cdots,n)$。

由插值条件式(5－3)，可得关于系数 $a_0,a_1,\cdots,a_n$ 的 $n+1$ 阶线性方程组

$$\begin{cases}\varphi(x_0)=a_0+a_1x_0+a_2x_0^2+\cdots+a_nx_0^n=y_0\\ \varphi(x_1)=a_0+a_1x_1+a_2x_1^2+\cdots+a_nx_1^n=y_1\\ \qquad\vdots\\ \varphi(x_n)=a_0+a_1x_n+a_2x_n^2+\cdots+a_nx_n^n=y_n\end{cases} \tag{5-5}$$

其系数行列式为范德蒙行列式

$$V(x_0,x_1,\cdots,x_n)=\begin{vmatrix}1 & x_0 & x_0^2 & \cdots & x_0^n\\ 1 & x_1 & x_1^2 & \cdots & x_1^n\\ \vdots & \vdots & \vdots & & \vdots\\ 1 & x_n & x_n^2 & \cdots & x_n^n\end{vmatrix}=\prod_{0\leqslant j<i\leqslant n}(x_i-x_j)$$

因为 $x_0, x_1, \cdots, x_n$互异，由上式可知 $V \neq 0$，根据求解线性方程组的克莱姆法则，式(5-5)的解 $a_0, a_1, \cdots, a_n$存在唯一，从而 $\varphi(x)$被唯一确定。

证毕。

定理同时给定了具体的求解方法，但若直接使用这种方法，计算工作量十分庞大，而且用式(5-4)对插值多项式进行理论研究也是不方便的。不过，该定理中的唯一性说明，不论采用什么方法来构造，也不论用什么形式来表示插值多项式 $\varphi(x)$，只要满足同样的插值条件式(5-3)，其结果都是互相恒等的。

5.2.3 线性插值与抛物插值

设函数 $y=f(x)$在两点 x_0, x_1上的值分别为 y_0, y_1，求多项式

$$y=\varphi_1(x)=a_0+a_1 x$$

使满足

$$\varphi_1(x_0)=y_0, \varphi_1(x_1)=y_1。$$

其几何意义就是求通过 $A(x_0, y_0)$，$B(x_1, y_1)$的一条直线(见图5-2)。

由解析几何知

$$y=\varphi_1(x)=y_0+\frac{y_1-y_0}{x_1-x_0}(x-x_0) \tag{5-6}$$

称$\dfrac{f(x_j)-f(x_i)}{x_j-x_i}$为$f(x)$在 x_i, x_j处的**一阶均差**，记以$f(x_i, x_j)$。于是，得

$$\varphi_1(x)=f(x_0)+f(x_0, x_1)(x-x_0) \tag{5-7}$$

如果将式(5-6)按照 y_0, y_1整理，则

$$\varphi_1(x)=\frac{x-x_1}{x_0-x_1}y_0+\frac{x-x_0}{x_1-x_0}y_1 \tag{5-8}$$

以上插值多项式为一次多项式，这种插值称为**线性插值**。在利用各种函数表计算函数值时常常用到线性插值。

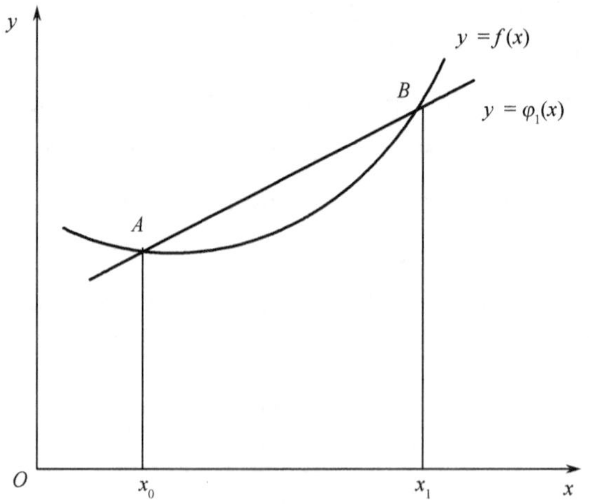

图5-2

例 5.2.1 用三位数的平方根表求平方根 $\sqrt{17.52}$。

解 查表知

$$x_0 = 17.5, y_0 = \sqrt{x_0} = 4.183$$

$$x_1 = 17.6, y_1 = \sqrt{x_1} = 4.195$$

由式(5-6),得

$$\varphi_1(x) = 4.183 + \frac{4.195 - 4.183}{17.6 - 17.5}(x - 17.5)$$

$$= 4.183 + 0.12(x - 17.5)$$

所以

$$\varphi_1(17.52) = 4.183 + 0.12(17.52 - 17.5) \approx 4.185$$

即 $\sqrt{17.52} \approx 4.185$($\sqrt{17.52}$的精确值是 4.18568990…)。

设函数 $y = f(x)$ 在三点 x_0, x_1, x_2 上的值分别为 y_0, y_1, y_2,求多项式

$$y = \varphi_2(x) = a_0 + a_1 x + a_2 x^2$$

使满足

$$\varphi_1(x_i) = y_i (i = 0, 1, 2)。$$

其几何意义就是求通过 $A(x_0, y_0)$, $B(x_1, y_1)$, $C(x_2, y_2)$ 作一条抛物线(假设 A、B、C 不在同一直线上)。

由于点 (x_0, y_0), (x_1, y_1) 在抛物线 $y = \varphi_2(x)$ 上,故可设

$$y = \varphi_2(x) = \varphi_1(x) + a(x - x_0)(x - x_1) \quad (a \text{ 为待定系数})$$

即

$$\varphi_2(x) = y_0 + \frac{y_1 - y_0}{x_1 - x_0}(x - x_0) + a(x - x_0)(x - x_1)$$

上式显然满足

$$\varphi_2(x_0) = y_0, \varphi_2(x_1) = y_1$$

由条件 $\varphi_2(x_2) = y_2$ 定出系数 a,即

$$y_0 + \frac{y_1 - y_0}{x_1 - x_0}(x_2 - x_0) + a(x_2 - x_0)(x_2 - x_1) = y_2$$

于是,得

$$a = \frac{\frac{y_2 - y_1}{x_2 - x_0} - \frac{y_1 - y_0}{x_1 - x_0}}{x_2 - x_1}$$

也可将 a 表示成另一种形式,即

$$a(x_2 - x_0)(x_2 - x_1) = y_2 - y_0 - \frac{y_1 - y_0}{x_1 - x_0}(x_2 - x_0)$$

$$= (y_2 - y_1) + (y_1 - y_0) - \frac{y_1 - y_0}{x_1 - x_0}(x_2 - x_0)$$

$$=(y_2-y_1)+(y_1-y_0)\left(1-\frac{x_2-x_0}{x_1-x_0}\right)$$

$$=(y_2-y_1)+\frac{y_1-y_0}{x_1-x_0}(x_1-x_2)$$

又得

$$a=\frac{\dfrac{y_2-y_1}{x_2-x_1}-\dfrac{y_1-y_0}{x_1-x_0}}{x_2-x_0}$$

代入 $\varphi_2(x)$，得

$$\varphi_2(x)=y_0+\frac{y_1-y_0}{x_1-x_0}(x-x_0)+\frac{\dfrac{y_2-y_1}{x_2-x_1}-\dfrac{y_1-y_0}{x_1-x_0}}{x_2-x_0}(x-x_0)(x-x_1) \tag{5-9}$$

式(5-9)也可写为

$$\varphi_2(x)=f(x_0)+f(x_0,x_1)(x-x_0)+\frac{f(x_1,x_2)-f(x_0,x_1)}{x_2-x_0}(x-x_0)(x-x_1)$$

称$\dfrac{f(x_j,x_k)-f(x_i,x_j)}{x_k-x_i}$为函数 $f(x)$ 在 x_i,x_j,x_k（x_i,x_j,x_k 互异）处的**二阶均差**，记为 $f(x_i,x_j,x_k)$。于是，有

$$\varphi_2(x)=f(x_0)+f(x_0,x_1)(x-x_0)+f(x_0,x_1,x_2)(x-x_0)(x-x_1) \tag{5-10}$$

将式(5-9)按 y_0、y_1、y_2 整理，得

$$\varphi_2(x)=\frac{(x-x_1)(x-x_2)}{(x_0-x_1)(x_0-x_2)}y_0+\frac{(x-x_0)(x-x_2)}{(x_1-x_0)(x_1-x_2)}y_1+\frac{(x-x_0)(x-x_1)}{(x_2-x_0)(x_2-x_1)}y_2 \tag{5-11}$$

以上建立的插值多项式为二次多项式，这种插值称为**抛物插值**。

例 5.2.2 分别取节点 $x_0=0,x_1=1$ 和 $x_0=0,x_1=\frac{1}{2},x_2=1$ 对函数 $y=e^{-x}$ 分别建立线性和抛物插值公式。

解 首先建立线性插值公式

$$x_0=0,\ y_0=e^{-0}=1$$

$$x_1=1,\ y_1=e^{-1}=0.3678794$$

由线性插值公式(5-6)，得

$$e^{-x}\approx\varphi_1(x)=1-0.6321206x$$

下面再建立抛物插值公式

$$x_0=0,\ y_0=e^{-0}=1$$

$$x_1=\frac{1}{2},\ y_1=e^{-\frac{1}{2}}=0.6065307$$

$$x_2=1,\ y_2=e^{-1}=0.3678794$$

由抛物插值公式(5-9)，得

$$e^{-x} \approx \varphi_2(x) = 1 - 0.9417568x + 0.3096362x^2。$$

利用 e^{-x} 的线性插值和抛物插值公式计算内插点和外推点处的函数值，见表 5-1 所列。从表中可以看出，抛物插值比线性插值更接近于 e^{-x}；外推近似值的绝对误差比内插近似值大，而且越远离插值区间[0,1]绝对误差越大。

表 5-1

	x	$\varphi_1(x)$	$\varphi_2(x)$	e^{-x}
内插	0.2	0.87358	0.82403	0.81873
	0.4	0.74715	0.67284	0.67032
	0.6	0.62073	0.54642	0.54881
	0.8	0.49430	0.44476	0.44933
外推	1.2	0.24146	0.31577	0.30119
	1.7	-0.07460	0.29386	0.18268
	2.2	-0.39067	0.42677	0.11080
	2.7	-0.70673	0.71450	0.06721

5.3 拉格朗日插值多项式

5.3.1 插值基函数

为了构造满足插值条件式(5-3)的便于使用的插值多项式 $\varphi(x)$，首先考虑一个简单而特殊的插值问题。

求一个 n 次基本插值多项式 $l_k(x)$，使它在各节点 $x_i(i=0,1,\cdots,n)$ 上的值为

$$l_k(x_i) = \begin{cases} 0, & i \neq k \\ 1, & i = k \end{cases}, i,k = 0,1,2,\cdots,n \tag{5-12}$$

显然，这个问题容易解决。事实上，由条件 $l_k(x_i)=0\ (i \neq k)$ 知，$x_0, x_1, \cdots, x_{k-1}, x_{k+1}, \cdots, x_n$ 都是 n 次多项式 $l_k(x)$ 的零点，故可设

$$l_k(x) = A_k(x-x_0)(x-x_1)\cdots(x-x_{k-1})(x-x_{k+1})\cdots(x-x_n)$$

其中，A_k 为待定系数，可由条件 $l_k(x_k)=1$ 确定，从而得

$$l_k(x) = \frac{(x-x_0)(x-x_1)\cdots(x-x_{k-1})(x-x_{k+1})\cdots(x-x_n)}{(x_k-x_0)(x_k-x_1)\cdots(x_k-x_{k-1})(x_k-x_{k+1})\cdots(x_k-x_n)} \tag{5-13}$$

分别取 $k=0,1,2,\cdots,n$，就得到满足条件式(5-12)的 $n+1$ 个 n 次基本插值多项式 $l_0(x)$，$l_1(x)$，$\cdots$，$l_n(x)$。这些多项式称为在 $n+1$ 个节点 $x_0, x_1, \cdots, x_n$ 上的 **n 次拉格朗日插值基函数**。

显然式(5-8)可以写为

$$\varphi_1(x) = l_0(x)y_0 + l_1(x)y_1$$

其中

$$l_0(x) = \frac{x-x_1}{x_0-x_1}, l_1(x) = \frac{x-x_0}{x_1-x_0}$$

式(5－11)可以写为

$$\varphi_2(x)=l_0(x)y_0+l_1(x)y_1+l_2(x)y_2$$

其中

$$l_0(x)=\frac{(x-x_1)(x-x_2)}{(x_0-x_1)(x_0-x_2)},l_1(x)=\frac{(x-x_0)(x-x_2)}{(x_1-x_0)(x_1-x_2)},l_2(x)=\frac{(x-x_0)(x-x_1)}{(x_2-x_0)(x_2-x_1)}$$

5.3.2 拉格朗日插值公式

以 $n+1$ 个 n 次拉格朗日插值基函数 $l_k(x)$ $(k=0,1,2,\cdots,n)$ 为基础，就能直接写出满足插值条件式(5－3)的 n 次代数插值多项式。

定理 5.3.1 n 次代数插值问题的解可由

$$\varphi_n(x)=l_0(x)y_0+l_1(x)y_1+\cdots+l_n(x)y_n=\sum_{k=0}^{n}l_k(x)y_k \tag{5-14}$$

给出。

证明 因为 $l_k(x)$ $(k=0,1,2,\cdots,n)$ 都是 n 次多项式，所以 $\varphi_n(x)$ 次数不超过 n，又

$$l_k(x_i)=\begin{cases}1, & i=k\\0, & i\neq k\end{cases}$$

因此

$$\varphi_n(x_i)=y_i,i=0,1,2,\cdots,n$$

即 $\varphi_n(x)$ 满足插值条件，式(5－14)就是所求的插值多项式。

证毕。

若记

$$\omega_{n+1}(x)=\prod_{i=0}^{n}(x-x_i)=(x-x_0)(x-x_1)\cdots(x-x_n)$$

则

$$\omega'_{n+1}(x_k)=(x_k-x_0)(x_k-x_1)\cdots(x_k-x_{k-1})(x_k-x_{k+1})\cdots(x_k-x_n)$$

$$l_k(x)=\frac{\omega_{n+1}(x)}{(x-x_k)\omega'_{n+1}(x_k)}$$

于是式(5－14)可写为

$$\varphi_n(x)=\sum_{k=0}^{n}l_k(x)y_k=\sum_{k=0}^{n}\frac{\omega_{n+1}(x)}{(x-x_k)\omega'_{n+1}(x_k)}y_k \tag{5-15}$$

称式(5－14)或式(5－15)为 n **次拉格朗日插值公式**。

显然，线性插值公式(5－8)和抛物插值公式(5－11)分别为式(5－14)中 $n=1$ 和 $n=2$ 的特殊情况。

5.3.3 插值余项与误差估计

在区间 $[a,b]$ 上，如果用 n 次多项式 $\varphi_n(x)$ 近似代替 $f(x)$，则有下列两种情况：

(1) 当 $x=x_i$ 时，由于 $\varphi_n(x_i)=f(x_i)$，所以不存在误差。

(2) 当 $x\neq x_i$ 时，一般地 $\varphi_n(x)\neq f(x)$，因此存在误差。若记

$$R_n(x)=f(x)-\varphi_n(x),$$

则 $R_n(x)$ 就是用 $\varphi_n(x)$ 近似代替 $f(x)$ 产生的截断误差，也称为 $f(x)$ 用 $\varphi_n(x)$ 来表示时的余项，下面对余项 $R_n(x)$ 的表达式进行推导。

定理 5.3.2 设 $f^{(n)}(x)$ 在 $[a,b]$ 上连续，$f^{(n+1)}(x)$ 在 (a,b) 内存在，$x_0,x_1,\cdots,x_n$ 是 $[a,b]$ 上互异的数（节点），则当 $x\in[a,b]$ 时，有

$$R_n(x)=\frac{f^{(n+1)}(\xi)}{(n+1)!}\omega_{n+1}(x) \tag{5-16}$$

其中，$\xi\in(\min\{x,x_0,x_1,\cdots,x_n\},\max\{x,x_0,x_1,\cdots,x_n\})$。

证明 令 x 是 $[a,b]$ 中任一固定的数。若 x 是 x_i 中的一个，则式(5－16)左端和右端都为零，式(5－16)成立。若 x 不是插值节点，即 $x\neq x_i$，作辅助函数

$$F(t)=f(t)-\varphi_n(t)-\frac{\omega_{n+1}(t)}{\omega_{n+1}(x)}[f(x)-\varphi_n(x)]$$

显然有

$$F(x)=F(x_0)=F(x_1)=\cdots=F(x_n)=0,$$

即 $F(t)$ 在 $[a,b]$ 上至少有 $n+2$ 个互异零点，而 $F(t)$ 在每两个相邻零点构成的闭区间上连续，在开区间内可导，且由以上分析，满足罗尔定理条件，所以 $F'(t)$ 在 $F(t)$ 的每两个相邻零点间至少有一个零点，即 $F'(t)$ 在 $[a,b]$ 上至少有 $n+1$ 个零点。

重复使用罗尔定理知，$F^{(n+1)}(t)$ 在区间 $(\min\{x,x_0,x_1,\cdots,x_n\},\max\{x,x_0,x_1,\cdots,x_n\})$ 内至少有 1 个零点，记为 ξ，即

$$F^{(n+1)}(\xi)=0$$

又因为 $\varphi_n(t)$ 为次数不超过 n 的多项式，故

$$\varphi_n^{(n+1)}(t)=0$$

又

$$\omega_{n+1}^{(n+1)}(t)=(n+1)!$$

所以

$$F^{(n+1)}(\xi)=f^{(n+1)}(\xi)-\frac{(n+1)!}{\omega_{n+1}(x)}[f(x)-\varphi_n(x)]=0$$

即

$$R_n(x)=f(x)-\varphi_n(x)=\frac{f^{(n+1)}(\xi)}{(n+1)!}\omega_{n+1}(x)$$

$$\xi\in(\min\{x,x_0,x_1,\cdots,x_n\},\max\{x,x_0,x_1,\cdots,x_n\})。$$

证毕。

定理 5.3.2 给出了用插值多项式 $\varphi_n(x)$ 代替 $f(x)$ 的余项表达式，它也和其他中值定理一样，定理只指出中值 ξ 的存在性，求出具体的 ξ 值是很困难的，尽管这样，有时还是可以用余项表达式来进行一些误差估计。

若 $|f^{(n+1)}(x)|$ 在 $[a,b]$ 上有上界 M_{n+1}，则有以下推论。

推论 5.3.1 设 $f^{(n)}(x)$ 在 $[a,b]$ 上连续，$f^{(n+1)}(x)$ 在 (a,b) 内存在，且 $|f^{(n+1)}(x)|\leqslant M_{n+1}$，$(a\leqslant x\leqslant b)$，则在 $[a,b]$ 上 $f(x)$ 以 $x_0,x_1,\cdots,x_n$ 为节点的 n 次插值多项式误差

$$|R_n(x)|\leqslant\frac{M_{n+1}}{(n+1)!}|\omega_{n+1}(x)| \tag{5-17}$$

定理 5.3.2 给出了当被插函数充分光滑时的插值误差（余项）的表达式，而推论 5.3.1 给

出了误差的界。但是,实际计算中,它们都不能给出插值误差较精确的估计。下面给出在实际计算时,对误差的事后估计方法。

记 $\varphi_n(x)$ 为 $f(x)$ 以 $x_0,x_1,\cdots,x_n$ 为节点的插值多项式,对确定的 x,需要对 $(f(x)-\varphi_n(x))$ 作出估计。为此,另取一个节点 x_{n+1},记 $\varphi_n^{(1)}(x)$ 为 $f(x)$ 以 $x_1,x_2,\cdots,x_{n+1}$ 为节点的插值多项式,由定理 5.3.2,得

$$f(x)-\varphi_n(x)=\frac{f^{(n+1)}(\xi_1)}{(n+1)!}(x-x_0)(x-x_1)\cdots(x-x_n)$$

$$f(x)-\varphi_n^{(1)}(x)=\frac{f^{(n+1)}(\xi_2)}{(n+1)!}(x-x_1)(x-x_2)\cdots(x-x_{n+1})$$

若 $f^{(n+1)}(x)$ 在插值区间上变化不大,即有 $f^{(n+1)}(\xi_1)\approx f^{(n+1)}(\xi_2)$,则

$$\frac{f(x)-\varphi_n(x)}{f(x)-\varphi_n^{(1)}(x)}\approx\frac{x-x_0}{x-x_{n+1}}$$

从而得

$$f(x)\approx\frac{x-x_{n+1}}{x_0-x_{n+1}}\varphi_n(x)+\frac{x-x_0}{x_{n+1}-x_0}\varphi_n^{(1)}(x)$$

也有

$$f(x)-\varphi_n(x)\approx\frac{x-x_0}{x_0-x_{n+1}}(\varphi_n(x)-\varphi_n^{(1)}(x)) \tag{5-18}$$

式(5-18)较好地给出了插值误差的实际估计。

例 5.3.1 分别取节点 $x_0=0,x_1=1$ 和 $x_0=0,x_1=\frac{1}{2},x_2=1$ 对函数 $y=e^{-x}$ 分别建立线性和抛物插值公式,进行误差估计。

解 建立插值公式过程可参见例 5.2.2,以下对误差进行讨论。

对于线性插值

$$e^{-x}\approx\varphi_1(x)=1-0.6321206x$$

其余项为

$$R_1(x)=e^{-x}-\varphi_1(x)=\frac{e^{-\xi}}{2!}x(x-1)$$

其中,$0<\xi<1,0\leqslant x\leqslant 1$,而 $|e^{-\xi}|<1$,所以

$$|R_1(x)|=|e^{-x}-\varphi_1(x)|<\frac{1}{2}\max_{0\leqslant x\leqslant 1}|x(x-1)|=\frac{1}{2}\times\frac{1}{4}=0.125,x\in[0,1]$$

对于抛物插值公式

$$e^{-x}=\varphi_2(x)=1-0.9417568x+0.3096362x^2$$

其余项为

$$R_2(x)=e^{-x}-\varphi_2(x)=-\frac{e^{-\xi}}{3!}x\left(x-\frac{1}{2}\right)(x-1),$$

其中,$0<\xi<1,0\leqslant x\leqslant 1$,而 $|-e^{-\xi}|<1$,所以

$$|R_2(x)|=|e^{-x}-\varphi_2(x)|\leqslant\frac{1}{6}\max_{0\leqslant x\leqslant 1}\left|x\left(x-\frac{1}{2}\right)(x-1)\right|$$

下面求 $\max\limits_{0\leqslant x\leqslant 1}\left|x\left(x-\frac{1}{2}\right)(x-1)\right|$:

令

$$[\omega_3(x)]' = \left[x\left(x-\frac{1}{2}\right)(x-1)\right]' = 3x^2 - 3x + \frac{1}{2} = 0$$

得两根

$$\alpha_1 = \frac{3+\sqrt{3}}{6}, \alpha_2 = \frac{3-\sqrt{3}}{6}$$

$$|\omega_3(\alpha_1)| = |\omega_3(\alpha_2)| = \frac{\sqrt{3}}{6^2}$$

所以

$$\max_{0\leqslant x\leqslant 1}\left|x\left(x-\frac{1}{2}\right)(x-1)\right| = \max_{0\leqslant x\leqslant 1}\{|\omega_3(0)|, |\omega_3(1)|, |\omega_3(\alpha_1)|, |\omega_3(\alpha_2)|\} = \frac{\sqrt{3}}{6^2} \approx 0.0481125$$

于是

$$|R_2(x)| = |e^{-x} - \varphi_2(x)| < \frac{1}{6} \times 0.0481125 < 0.00802, x \in [0,1]$$

例 5.3.2 用拉格朗日插值法求$\sqrt{7}$的近似值。

解 作函数$f(x)=\sqrt{x}$,分别取

$$x_0 = 4, x_1 = 9, x_2 = 6.25$$

相应地,得

$$y_0 = 2, y_1 = 3, y_2 = 2.5$$

建立二次拉格朗日插值多项式为

$$\varphi_2(x) = \frac{(x-9)(x-6.25)}{(4-9)(4-6.25)} \times 2 + \frac{(x-4)(x-6.25)}{(9-4)(9-6.25)} \times 3 + \frac{(x-4)(x-9)}{(6.25-4)(6.25-9)} \times 2.5$$

以 $x=7$ 代入上式,得

$$\varphi_2(7) \approx 2.64848$$

在区间[4,9]上,$|f^{(3)}(x)|$的界可取为 $M_3 = 0.011719$,由推论 5.3.1,可得到比较保守的误差估计

$$|R_2(7)| \leqslant \frac{M_3}{3!}|(7-4)(7-9)(7-6.25)| \approx 0.0879$$

若采用事后估计方法,另取节点 $x_3 = 4.84$,可得$f(x)$以 x_1, x_2, x_3为节点的插值多项式

$$\varphi_2^{(1)}(x) = \frac{(x-9)(x-6.25)}{(4.84-9)(4.84-6.25)} \times 2.2 + \frac{(x-4.84)(x-6.25)}{(9-4.84)(9-6.25)} \times 3 + \frac{(x-4.84)(x-9)}{(6.25-4.84)(6.25-9)} \times 2.5$$

以 $x=7$ 代入上式,得

$$\varphi_2^{(1)}(7) \approx 2.64752$$

按照误差的事后估计公式式(5-18),得

$$f(7) - \varphi_2(7) \approx \frac{7-4}{4-4.84}(2.64849 - 2.64752) = -0.00344$$

它与实际误差

$$\sqrt{7} - \varphi_2(7) = -0.00273$$

相差无几。

5.4 均差插值公式

利用基本插值多项式很容易得到拉格朗日插值多项式,公式结构紧凑,在理论分析中甚为方便,但当插值节点增减时全部插值基函数 $l_k(x)$ $(k=0,1,\cdots,n)$ 均要重新计算,整个公式也将发生变化,这在实际计算中是很不方便的。

式(5-7)和式(5-9),曾经分别给出如下形式的线性插值和抛物插值公式:

$$\varphi_1(x)=f(x_0)+f(x_0,x_1)(x-x_0)$$

$$\varphi_2(x)=f(x_0)+f(x_0,x_1)(x-x_0)+f(x_0,x_1,x_2)(x-x_0)(x-x_1)$$

可以看出,用均差的概念有可能克服这种缺点。

本节讨论均差的一般定义、性质及均差插值公式。

5.4.1 均差的定义、均差表及性质

定义 5.4.1 已知函数 $f(x)$ 在互异点 $x_0,x_1,\cdots,x_n$ 上的值 $f(x_0),f(x_1),\cdots,f(x_n)$,称

$$\frac{f(x_j)-f(x_i)}{x_j-x_i},i\neq j$$

为函数 $f(x)$ 在 x_i,x_j 处的**一阶均差**(或称**一阶差商**),记以 $f(x_i,x_j)$,即

$$f(x_i,x_j)=\frac{f(x_j)-f(x_i)}{x_j-x_i}$$

称

$$\frac{f(x_j,x_k)-f(x_i,x_j)}{x_k-x_i},i\neq k$$

为函数 $f(x)$ 在 x_i,x_j,x_k 处的**二阶均差**(或称**二阶差商**),记以 $f(x_i,x_j,x_k)$,即

$$f(x_i,x_j,x_k)=\frac{f(x_j,x_k)-f(x_i,x_j)}{x_k-x_i},i\neq k$$

$$\vdots$$

称

$$\frac{f(x_1,x_2,\cdots,x_n)-f(x_0,x_1,\cdots,x_{n-1})}{x_n-x_0}$$

为函数 $f(x)$ 的 n **阶均差**(或 n **阶差商**),记以 $f(x_0,x_1,\cdots,x_n)$,即

$$f(x_0,x_1,x_2,\cdots,x_n)=\frac{f(x_1,x_2,\cdots,x_n)-f(x_0,x_1,\cdots,x_{n-1})}{x_n-x_0}$$

计算各阶均差常用以下格式的均差表(以 $n=4$ 为例),见表 5-2 所列。

表 5-2

x	$f(x)$	一阶均差	二阶均差	三阶均差	四阶均差
x_0	$f(x_0)$				
x_1	$f(x_1)$	$f(x_0,x_1)$			
x_2	$f(x_2)$	$f(x_1,x_2)$	$f(x_0,x_1,x_2)$		
x_3	$f(x_3)$	$f(x_2,x_3)$	$f(x_1,x_2,x_3)$	$f(x_0,x_1,x_2,x_3)$	
x_4	$f(x_4)$	$f(x_3,x_4)$	$f(x_2,x_3,x_4)$	$f(x_1,x_2,x_3,x_4)$	$f(x_0,x_1,x_2,x_3,x_4)$

例 5.4.1 设有函数表见表 5-3 所列，试造函数 $f(x)$ 的均差表。

表 5-3

x	5	7	11	13	21
$f(x)$	150	392	1452	2366	9702

解 建立函数 $f(x)$ 的均差表见表 5-4 所列。

表 5-4

x	$f(x)$	一阶均差	二阶均差	三阶均差	四阶均差
5	150				
		121			
7	392		24		
		265		1	
11	1452		32		0
		457		1	
13	2366		46		
		917			
21	9702				

例 5.4.2 设有等距节点函数表见表 5-5 所列，试建立函数 $f(x)$ 的均差表。

表 5-5

x	x_0	x_0+h	x_0+2h	x_0+3h	x_0+4h
$f(x)$	y_0	y_1	y_2	y_3	y_4

解 建立均差表见表 5-6 所列。

表 5-6

x	$f(x)$	一阶均差	二阶均差	三阶均差	四阶均差
x_0	y_0				
		$\frac{1}{h}(y_1-y_0)$			
x_0+h	y_1		$\frac{1}{2!\,h^2}(y_2-2y_1+y_0)$		
		$\frac{1}{h}(y_2-y_1)$		$\frac{1}{3!\,h^3}(y_3-3y_2+3y_1-y_0)$	
x_0+2h	y_2		$\frac{1}{2!\,h^2}(y_3-2y_2+y_1)$		$\frac{1}{4!\,h^4}(y_4-4y_3+6y_2-4y_1+y_0)$
		$\frac{1}{h}(y_3-y_2)$		$\frac{1}{3!\,h^3}(y_4-3y_3+3y_2-y_1)$	
x_0+3h	y_3		$\frac{1}{2!\,h^2}(y_4-2y_3+y_2)$		
		$\frac{1}{h}(y_4-y_3)$			
x_0+4h	y_4				

下面讨论均差的性质。由均差定义，得

$$f(x_0,x_1)=\frac{f(x_1)-f(x_0)}{x_1-x_0}=\frac{f(x_1)}{x_1-x_0}+\frac{f(x_0)}{x_0-x_1}$$

$$\begin{aligned}
f(x_0,x_1,x_2)&=\frac{f(x_1,x_2)-f(x_0,x_1)}{x_2-x_0}\\
&=\frac{1}{x_2-x_0}\left\{\left[\frac{f(x_1)}{x_1-x_2}+\frac{f(x_2)}{x_2-x_1}\right]-\left[\frac{f(x_0)}{x_0-x_1}+\frac{f(x_1)}{x_1-x_0}\right]\right\}\\
&=\frac{f(x_0)}{(x_0-x_1)(x_0-x_2)}+\frac{f(x_2)}{(x_2-x_0)(x_2-x_1)}+\frac{f(x_1)}{x_2-x_0}\left(\frac{1}{x_1-x_2}-\frac{1}{x_1-x_0}\right)\\
&=\frac{f(x_0)}{(x_0-x_1)(x_0-x_2)}+\frac{f(x_1)}{(x_1-x_0)(x_1-x_2)}+\frac{f(x_2)}{(x_2-x_0)(x_2-x_1)}
\end{aligned}$$

$$\vdots$$

利用数学归纳法可得性质 5.4.1。

性质 5.4.1　对于正整数 $k(1\leqslant k\leqslant n)$，必有

$$f(x_0,x_1,\cdots,x_k)=\sum_{i=0}^{k}\frac{f(x_i)}{(x_i-x_0)\cdots(x_i-x_{i-1})(x_i-x_{i+1})\cdots(x_i-x_k)}$$

即 k 阶均差可表为函数值 $f(x_0),\cdots,f(x_k)$ 的线性组合。

由性质 5.4.1 可得出如下性质。

性质 5.4.2　均差只与节点的选择有关，而与节点的排列顺序无关，称为均差的对称性。

例如：

$$f(x_0,x_1)=f(x_1,x_0)=\frac{f(x_0)}{x_0-x_1}+\frac{f(x_1)}{x_1-x_0}$$

$$\begin{aligned}f(x_0,x_1,x_2)&=f(x_0,x_2,x_1)=\cdots=f(x_2,x_1,x_0)\\&=\frac{f(x_0)}{(x_0-x_1)(x_0-x_2)}+\frac{f(x_1)}{(x_1-x_0)(x_1-x_2)}+\frac{f(x_2)}{(x_2-x_0)(x_2-x_1)}\end{aligned}$$

5.4.2　均差插值公式

若将 x 也看作异于 $x_i(i=0,1,\cdots,n)$ 的 $[a,b]$ 上任一点，则由均差定义，得

$$f(x)=f(x_0)+(x-x_0)f(x,x_0)$$

$$f(x,x_0)=f(x_0,x_1)+(x-x_1)f(x,x_0,x_1)$$

$$f(x,x_0,x_1)=f(x_0,x_1,x_2)+(x-x_2)f(x,x_0,x_1,x_2)$$

$$\cdots\quad\cdots\quad\cdots$$

$$f(x,x_0,x_1,\cdots,x_{n-1})=f(x_0,x_1,\cdots,x_n)+(x-x_n)f(x,x_0,\cdots,x_n)$$

从最后一式依次代入前一式，得

$$\begin{aligned}f(x)=&f(x_0)+(x-x_0)f(x_0,x_1)+(x-x_0)(x-x_1)f(x_0,x_1,x_2)+\cdots+\\&(x-x_0)(x-x_1)\cdots(x-x_{n-1})f(x_0,x_1,\cdots,x_n)+R_n(x)\end{aligned}$$

其中

$$R_n(x)=(x-x_0)(x-x_1)\cdots(x-x_n)f(x,x_0,\cdots,x_n)$$

记

$$\begin{aligned}N_n(x)=&f(x_0)+(x-x_0)f(x_0,x_1)+\cdots+\\&(x-x_0)(x-x_1)\cdots(x-x_{n-1})f(x_0,x_1,\cdots,x_n)\end{aligned}\tag{5-19}$$

于是有

$$f(x)=N_n(x)+R_n(x)$$

$N_n(x)$ 显然是一个次数不超过 n 的多项式，下面证明

$$N_n(x)=\varphi_n(x)$$

这里 $\varphi_n(x)$ 为拉格朗日插值多项式。

记 $\varphi_k(x)$ 为具有节点 $x_0,x_1,\cdots,x_k$ 的拉格朗日插值多项式，$(\varphi_k(x)-\varphi_{k-1}(x))$ 有零点 x_0，$x_1,\cdots,x_{k-1}$，且它是次数不超过 k 的多项式。设

$$\varphi_k(x)-\varphi_{k-1}(x)=A(x-x_0)(x-x_1)\cdots(x-x_{k-1})$$

其中,A 为待定常数。现在来确定常数 A,令 $x=x_k$,则

$$\varphi_k(x_k)-\varphi_{k-1}(x_k)=A(x_k-x_0)(x_k-x_1)\cdots(x_k-x_{k-1})$$

而

$$\varphi_k(x_k)=f(x_k)$$

$$\varphi_{k-1}(x_k)=\sum_{j=0}^{k-1}f(x_j)\times\frac{(x_k-x_0)\cdots(x_k-x_{j-1})(x_k-x_{j+1})\cdots(x_k-x_{k-1})}{(x_j-x_0)\cdots(x_j-x_{j-1})(x_j-x_{j+1})\cdots(x_j-x_{k-1})}$$

代入

$$A=\frac{\varphi_k(x_k)-\varphi_{k-1}(x_k)}{(x_k-x_0)(x_k-x_1)\cdots(x_k-x_{k-1})}$$

整理,得

$$\begin{aligned}A&=\sum_{j=0}^{k}\frac{f(x_j)}{(x_j-x_0)\cdots(x_j-x_{j-1})(x_j-x_{j+1})\cdots(x_j-x_k)}\\&=f(x_0,x_1,\cdots,x_k)\end{aligned}$$

于是,得

$$\varphi_k(x)-\varphi_{k-1}(x)=(x-x_0)(x-x_1)\cdots(x-x_{k-1})f(x_0,x_1,\cdots,x_k)$$

根据上式,得

$$\begin{aligned}&\varphi_1(x)=f(x_0)+(x-x_0)f(x_0,x_1)\\&\varphi_2(x)-\varphi_1(x)=(x-x_0)(x-x_1)f(x_0,x_1,x_2)\\&\qquad\varphi_3(x)-\varphi_2(x)\\&\qquad=(x-x_0)(x-x_1)(x-x_2)f(x_0,x_1,x_2,x_3)\\&\vdots\\&\varphi_n(x)-\varphi_{n-1}(x)=(x-x_0)(x-x_1)\cdots(x-x_{n-1})f(x_0,x_1,\cdots,x_n)\end{aligned}$$

将以上各等式相加,得

$$\begin{aligned}\varphi_n(x)=&f(x_0)+(x-x_0)f(x_0,x_1)+(x-x_0)(x-x_1)f(x_0,x_1,x_2)+\cdots+\\&(x-x_0)(x-x_1)\cdots(x-x_{n-1})f(x_0,x_1,\cdots,x_n)=N_n(x)\end{aligned}$$

即 $N_n(x)$ 等于具有节点 $x_0,x_1,\cdots,x_n$ 的拉格朗日插值多项式,由于 $N_n(x)$ 是用均差表示的,故称为**均差插值公式**(也称为**牛顿插值公式**)。

显然,$N_{k+1}(x)$ 和 $N_k(x)$ 具有递推关系

$$N_{k+1}(x)=N_k(x)+(x-x_0)(x-x_1)\cdots(x-x_k)f(x_0,x_1,\cdots,x_{k+1})$$

增加一个新节点 x_{k+1},只要增加计算

$$(x-x_0)(x-x_1)\cdots(x-x_k)f(x_0,x_1,\cdots,x_{k+1})$$

这一项就可以了。例如线性插值公式为

$$N_1(x)=f(x_0)+(x-x_0)f(x_0,x_1)$$

而抛物插值公式为

$$N_2(x)=N_1(x)+(x-x_0)(x-x_1)f(x_0,x_1,x_2)$$

$$=f(x_0)+(x-x_0)f(x_0,x_1)+(x-x_0)(x-x_1)f(x_0,x_1,x_2)$$

由于 $N_n(x)=\varphi_n(x)$，故均差插值公式余项和拉格朗日插值公式余项应相等，即

$$(x-x_0)(x-x_1)\cdots(x-x_n)f(x,x_0,\cdots,x_n)$$
$$=\frac{f^{(n+1)}(\xi)}{(n+1)!}(x-x_0)(x-x_1)\cdots(x-x_n)$$

因此，得

$$f(x,x_0,\cdots,x_n)=\frac{f^{(n+1)}(\xi)}{(n+1)!},$$
$$\xi\in(\min\{x,x_0,\cdots,x_n\},\max\{x,x_0,\cdots,x_n\})$$

利用上式可推得均差的下述性质。

性质 5.4.3 n 阶均差和 n 阶导数具有关系式

$$f(x_0,x_1,\cdots,x_n)=\frac{f^{(n)}(\xi)}{n!} \tag{5-20}$$

其中

$$\xi\in(\min\{x_0,x_1,\cdots,x_n\},\max\{x_0,x_1,\cdots,x_n\})$$

证明 因为

$$f(x,x_0,\cdots,x_{n-1})=\frac{f^{(n)}(\xi)}{n!}$$

上式中只要令 $x=x_n$ 即得。

证毕。

性质 5.4.4 如果 $f(x)$ 的 k 阶均差 $f(x,x_0,\cdots,x_{k-1})$ 是 x 的 m 次多项式，则 $f(x)$ 的 $k+1$ 阶均差 $f(x,x_0,\cdots,x_{k-1},x_k)$ 是 x 的 $m-1$ 次多项式。

事实上，由均差的定义

$$f(x,x_0,\cdots,x_{k-1},x_k)=\frac{f(x,x_0,\cdots,x_{k-1})-f(x_0,\cdots,x_{k-1},x_k)}{x-x_k}$$

上式右端的分子是 x 的 m 次多项式，在 $x=x_k$ 时，有

$$f(x,x_0,\cdots,x_{k-1})-f(x_0,\cdots,x_{k-1},x_k)$$
$$=f(x_k,x_0,\cdots,x_{k-1})-f(x_0,\cdots,x_{k-1},x_k)=0$$

故分子中必含有因子 $x-x_k$，所以分子与分母可约去公因子 $x-x_k$，故上式的右端应是 x 的 $m-1$ 次多项式。

由性质 5.4.3 可直接推得下面性质。

推论 5.4.1 n 次多项式 $f(x)$ 的 k 阶均差 $f(x,x_0,x_1,\cdots,x_{k-1})$，当 $k\leqslant n$ 时是一个 $n-k$ 次多项式；当 $k>n$ 时等于零。

均差插值公式中各项的系数就是各阶均差，即均差表 5-2 中下画波浪线的各阶均差。

例 5.4.3 利用均差插值，求表格函数（见表 5-7）的近似表达式。

表 5-7

x	-1	1	2
$f(x)$	-3	0	4

解 造均差表见表 5-8 所列。

表 5-8

x	$f(x)$	一阶均差	二阶均差
-1	-3		
1	0	$\frac{3}{2}$	
2	4	4	$\frac{5}{6}$

函数 $f(x)$ 的二阶均差插值多项式为

$$\begin{aligned}N_2(x) &= f(x_0) + (x-x_0)f(x_0,x_1) + (x-x_0)(x-x_1)f(x_0,x_1,x_2)\\ &= -3 + (x+1)\frac{3}{2} + (x+1)(x-1)\frac{5}{6}\\ &= \frac{1}{6}(5x^2+9x-14)\end{aligned}$$

这就是表格函数的近似表达式。

例 5.4.4 设 α,β 为常数,若 $f(x)=\alpha u(x)+\beta v(x)$,试证明

$$f(x_0,x_1,\cdots,x_n)=\alpha u(x_0,x_1,\cdots,x_n)+\beta v(x_0,x_1,\cdots,x_n)$$

证明 记

$$\omega_{n+1}(x) = \prod_{i=0}^{n}(x-x_i) = (x-x_0)(x-x_1)\cdots(x-x_n)$$

则

$$\omega'_{n+1}(x_k)=(x_k-x_0)(x_k-x_1)\cdots(x_k-x_{k-1})(x_k-x_{k+1})\cdots(x_k-x_n)$$

由性质 5.4.1,有

$$\begin{aligned}f(x_0,x_1,\cdots,x_n) &= \sum_{j=0}^{n}\frac{f(x_j)}{\omega'(x_j)} = \sum_{j=0}^{n}\frac{\alpha u(x_j)+\beta v(x_j)}{\omega'(x_j)}\\ &= \alpha\sum_{j=0}^{n}\frac{u(x_j)}{\omega'(x_j)}+\beta\sum_{j=0}^{n}\frac{v(x_j)}{\omega'(x_j)}\\ &= \alpha u(x_0,x_1,\cdots,x_n)+\beta v(x_0,x_1,\cdots,x_n)\end{aligned}$$

算法 5.1 用均差插值多项式求函数 $f(x)$ 在 x 处的近似值

记

$$Q_{i,0}=f(x_i),i=0,1,2,\cdots,n$$

$$Q_{i,j}=f(x_{i-j},x_{i-j+1},\cdots,x_i),i=1,2,\cdots,n,j=1,2,\cdots,i$$

则

$$Q_{i,j}=\frac{Q_{i,j-1}-Q_{i-1,j-1}}{x_i-x_{i-j}},i=1,2,\cdots,n,j=1,2,\cdots,i$$

以及

$$f(x_0,x_1,\cdots,x_i)=Q_{i,i},i=1,2,\cdots,n$$

输入: 数 $x_0,x_1,\cdots,x_n,x$;函数值 $f(x_0),\cdots,f(x_n)$ 作为 Q 的第一列元素 $Q_{0,0},\cdots,Q_{n,0}$。

输出: $f(x)$ 的近似值 b_0。

(1) 对 $i=1,2,\cdots,n,j=1,2,\cdots,i$,$Q_{i,j}\leftarrow\frac{Q_{i,j-1}-Q_{i-1,j-1}}{x_i-x_{i-j}}$。

(2) $b_n\leftarrow Q_{n,n}$。

(3) 对 $k=n,n-1,\cdots,1,b_{k-1}\leftarrow Q_{k-1,k-1}+b_k(x-x_{k-1})$。

(4) 输出(b_0);停机。

5.5 差分、等距节点插值多项式

在均差插值公式中,插值节点 $x_0,x_1,\cdots,x_n$之间的距离可以是不相等的。当插值节点等距分布时,表达函数的变化率就不必用均差,而可以改用差分。其实,节点等距分布的情形是很常见的,如数学用表中的三角函数表、对数表等;又如科学研究和生产实践中读仪表数一般是等时间读出的,反映到数学上可见表 5-9 所列的表格函数,其中 h 称为步长。

表 5-9

x	x_0	x_0+h	x_0+2h	…	x_0+nh
$f(x)$	y_0	y_1	y_2	…	y_n

5.5.1 差分的定义、性质及差分表

设函数$f(x)$在等距节点 $x_k=x_0+kh$ 上的值$f(x_k)=y_k(k=0,1,2,\cdots,n)$为已知。

定义 5.5.1 记号

$$\Delta y_k=y_{k+1}-y_k \tag{5-21}$$

$$\nabla y_k=y_k-y_{k-1} \tag{5-22}$$

$$\delta y_k=f(x_k+h/2)-f(x_k-h/2)=y_{k+\frac{1}{2}}-y_{k-\frac{1}{2}} \tag{5-23}$$

分别称为$f(x)$在 x_k处以 h 为步长的(一阶)**向前差分**,**向后差分**及**中心差分**。符号 Δ、∇、δ 分别称为**向前差分算子**、**向后差分算子**及**中心差分算子**。

利用一阶差分可以定义二阶差分为

$$\Delta^2 y_k=\Delta y_{k+1}-\Delta y_k=y_{k+2}-2y_{k+1}+y_k$$

$$\nabla^2 y_k=\nabla y_k-\nabla y_{k-1}=y_k-2y_{k-1}+y_{k-2}$$

一般地可定义 m **阶差分**为

$$\Delta^m y_k=\Delta^{m-1}y_{k+1}-\Delta^{m-1}y_k$$

$$\nabla^m y_k=\nabla^{m-1}y_k-\nabla^{m-1}y_{k-1}$$

因中心差分 δy_k用到 $y_{k-\frac{1}{2}}$及 $y_{k+\frac{1}{2}}$这两个值,实际上不是函数表上的值,如果用函数表上的值,一阶中心差分应写为

$$\delta y_{k+\frac{1}{2}}=y_{k+1}-y_k,\delta y_{k-\frac{1}{2}}=y_k-y_{k-1}$$

二阶中心差分应写为

$$\delta^2 y_k=\delta y_{k+\frac{1}{2}}-\delta y_{k-\frac{1}{2}}$$

等等。

除了已引入的差分算子外,常用算子符号还有**不变算子** I 及**移位算子** E,定义如下:

$$Iy_k=y_k,Ey_k=y_{k+1}$$

于是,由

$$\Delta y_k = y_{k+1} - y_k = Ey_k - Iy_k = (E-I)y_k$$

可得

$$\Delta = E - I$$

同理,得

$$\nabla = I - E^{-1}, \delta = E^{\frac{1}{2}} - E^{-\frac{1}{2}}$$

由差分定义并应用算子符号运算可得下列基本性质。

性质 5.5.1 各阶差分均可用函数值表示。例如:

$$\Delta^n y_k = (E-I)^n y_k = \sum_{j=0}^{n} (-1)^j \binom{n}{j} E^{n-j} y_k$$

$$= \sum_{j=0}^{n} (-1)^j \binom{n}{j} y_{n+k-j} \tag{5-24}$$

$$\nabla^n y_k = (I - E^{-1})^n y_k = \sum_{j=0}^{n} (-1)^j \binom{n}{j} E^{j-n} y_k$$

$$= \sum_{j=0}^{n} (-1)^{n-j} \binom{n}{j} y_{k+j-n} \tag{5-25}$$

其中,$\binom{n}{j} = \dfrac{n(n-1)\cdots(n-j+1)}{j!}$为二项式展开系数。

性质 5.5.2 可用各阶差分表示函数值。例如,可用向前差分表示 y_{n+k},因为

$$y_{n+k} = E^n y_k = (I + \Delta)^n y_k = \left[\sum_{j=0}^{n} \binom{n}{j} \Delta^j\right] y_k,$$

于是

$$y_{n+k} = \sum_{j=0}^{n} \binom{n}{j} \Delta^j y_k \tag{5-26}$$

性质 5.5.3 均差与差分有密切的关系,例如,对向前差分,由定义

$$f(x_k, x_{k+1}) = \frac{y_{k+1} - y_k}{x_{k+1} - x_k} = \frac{\Delta y_k}{h}$$

$$f(x_k, x_{k+1}, x_{k+2}) = \frac{f(x_{k+1}, x_{k+2}) - f(x_k, x_{k+1})}{x_{k+1} - x_k} = \frac{1}{2!\ h^2} \Delta^2 y_k$$

一般地,有

$$f(x_k, \cdots, x_{k+m}) = \frac{1}{m!\ h^m} \Delta^m y_k, m = 1, 2, \cdots, n \tag{5-27}$$

同理,对向后差分,有

$$f(x_k, x_{k-1}, \cdots, x_{k-m}) = \frac{1}{m!\ h^m} \nabla^m y_k, m = 1, 2, \cdots, n \tag{5-28}$$

利用式(5-20)及式(5-27),得

$$\Delta^n y_k = h^n f^{(n)}(\xi) \tag{5-29}$$

其中,$\xi \in (x_k, x_{k+n})$,这就是差分与导数的关系。

计算差分可列差分表(表 5-10),表中 Δ 为向前差分,∇为向后差分。

表 5 - 10

x_k	y_k	$\Delta(\nabla)$	$\Delta^2(\nabla^2)$	$\Delta^3(\nabla^3)$	$\Delta^4(\nabla^4)$	…
x_0	y_0	$\Delta y_0(\nabla y_1)$	$\Delta^2 y_0(\nabla^2 y_2)$	$\Delta^3 y_0(\nabla^3 y_3)$	$\Delta^4 y_0(\nabla^4 y_4)$	⋮
x_0+h	y_1	$\Delta y_1(\nabla y_2)$	$\Delta^2 y_1(\nabla^2 y_3)$	$\Delta^3 y_1(\nabla^3 y_4)$	⋮	
x_0+2h	y_2	$\Delta y_2(\nabla y_3)$	$\Delta^2 y_2(\nabla^2 y_4)$	⋮		
x_0+3h	y_3	$\Delta y_3(\nabla y_4)$	⋮			
x_0+4h	y_4	⋮				
⋮	⋮					

例 5.5.1 已知 $y=\cos x$ 的函数表(x 从 0 到 0.6,$h=0.1$),试造差分表。

解 根据差分定义列出表 5 - 11,在表中,各阶差分的第 1 位有效数字之前的零和小数点一律省写,这样做可以省事和避免出错。

表 5 - 11

x	y	Δy	$\Delta^2 y$	$\Delta^3 y$	$\Delta^4 y$	$\Delta^5 y$	$\Delta^6 y$
0.0	1.00000	-500	-993	13	12	-2	1
0.1	0.99500	-1493	-980	25	10	-1	
0.2	0.98007	-2473	-955	35	9		
0.3	0.95534	-3428	-920	44			
0.4	0.92106	-4348	-876				
0.5	0.87758	-5224					
0.6	0.82534						

5.5.2 等距节点插值公式

将牛顿均差插值多项式(5 - 19)中各阶均差用相应差分代替,就可得到各种形式的等距节点插值公式。这里只推导常用的前插与后插公式。

如果节点 $x_k=x_0+kh\ (k=0,1,\cdots,n)$,要计算 x_0附近点 x 的函数$f(x)$的值,可令

$$x=x_0+th,0\leqslant t\leqslant 1$$

于是

$$\omega_{k+1}(x)=\prod_{j=0}^{k}(x-x_j)=t(t-1)\cdots(t-k)h^{k+1}$$

将上式及式(5 - 27)代入式(5 - 19),得

$$N_n(x_0+th)=y_0+t\Delta y_0+\frac{t(t-1)}{2!}\Delta^2 y_0+\cdots+\frac{t(t-1)\cdots(t-\overline{n-1})}{n!}\Delta^n y_0 \tag{5-30}$$

称为**牛顿前插公式**,其余项由式(5 - 16),得

$$R_n(x)=\frac{t(t-1)\cdots(t-n)}{(n+1)!}h^{n+1}f^{(n+1)}(\xi),\ \xi\in(x_0,x_n) \tag{5-31}$$

前插公式中的各阶差分是表 5 - 10 所列差分表中最上面一条斜线上对应的数值。

如果要求函数在 x_n附近的函数值$f(x)$,则表 5 - 10 中的插值节点应按 $x_n,x_{n-1},\cdots,x_0$的次序排列,并应用均差插值公式式(5 - 19),有

$$N_n(x)=f(x_n)+f(x_n,x_{n-1})(x-x_n)+f(x_n,x_{n-1},x_{n-2})(x-x_n)(x-x_{n-1})+\cdots+$$

$$f(x_n, x_{n-1}, \cdots, x_0)(x-x_n)\cdots(x-x_1)$$

作变换

$$x = x_n + th,\ -1 \leqslant t \leqslant 0$$

并利用式(5-28),代入上式,得

$$N_n(x_n+th) = y_n + t\ \nabla y_n + \frac{t(t+1)}{2!}\nabla^2 y_n + \cdots + \frac{t(t+1)\cdots(t+\overline{n-1})}{n!}\nabla^n y_n \quad (5-32)$$

或

$$N_n(x_n+th) = y_n + t\Delta y_{n-1} + \frac{t(t+1)}{2!}\Delta^2 y_{n-2} + \cdots + \frac{t(t+1)\cdots(t+\overline{n-1})}{n!}\Delta^n y_0$$

称为**牛顿后插公式**,其余项为

$$R_n(x) = f(x) - N_n(x_n+th) = \frac{t(t+1)\cdots(t+n)h^{n+1}f^{(n+1)}(\xi)}{(n+1)!},\ \xi \in (x_0, x_n) \quad (5-33)$$

后插公式中的各阶差分是表 5-10 所列差分表中最下面成一条斜线上的数值。

通常求表头部分插值点附近函数值时使用牛顿前插公式,求插值节点末尾附近的函数值时使用牛顿后插公式。如果用相同节点进行插值,则向前向后两种公式只是形式上差异,其计算结果是相同的。

例 5.5.2 利用例 5.5.1 中的差分表 5-11,计算 cos0.048 和 cos0.566 的值并估计误差。

解 采用四次插值多项式,首先用前插公式计算 cos0.048,取 $x_0=0$,则

$$t = \frac{x-x_0}{h} = \frac{0.048-0}{0.1} = 0.48$$

用表 5-11 的上半部差分(下划线),得

$$\begin{aligned}\cos 0.048 &\approx N_4(0.048)\\ &= 1 + \frac{0.48}{1!}\times(-0.005) + \frac{0.48\times(0.48-1)}{2!}\times(-0.00993) + \\ &\quad \frac{0.48}{3!}(0.48-1)(0.48-2)\times(0.00013) + \\ &\quad \frac{0.48}{4!}\times(0.48-1)(0.48-2)(0.48-3)\times 0.00012\\ &\approx 0.99884\end{aligned}$$

误差估计由式(5-31),得

$$|R_4(0.048)| \leqslant \frac{M_5}{5!}|t(t-1)(t-2)(t-3)(t-4)|h^5 \leqslant 1.5845\times 10^{-7}$$

其中,$M_5 = |\sin 0.6| \leqslant 0.565$。

下面计算 cos0.566 的值,可用后插公式,取 $x_6 = 0.6$,则

$$t = \frac{x-x_6}{h} = \frac{0.566-0.6}{0.1} = -0.34$$

用表 5-11 的下半部差分(波浪线),得

$$
\begin{aligned}
\cos 0.566 &\approx N_4(0.566)\\
&=0.82534+\frac{-0.34}{1!}\times(-0.05224)+\\
&\quad\frac{-0.34\times(-0.34+1)}{2!}\times(-0.00876)+\\
&\quad\frac{-0.34(-0.34+1)(-0.34+2)}{3!}\times(0.00044)+\\
&\quad\frac{-0.34(-0.34+1)(-0.34+2)(-0.34+3)}{4!}\times 0.00009\\
&\approx 0.84405
\end{aligned}
$$

误差估计由式(5-33),得

$$|R_4(0.566)|\leqslant\frac{M_5}{5!}|t(t+1)(t+2)(t+3)(t+4)|h^5\leqslant 1.7064\times 10^{-7}$$

其中,$M_5=0.565$。

5.6 厄米特插值

不少实际的插值问题不但要求在节点上函数值相等,而且还要求对应的导数值也相等,甚至要求高阶导数也相等,满足这种要求的插值多项式就是**厄米特插值多项式**。构造厄米特插值多项式的方法称为**厄米特插值法**。

这个问题的几何意义是十分明显的,就是要求代数曲线 $y=H(x)$ 与函数曲线 $y=f(x)$ 不仅在 $n+1$ 个互异的节点 x_i 处完全重合,而且还要求在 x_i 处有公切线。

设在节点 $a\leqslant x_0<x_1<\cdots<x_n\leqslant b$ 上,$y_j=f(x_j)$,$m_j=f'(x_j)$ $(j=0,1,\cdots,n)$,待构造的多项式 $H(x)$ 需要满足如下插值条件

$$H(x_j)=y_j,H'(x_j)=m_j,\ j=0,1,\cdots,n \tag{5-34}$$

该插值条件包含 $2n+2$ 个独立等式,可唯一确定一个次数不超过 $2n+1$ 的多项式,其形式为

$$H_{2n+1}(x)=a_0+a_1x+\cdots+a_{2n+1}x^{2n+1}。$$

下面将介绍两种构造厄米特插值多项式的方法。

5.6.1 构造基函数的方法

如果根据条件式(5-34)确定 $2n+2$ 个系数 $a_0,a_1,\cdots,a_{2n+1}$,显然非常复杂,因此,仍采用求拉格朗日插值多项式的基函数方法。

先求基函数 $\alpha_j(x)$ 及 $\beta_j(x)$ $(j=0,1,\cdots,n)$,共有 $2n+2$ 个,每一个基函数都是 $2n+1$ 次多项式,且满足

$$\begin{cases}\alpha_j(x_k)=\delta_{jk}=\begin{cases}0, & j\neq k,\\ 1, & j=k,\end{cases},\alpha'_j(x_k)=0\\ \beta_j(x_k)=0,\beta'_j(x_k)=\delta_{jk},j,k=0,1,\cdots,n\end{cases} \tag{5-35}$$

于是满足式(5-34)的插值多项式 $H_{2n+1}(x)$ 可写成用插值基函数表示的形式

$$H_{2n+1}(x) = \sum_{j=0}^{n} [y_j\alpha_j(x) + m_j\beta_j(x)] \tag{5-36}$$

由式(5-35),显然有

$$H_{2n+1}(x_k) = y_k, H'_{2n+1}(x_k) = m_k,\ k = 0,1,\cdots,n$$

下面的问题就是求满足条件式(5-35)的基函数 $\alpha_j(x)$ 和 $\beta_j(x)$。为此,可利用拉格朗日插值基函数 $l_j(x)$。令

$$\alpha_j(x) = (ax+b)l_j^2(x)$$

其中,$l_j(x)$ 是式(5-13)所表示的基函数。由条件式(5-35),有

$$\alpha_j(x_j) = (ax_j+b)l_j^2(x_j) = 1$$

$$\alpha'_j(x_j) = l_j(x_j)[al_j(x_j) + 2(ax_j+b)l'_j(x_j)] = 0$$

整理,得

$$\begin{cases} ax_j + b = 1 \\ a + 2l'_j(x_j) = 0 \end{cases}$$

解出

$$a = -2l'_j(x_j), b = 1 + 2x_jl'_j(x_j)$$

由于

$$l_j(x) = \frac{(x-x_0)\cdots(x-x_{j-1})(x-x_{j+1})\cdots(x-x_n)}{(x_j-x_0)\cdots(x_j-x_{j-1})(x_j-x_{j+1})\cdots(x_j-x_n)}$$

利用两端取对数再求导,得

$$l'_j(x_j) = \sum_{\substack{k=0 \\ k\neq j}}^{n} \frac{1}{x_j - x_k}$$

于是

$$\alpha_j(x) = \left(1 - 2(x-x_j)\sum_{\substack{k=0 \\ k\neq j}}^{n} \frac{1}{x_j - x_k}\right)l_j^2(x) \tag{5-37}$$

同理,得

$$\beta_j(x) = (x-x_j)l_j^2(x) \tag{5-38}$$

还可证明满足条件式(5-34)的插值多项式是唯一的,用反证法,假设 $H_{2n+1}(x)$ 及 $\overline{H}_{2n+1}(x)$ 均满足式(5-34),于是

$$\varphi(x) = H_{2n+1}(x) - \overline{H}_{2n+1}(x)$$

在每个节点 x_k 上均有二重根,即 $\varphi(x)$ 有 $2n+2$ 个根。但 $\varphi(x)$ 是不高于 $2n+1$ 次的多项式,故 $\varphi(x) \equiv 0$。唯一性得证。

关于厄米特插值公式的余项,有如下定理:

定理 5.6.1 设 $f^{(2n+1)}(x)$ 在 $[a,b]$ 上连续,$f^{(2n+2)}(x)$ 在 (a,b) 内存在,$x_0,x_1,\cdots,x_n$ 是 $[a,b]$ 上互异的数,记 $R(x) = f(x) - H(x)$,则当 $x \in [a,b]$ 时,有

$$R(x)=f(x)-H_{2n+1}(x)=\frac{f^{(2n+2)}(\xi)}{(2n+2)!}\omega_{n+1}^2(x) \tag{5-39}$$

其中，$\xi\in(a,b)$且与x有关。

证明 令x是$[a,b]$上任一固定的数。若x是x_i中的一个，则式(5-39)显然成立。若$x\neq x_i$，由条件式(5-34)知x_i是$R(x)$的二重零点，设

$$R(x)=f(x)-H(x)=K(x)(x-x_0)^2\cdots(x-x_n)^2=K(x)\omega_{n+1}^2(x)$$

作辅助函数

$$F(t)=f(t)-H(t)-K(x)(t-x_0)^2\cdots(t-x_n)^2$$

显然有

$$F(x_i)=0,F'(x_i)=0\ (i=0,1,2,\cdots,n),F(x)=0$$

即$F(t)$在$[a,b]$上至少有$(n+1)$个二重零点$x_i(i=0,1,\cdots,n)$和一个单重零点x，由罗尔定理，$F'(t)$在$(n+2)$个点$x,x_0,\cdots,x_n$的每相邻两点之间至少一个零点，且$x_0,\cdots,x_n$仍是$F'(t)$的零点，于是$F'(t)$至少有$(2n+2)$个零点。重复使用罗尔定理知$F''(t)$至少$(2n+1)$个零点，$\cdots$，$F^{(2n+2)}(x)$至少有一个零点ξ，即

$$F^{(2n+2)}(\xi)=0$$

其中，$\xi\in(a,b)$且与x有关。因为$H(x)$为次数不超过$(2n+1)$的多项式，故

$$H^{(2n+2)}(t)=0$$

又

$$[\omega_{n+1}^2(t)]^{(2n+2)}=(2n+2)!$$

于是

$$F^{(2n+2)}(\xi)=f^{(2n+2)}(\xi)-K(x)(2n+2)!=0$$

$$K(x)=\frac{f^{(2n+2)}(\xi)}{(2n+2)!}$$

因此

$$R(x)=f(x)-H_{2n+1}(x)=\frac{f^{(2n+2)}(\xi)}{(2n+2)!}\omega_{n+1}^2(x)$$

其中，$\xi\in(a,b)$且与x有关。

证毕。

作为带导数的插值多项式式(5-36)的重要特例是$n=1$的情形。这时可取节点为x_k及x_{k+1}，插值多项式为$H_3(x)$满足条件

$$\begin{cases}H_3(x_k)=y_k, & H_3(x_{k+1})=y_{k+1}\\ H'_3(x_k)=m_k, & H'_3(x_{k+1})=m_{k+1}\end{cases} \tag{5-40}$$

相应的插值基函数为$\alpha_k(x),\alpha_{k+1}(x),\beta_k(x),\beta_{k+1}(x)$，它们满足条件

$$\alpha_k(x_k)=1,\alpha_k(x_{k+1})=0,\alpha'_k(x_k)=\alpha'_k(x_{k+1})=0$$

$$\alpha_{k+1}(x_k)=0,\alpha_{k+1}(x_{k+1})=1,\alpha'_{k+1}(x_k)=\alpha'_{k+1}(x_{k+1})=0$$

$$\beta_k(x_k)=\beta_k(x_{k+1})=0,\beta'_k(x_k)=1,\beta'_k(x_{k+1})=0$$

$$\beta_{k+1}(x_k)=\beta_{k+1}(x_{k+1})=0,\beta'_{k+1}(x_k)=0,\beta'_{k+1}(x_{k+1})=1$$

根据式(5－37)及式(5－38)的一般表达式,得

$$\begin{cases}\alpha_k(x)=\left(1+2\dfrac{x-x_k}{x_{k+1}-x_k}\right)\left(\dfrac{x-x_{k+1}}{x_k-x_{k+1}}\right)^2\\ \alpha_{k+1}(x)=\left(1+2\dfrac{x-x_{k+1}}{x_k-x_{k+1}}\right)\left(\dfrac{x-x_k}{x_{k+1}-x_k}\right)^2\end{cases}\tag{5-41}$$

$$\begin{cases}\beta_k(x)=(x-x_k)\left(\dfrac{x-x_{k+1}}{x_k-x_{k+1}}\right)^2\\ \beta_{k+1}(x)=(x-x_{k+1})\left(\dfrac{x-x_k}{x_{k+1}-x_k}\right)^2\end{cases}\tag{5-42}$$

于是满足式(5－40)的插值多项式为

$$H_3(x)=y_k\alpha_k(x)+y_{k+1}\alpha_{k+1}(x)+m_k\beta_k(x)+m_{k+1}\beta_{k+1}(x)\tag{5-43}$$

其余项 $R_3(x)=f(x)-H_3(x)$,由式(5－39),得

$$R_3(x)=\frac{1}{4!}f^{(4)}(\xi)(x-x_k)^2(x-x_{k+1})^2,\xi\in(x_k,x_{k+1})\tag{5-44}$$

例 5.6.1 设 $f(x)=\ln x$,现已知 $f(x)$ 的下列数据:

$$f(1)=0,f(2)=0.693147,f'(1)=1,f'(2)=0.5$$

试用厄米特插值法计算 $f(1.5)$ 的近似值。

解 因为共有 4 个插值条件,所以可构造三次厄米特插值多项式 $H_3(x)$ 来近似 $\ln x$。令 $x_0=1,x_1=2$,根据 $\alpha_i(x)$ 和 $\beta_i(x)$ 的构造公式式(5－41)和式(5－42)知

$$\alpha_0(x)=(2x-1)(2-x)^2,\alpha_1(x)=(5-2x)(x-1)^2$$

$$\beta_0(x)=(x-1)(2-x)^2,\beta_1(x)=(x-2)(x-1)^2$$

所以

$$H_3(x)=0.693147(5-2x)(x-1)^2+(x-1)(2-x)^2+0.5(x-2)(x-1)^2$$

由此得 $f(1.5)\approx H_3(1.5)=0.409074$。

5.6.2 构造均差表的方法

如果插值条件中不仅出现了一阶导数,还出现了高阶导数,那么利用构造均差表的方法十分有效,方法如下:

(1) 在利用插值条件构造均差表时,把具有一阶导数要求的节点看成是二重节点(即 2 个节点),把具有二阶导数要求的节点看成是三重节点(即 3 个节点),以此类推,在计算 $n+1$ 个相同节点的重节点均差时,要用到公式

$$f(\underbrace{x_i,x_i,\cdots,x_i}_{n+1})=\frac{1}{n!}f^{(n)}(x_i)$$

(2) 根据所构造的均差表,按牛顿插值多项式的写法就能得到厄米特插值多项式。

上述方法又称**推广的牛顿插值法**。

例 5.6.2 已知函数 $y=f(x)$ 的函数值、导数值见表 5－12 所列。

表 5－12

x_i	y_i	y'_i	y''_i
-1	0		
0	-4	0	6
1	-2	5	

利用所给条件构造 $f(x)$ 的厄米特插值多项式。

解 作均差表(表 5－13),并注意到

$$f(0,0)=f'(0)=0$$

$$f(0,0,0)=f''(0)/2!\ =6/2=3$$

$$f(1,1)=f'(1)=5$$

表 5－13

x_i	$f(x_i)$	一阶均差	二阶均差	三阶均差	四阶均差	五阶均差
-1	0					
		-4				
0	-4		4			
		0		-1		
0	-4		3		0	
		0		-1		1
0	-4		2		2	
		2		1		
1	-2		3			
		5				
1	-2					

所以可以写出 5 次厄米特插值多项式

$$H_5(x)=-4(x+1)+4(x+1)x-(x+1)x^2+(x+1)x^3(x-1)$$

5.7 分段低次插值

5.7.1 龙格现象

上面根据区间 $[a,b]$ 上给出的节点作插值多项式 $\varphi_n(x)$ 近似 $f(x)$,一般总认为 $\varphi_n(x)$ 的次数 n 越高逼近 $f(x)$ 的精度越好,但实际上并非如此。

例 5.7.1 给定函数

$$f(x)=\frac{1}{1+25x^2}\ ,\ -1\leqslant x\leqslant 1$$

取等距节点 $x_i=-1+ih, h=2/n$,构造 $f(x)$ 的 n 次拉格朗日插值多项式,并画出 $f(x)$ 和 $\varphi_n(x)$ $(n=4,10)$ 的图像。

解 $f(x)$ 的 n 次拉格朗日插值多项式为

$$\varphi_n(x)=\sum_{i=0}^{n}\frac{1}{1+25x_i^2}l_i(x)$$

当 $n=4$ 时,有

$$\varphi_4(x)=\frac{1250}{377}x^4-\frac{3225}{754}x^2+1$$

当 $n=10$ 时，有

$$\varphi_{10}(x)=-\frac{390625}{1768}x^{10}+\frac{109375}{221}x^{8}-\frac{51875}{136}x^{6}+\frac{54525}{442}x^{4}-\frac{3725}{221}x^{2}+1$$

它们的图像如图 5－3 所示。

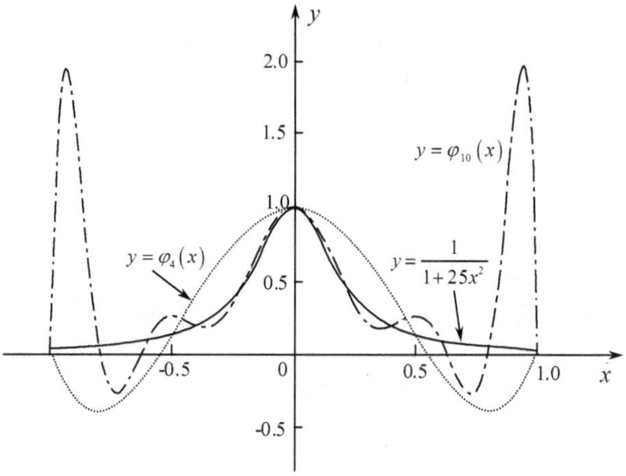

图 5－3　龙格现象示意图

由图 5－3 可以看出，虽然在局部范围内，例如在区间[－0.5,0.5]中，$\varphi_{10}(x)$ 比 $\varphi_4(x)$ 较好地逼近 $f(x)$，但从整体来看，$\varphi_{10}(x)$ 并非处处比 $\varphi_4(x)$ 更好地逼近 $f(x)$，尤其是在区间[－1,1]的端点附近。进一步的分析表明，当 n 增大时，该函数在等距节点下的高次插值多项式 $\varphi_n(x)$ 在[－1,1]两端会发生激烈的振荡，这种现象称为**龙格现象**。该现象表明，在大范围内使用高次插值，逼近的效果可能是不理想的。

另外，插值误差除来自截断误差外，还来自初始数据 $y_i=f(x_i)$ 的误差和计算过程中的舍入误差。插值次数越高，计算工作量越大，积累误差也可能越大。

因此，很少采用高次插值。在实际计算中，常常用分段低次插值进行计算，即把整个插值区间分成若干个小区间，在每个小区间上进行低次插值。

5.7.2　分段线性插值

最基本的分段低次插值是分段线性插值，就是通过相邻插值节点作线性插值（即用折线连接起来）去逼近 $f(x)$。

设已知节点 $a=x_0<x_1<\cdots<x_n=b$ 上的函数值 $y_0,y_1,\cdots,y_n$，记 $h_k=x_{k+1}-x_k$，$h=\max\limits_k h_k$，求一个折线函数 $I_h(x)$ 满足：

（1）$I_h(x)$ 在 $[a,b]$ 上连续；

（2）$I_h(x_k)=y_k(k=0,1,\cdots,n)$；

（3）$I_h(x)$ 在每个小区间 $[x_k,x_{k+1}]$ 上是线性函数。

则称 $I_h(x)$ 为**分段线性插值函数**。

由定义可知 $I_h(x)$ 在每个小区间 $[x_k,x_{k+1}]$ 上可表示为

$$I_h(x)=\frac{x-x_{k+1}}{x_k-x_{k+1}}y_k+\frac{x-x_k}{x_{k+1}-x_k}y_{k+1},x_k\leqslant x\leqslant x_{k+1}\tag{5-45}$$

若用插值基函数表示，则在整个区间$[a,b]$上$I_h(x)$为

$$I_h(x) = \sum_{j=0}^{n} l_j(x) y_j \tag{5-46}$$

其中，基函数$l_j(x)$满足条件$l_j(x_k)=\delta_{jk}(j,k=0,1,\cdots,n)$，其形式为

$$l_j(x) = \begin{cases} \dfrac{x - x_{j-1}}{x_j - x_{j-1}}, & x_{j-1} \leqslant x \leqslant x_j \\ \dfrac{x - x_{j+1}}{x_j - x_{j+1}}, & x_j \leqslant x \leqslant x_{j+1} \\ 0, & \text{其他} \end{cases} \tag{5-47}$$

其中，当$j=0$时，没有第1式，当$j=n$时，没有第2式。可以看出，分段线性插值基函数$l_j(x)$只在x_j附近不为零，在其他地方均为0，这种性质称为**局部非零性质**。当$x\in[x_k,x_{k+1}]$时，有

$$1 = \sum_{j=0}^{n} l_j(x) = l_k(x) + l_{k+1}(x)$$

故

$$f(x) = [l_k(x) + l_{k+1}(x)] f(x)$$

另外，有

$$I_h(x) = l_k(x) y_k + l_{k+1}(x) y_{k+1}$$

可以证明$\lim\limits_{h\to 0} I_h(x) = f(x)$。

分段线性插值的误差估计可利用插值余项式(5-16)，得

$$\begin{aligned} \max_{x_k \leqslant x \leqslant x_{k+1}} |f(x) - I_h(x)| &\leqslant \max_{x_k \leqslant x \leqslant x_{k+1}} \frac{M_2}{2} |(x - x_k)(x - x_{k+1})| \\ &\leqslant \frac{M_2}{8}(x_{k+1} - x_k)^2 = \frac{M_2}{8} h_k^2 \end{aligned}$$

或

$$\max_{a \leqslant x \leqslant b} |f(x) - I_h(x)| \leqslant \frac{M_2}{8} h^2 \tag{5-48}$$

其中，$M_2 = \max\limits_{a\leqslant x\leqslant b} |f''(x)|$。

式(5-48)也说明分段线性插值函数$I_h(x)$具有一致收敛性。于是可以加密插值节点，缩小插值区间，使h减小，从而减小插值误差。

5.7.3 分段三次厄米特插值

分段线性插值函数具有良好的一致收敛性，但它不是光滑的，它在节点处的左右导数不相等。为了克服这个缺陷，一个自然的想法是添加一阶导数的插值条件。

设已给节点$a=x_0<x_1<\cdots<x_n=b$上的函数值和导数值

$$y_k = f(x_k), f'(x_k) = m_k, k = 0, 1, \cdots, n$$

记$h_k = x_{k+1} - x_k$，$h = \max\limits_k h_k$。如果函数$I_h(x)$满足条件：

(1) $I_h(x)$在$[a,b]$上连续；

(2) $I_h(x_k)=y_k, I'_h(x_k)=m_k(k=0,1,\cdots,n)$;

(3) 在每个小区间$[x_k,x_{k+1}]$ $(k=0,1,\cdots,n-1)$上,$I_h(x)$是三次多项式。

则称$I_h(x)$为**分段三次厄米特插值函数**。

显然,在每个小区间$[x_k,x_{k+1}]$ $(k=0,1,\cdots,n-1)$上,$I_h(x)$的表示式为式(5-43)。可以直接用它进行数值计算。

若用插值基函数表示,则在整个区间$[a,b]$上,$I_h(x)$的表示式为

$$I_h(x) = \sum_{j=0}^{n}(y_j\alpha_j(x) + m_j\beta_j(x)) \tag{5-49}$$

插值基函数$\alpha_j(x)$和$\beta_j(x)$的形式分别为

$$\alpha_j(x)=\begin{cases}\left(1+2\dfrac{x-x_j}{x_{j-1}-x_j}\right)\left(\dfrac{x-x_{j-1}}{x_j-x_{j-1}}\right)^2, & x_{j-1}\leqslant x\leqslant x_j\\ \left(1+2\dfrac{x-x_j}{x_{j+1}-x_j}\right)\left(\dfrac{x-x_{j+1}}{x_j-x_{j+1}}\right)^2, & x_j\leqslant x\leqslant x_{j+1}\\ 0, & \text{其他}\end{cases} \tag{5-50}$$

$$\beta_j(x)=\begin{cases}(x-x_j)\left(\dfrac{x-x_{j-1}}{x_j-x_{j-1}}\right)^2, & x_{j-1}\leqslant x\leqslant x_j\\ (x-x_j)\left(\dfrac{x-x_{j+1}}{x_j-x_{j+1}}\right)^2, & x_j\leqslant x\leqslant x_{j+1}\\ 0, & \text{其他}\end{cases} \tag{5-51}$$

其中,当$j=0$时,上述两个分段函数没有第1式;当$j=n$时,上述两个分段函数没有第2式。显然,式(5-50)和式(5-51)同样具有局部非零性质。这种性质使得式(5-49)也可写为分段表示式(5-43)的形式。

例 5.7.2 已知函数$f(x)=\dfrac{1}{1+x^2}$在区间$[0,3]$上取等距节点处的函数值见表5-14所列,求区间$[0,3]$上的分段三次厄米特插值多项式,并利用它求$f(1.5)$的近似值。

表 5-14

x_i	0	1	2	3
y_i	1	0.5	0.2	0.1
m_i	0	-0.5	-0.16	-0.06

解 在每个小区间$[i,i+1]$上,由式(5-43),得

$$\begin{aligned}I(x)=&(1+2(x-i))(x-i-1)^2y_i+\\&(1+2(x-i-1))(x-i)^2y_{i+1}+(x-i)(x-i-1)^2m_i+\\&(x-i-1)(x-i)^2m_{i+1},\ i=0,1,2\end{aligned}$$

于是

$$f(1.5)\approx I(1.5)=0.3125$$

分段三次厄米特插值函数的余项可以通过式(5-44)来估计,在每个小区间$[x_k,x_{k+1}]$上有

$$\max_{x_k \leqslant x \leqslant x_{k+1}} |f(x) - I_h(x)| \leqslant \frac{M_4}{4!} \frac{1}{16}(x_{k+1} - x_k)^2 = \frac{M_4}{384} h_k^2$$

或

$$\max_{a \leqslant x \leqslant b} |f(x) - I_h(x)| \leqslant \frac{h^4}{384} M_4 \tag{5-52}$$

其中，$M_4 = \max\limits_{a \leqslant x \leqslant b} |f^{(4)}(x)|$。

式(5-52)除了可以用于误差估计之外，还说明分段三次厄米特插值多项式具有一致收敛性。

5.8 三次样条函数

5.8.1 三次样条函数的定义

通过平面上$(n+1)$个点(x_i, y_i) $(i = 0, 1, 2, \cdots, n)$作一条光滑曲线，这就是插值问题。当点很多时，使用高次插值多项式可以保证曲线光滑，但将出现计算复杂、误差积累大、计算稳定性差的缺点。若使用分段低次插值，例如在每个子区间上线性插值或每相邻两个子区间上抛物插值，可以避免上述缺点，但各段连接处只能保证连续，而不能保证光滑性的要求。本节介绍的样条插值函数既能保证曲线光滑而次数又不高。

"样条"是绘图员用来描绘光滑曲线的一种简单工具，为了把一些指定点按某种要求连成一条光滑曲线，往往用一条富有弹性的细木条(称为**样条**)把相近的几个点连接起来，再把另外的点也同样连接起来，使它们在连接处也是光滑的，这样就把所有的点连成一条光滑曲线，它在连接处具有连续的曲率。对绘图员描画样条曲线进行数学模拟，得到的函数称为样条函数，它在连接处具有连续的二阶导数。

定义 5.8.1 设在 xOy 坐标平面上给定包含$(n+1)$个点的点列：

$$(x_0, y_0), (x_1, y_1), \cdots, (x_n, y_n) \tag{5-53}$$

其中，$a = x_0 < x_1 < \cdots < x_n = b$，若函数 $S(x)$ 满足条件：

(1) $S(x)$在每一个子区间$[x_j, x_{j+1}]$ $(j = 0, 1, \cdots, n-1)$上是一个次数不超过 3 的多项式；

(2) 在区间$[a, b]$上，$S(x)$具有连续的二阶导数；

则称 $S(x)$ 为**三次样条函数**。若还满足

(3) $$S(x_j) = y_j, \ j = 0, 1, \cdots, n \tag{5-54}$$

则称 $S(x)$ 为**三次样条插值函数**。

由定义可知，要求出 $S(x)$，在每个子区间$[x_j, x_{j+1}]$上要确定 4 个待定系数，共有 n 个子区间，故应有 $4n$ 个参数待定。而根据 $S(x)$ 在$[a, b]$区间上二阶导数连续，在节点 $x_j (j = 1, \cdots, n-1)$ 处应满足连续性条件

$$S(x_j - 0) = S(x_j + 0), \ S'(x_j - 0) = S'(x_j + 0)$$
$$S''(x_j - 0) = S''(x_j + 0) \tag{5-55}$$

共有$(3n-3)$个条件，再加上 $S(x)$ 满足插值条件式(5-54)，共有$(4n-2)$个条件，因此还需要 2 个条件才能确定 $S(x)$。通常可在区间$[a, b]$的端点 $a = x_0, b = x_n$ 上各加一个条件(称为**边界条件**)，边界条件可根据实际问题的要求给定，常见的有以下 3 种：

（1）已知两端点的一阶导数值，即

$$\begin{cases} S'(x_0)=m_0 \\ S'(x_n)=m_n \end{cases} \tag{5-56}$$

（2）已知两端点的二阶导数值，即

$$\begin{cases} S''(x_0)=M_0 \\ S''(x_n)=M_n \end{cases} \tag{5-57}$$

特殊情况下的边界条件

$$S''(x_0)=S''(x_n)=0$$

称为**自然边界条件**。

（3）当$f(x)$是以(x_n-x_0)为周期的周期函数时，则要求$S(x)$也是周期函数，这时边界条件应满足

$$\begin{cases} S(x_0+0)=S(x_n-0) \\ S'(x_0+0)=S'(x_n-0) \\ S''(x_0+0)=S''(x_n-0) \end{cases} \tag{5-58}$$

而此时式(5-54)中$y_0=y_n$。这样确定的样条函数$S(x)$称为**周期样条函数**。

5.8.2 用节点处的二阶导数表示的三次样条插值函数

三次样条插值函数$S(x)$可以有多种表达方式，以下用节点$x_i(i=0,1,2,\cdots,n)$处的二阶导数值M_i构造$S(x)$。由于M_i在力学上解释为细梁在x_i截面处的弯矩，并且得到的弯矩与相邻两个弯矩有关，故称为**三弯矩方程**。

由于$S(x)$在区间$[x_i,x_{i+1}]$ $(i=0,1,\cdots,n-1)$上是三次多项式，故$S''(x)$在$[x_i,x_{i+1}]$上为x的线性函数，由拉格朗日插值公式有

$$S''(x)=M_i\frac{x_{i+1}-x}{h_i}+M_{i+1}\frac{x-x_i}{h_i}$$

其中，$h_i=x_{i+1}-x_i$。对$S''(x)$积分两次，并利用插值条件式(5-54)定出积分常数。可以得到

$$S(x)=M_i\frac{(x_{i+1}-x)^3}{6h_i}+M_i\frac{(x-x_i)^3}{6h_i}+\left(y_i-\frac{M_ih_i^2}{6}\right)\frac{x_{i+1}-x}{h_i}+\left(y_{i+1}-\frac{M_{i+1}h_i^2}{6}\right)\frac{x-x_i}{h_i},\ x\in[x_i,x_{i+1}] \tag{5-59}$$

这是三次样条插值函数的表达式，当求出$M_i(i=0,1,\cdots,n)$后，$S(x)$就由式(5-59)完全确定。

下面推导$M_i(i=0,1,\cdots,n)$所要满足的条件。对$S(x)$求导，得

$$S'(x)=-M_i\frac{(x_{i+1}-x)^2}{2h_i}+M_{i+1}\frac{(x-x_i)^2}{2h_i}+f(x_i,x_{i+1})-\frac{h_i}{6}(M_{i+1}-M_i)$$

由此，得

$$S'(x_i+0)=f(x_i,x_{i+1})-\frac{h_i}{6}(2M_i+M_{i+1})$$

$$S'(x_{i+1}-0)=f(x_i,x_{i+1})+\frac{h_i}{6}(M_i+2M_{i+1})$$

当 $x\in[x_{i-1},x_i]$时,$S(x)$的表达式由式(5－59)平移下标可得,因此,有

$$S'(x_i-0)=f(x_{i-1},x_i)+\frac{h_{i-1}}{6}(M_{i-1}+2M_i)$$

利用条件 $S'(x_i+0)=S'(x_i-0)$,得

$$\mu_i M_{i-1}+2M_i+\lambda_i M_{i+1}=d_i,\ i=1,2,\cdots,n-1 \tag{5-60}$$

其中

$$\mu_i=\frac{h_{i-1}}{h_{i-1}+h_i},\ \lambda_i=\frac{h_i}{h_{i-1}+h_i}=1-\mu_i \tag{5-61}$$

$$d_i=6f(x_{i-1},x_i,x_{i+1}) \tag{5-62}$$

式(5－60)是关于 M_i 的方程组,有($n+1$)个未知数,但只有($n-1$)个方程。可由式(5－56)～式(5－58)的任一边界条件补充两个方程。

对于边界条件式(5－56),由 $S'(x)$的表达式可以导出两个方程

$$\begin{cases}2M_0+M_1=\dfrac{6}{h_0}(f(x_0,x_1)-m_0)\\[2ex] M_{n-1}+2M_n=\dfrac{6}{h_{n-1}}(m_n-f(x_{n-1},x_n))\end{cases} \tag{5-63}$$

这样,由式(5－60)和式(5－63)可解出 $M_i(i=0,1,\cdots,n)$,从而得到 $S(x)$的表达式,即式(5－59),为使符号统一,可令

$$\lambda_0=\mu_n=1,d_0=\frac{6}{h_0}(f(x_0,x_1)-m_0)$$

$$d_n=\frac{6}{h_{n-1}}(m_n-f(x_{n-1},x_n))$$

则式(5－60)和式(5－63)式合并为

$$\begin{cases}2M_0+\lambda_0 M_1=d_0\\ \mu_1 M_0+2M_1+\lambda_1 M_2=d_1\\ \qquad \mu_2 M_1+2M_2+\lambda_2 M_3=d_2\\ \qquad \vdots\\ \qquad \mu_{n-1}M_{n-2}+2M_{n-1}+\lambda_{n-1}M_n=d_{n-1}\\ \qquad\qquad \mu_n M_{n-1}+2M_n=d_n\end{cases}$$

写成矩阵形式为

$$\begin{bmatrix}2 & \lambda_0 & & & \\ \mu_1 & 2 & \lambda_1 & & \\ & \ddots & \ddots & \ddots & \\ & & \mu_{n-1} & 2 & \lambda_{n-1}\\ & & & \mu_n & 2\end{bmatrix}\begin{bmatrix}M_0\\ M_1\\ \vdots\\ M_{n-1}\\ M_n\end{bmatrix}=\begin{bmatrix}d_0\\ d_1\\ \vdots\\ d_{n-1}\\ d_n\end{bmatrix} \tag{5-64}$$

对于边界条件式(5－57)，直接得 M_0 和 M_n，如果令 $\lambda_0=\mu_n=0$，$d_0=2M_0$，$d_n=2M_n$，则式(5－64)变为

$$\begin{bmatrix} 2 & \lambda_1 & & & \\ \mu_2 & 2 & \lambda_2 & & \\ & \ddots & \ddots & \ddots & \\ & & \mu_{n-2} & 2 & \lambda_{n-2} \\ & & & \mu_{n-1} & 2 \end{bmatrix} \begin{bmatrix} M_1 \\ M_2 \\ \vdots \\ M_{n-2} \\ M_{n-1} \end{bmatrix} = \begin{bmatrix} g_1 \\ g_2 \\ \vdots \\ g_{n-2} \\ g_{n-1} \end{bmatrix} \tag{5-65}$$

其中，$g_1=d_1-\mu_1M_0$，$g_{n-1}=d_{n-1}-\lambda_{n-1}M_n$，$g_i=d_i(i=2,3,\cdots,n-2)$，由式(5－65)可解出 $M_i(i=1,2,\cdots,n-1)$。

对于周期边界条件式(5－58)，有

$$\begin{cases} M_0=M_n \\ \lambda_nM_1+\mu_nM_{n-1}+2M_n=d_n \end{cases} \tag{5-66}$$

其中

$$\lambda_n=h_0(h_{n-1}+h_0)^{-1},\mu_n=1-\lambda_n=h_{n-1}(h_{n-1}+h_0)^{-1}$$

$$d_n=6(f(x_0,x_1)-f(x_{n-1},x_n))(h_{n-1}+h_0)^{-1}$$

由式(5－60)和式(5－66)可解出 $M_i(i=0,1,\cdots,n)$，方程组的具体形式为

$$\begin{bmatrix} 2 & \lambda_1 & & & \mu_1 \\ \mu_2 & 2 & \lambda_2 & & \\ & \ddots & \ddots & \ddots & \\ & & \mu_{n-1} & 2 & \lambda_{n-1} \\ \lambda_n & & & \mu_n & 2 \end{bmatrix} \begin{bmatrix} M_1 \\ M_2 \\ \vdots \\ M_{n-1} \\ M_n \end{bmatrix} = \begin{bmatrix} d_1 \\ d_2 \\ \vdots \\ d_{n-1} \\ d_n \end{bmatrix} \tag{5-67}$$

式(5－64)和式(5－65)称为**三对角线方程组**，由于其系数矩阵是严格对角占优阵，可证明其行列式不等于零，因此方程组有唯一确定的解，它的解法可采用后面将介绍的**追赶法**。

例 5.8.1 设在节点 $x_i=i(i=0,1,2,3)$ 上，函数 $f(x)$ 的值为 $f(x_0)=0$，$f(x_1)=0.5$，$f(x_2)=2$，$f(x_3)=1.5$。试求三次样条插值函数 $S(x)$，满足条件

(1) $S'(x_0)=0.2$，$S'(x_3)=-1$；

(2) $S''(x_0)=-0.3$，$S''(x_3)=3.3$。

解 (1)利用式(5－64)进行求解。显然有 $h_i=1(i=0,1,2)$，取 $\lambda_0=\mu_3=1$，而

$$\lambda_1=\lambda_2=\mu_1=\mu_2=0.5$$

经简单计算，有

$$d_0=1.8,d_1=3,d_2=-6,d_3=-3$$

由此得式(5－64)形式的方程组

$$\begin{bmatrix} 2 & 1 & & \\ 0.5 & 2 & 0.5 & \\ & 0.5 & 2 & 0.5 \\ & & 1 & 2 \end{bmatrix} \begin{bmatrix} M_0 \\ M_1 \\ M_2 \\ M_3 \end{bmatrix} = \begin{bmatrix} 1.8 \\ 3 \\ -6 \\ -3 \end{bmatrix}$$

先消去 M_0 和 M_3，得

$$\begin{bmatrix}3.5 & 1\\ 1 & 3.5\end{bmatrix}\begin{bmatrix}M_1\\ M_2\end{bmatrix}=\begin{bmatrix}5.1\\ -10.5\end{bmatrix}$$

由此解得 $M_1=2.52, M_2=-3.72$，代回方程组得 $M_0=-0.36, M_3=0.36$。

用 M_0, M_1, M_2, M_3 的值代入式(5-59)中，经化简，有

$$S(x)=\begin{cases}0.48x^3-0.18x^2+0.2x, & x\in[0,1]\\ -1.04(x-1)^3+1.26(x-1)^2+1.28(x-1)+0.5, & x\in[1,2]\\ 0.68(x-2)^3-1.86(x-2)^2+0.68(x-2)+2, & x\in[2,3]\end{cases}$$

(2) 仍用方程组进行求解，不过要注意 λ_0、μ_3、d_0、d_3 的不同。由于 M_0 和 M_3 已知，故可以化简，得

$$\begin{bmatrix}4 & 1\\ 1 & 4\end{bmatrix}\begin{bmatrix}M_1\\ M_2\end{bmatrix}=\begin{bmatrix}6.3\\ -15.3\end{bmatrix}$$

由此解得 $M_1=2.7, M_2=-4.5$。将 M_0, M_1, M_2, M_3 的值代入式(5-59)中，化简，有

$$S(x)=\begin{cases}0.5x^3-0.15x^2+0.15x, & x\in[0,1]\\ -1.2(x-1)^3+1.35(x-1)^2+1.35(x-1)+0.5, & x\in[1,2]\\ 1.3(x-2)^3-2.25(x-2)^2+0.45(x-2)+2, & x\in[2,3]\end{cases}$$

算法 5.2 三次样条插值——三弯矩法

输入：n；$x_1,\cdots,x_{n+1}$；$f_1=f(x_1),\cdots,f_{n+1}=f(x_{n+1})$ 及边界条件式(5-56)。

输出：$M_i(i=0,1,\cdots,n)$。

(1) 对 $i=1,2,\cdots,n$，有

$$h_{i-1}=x_i-x_{i-1}, f(x_{i-1},x_i)=\frac{f_i-f_{i-1}}{h_{i-1}}$$

(2) 对 $i=1,2,\cdots,n-1$，依式(5-61)和式(5-62)计算 μ_i、λ_i、d_i。

(3) 计算补充式(5-63)中的系数，形成待解的线性方程组。

(4) 用追赶法解方程组，求出 $M_0, M_1, \cdots, M_n$，并由式(5-59)求得 $S(x)$ 在区间 $[x_i, x_{i+1}]$ $(i=0,1,\cdots,n-1)$ 上的三次多项式。

5.8.3 用节点处的一阶导数表示的三次样条插值函数

下面构造用一阶导数值 $S'(x_i)=m_i(i=0,1,\cdots,n)$ 表示的三次样条插值函数。m_i 在力学上解释为细梁在 x_i 截面处的转角，并且得到的转角与相邻两个转角有关，故用 m_i 表示 $S(x)$ 的算法称为**三转角算法**。

根据厄米特插值函数的唯一性和式(5-41)～式(5-43)，可设 $S(x)$ 在区间 $[x_i, x_{i+1}]$ $(i=0,1,\cdots,n-1)$ 上的表达式为

$$S(x)=\frac{(h_i+2(x-x_i))(x-x_{i+1})^2}{h_i^3}y_i+\frac{(h_i+2(x_{i+1}-x))(x-x_i)^2}{h_i^3}y_{i+1}$$
$$+\frac{(x-x_i)(x-x_{i+1})^2}{h_i^2}m_i+\frac{(x-x_{i+1})(x-x_i)^2}{h_i^2}m_{i+1} \tag{5-68}$$

对 $S(x)$ 求两次导数得

$$S''(x)=\frac{6x-2x_i-4x_{i+1}}{h_i^2}m_i+\frac{6x-4x_i-2x_{i+1}}{h_i^2}m_{i+1}+\frac{6(x_i+x_{i+1}-2x)}{h_i^3}(y_{i+1}-y_i)$$

于是有

$$S''(x_i+0)=-\frac{4}{h_i}m_i-\frac{2}{h_i}m_{i+1}+\frac{6}{h_i^2}(y_{i+1}-y_i)$$

同理,考虑 $S(x)$ 在 $[x_{i-1},x_i]$ 上的表达式,得

$$S''(x_i-0)=\frac{2}{h_{i-1}}m_{i-1}+\frac{4}{h_{i-1}}m_i-\frac{6}{h_{i-1}^2}(y_i-y_{i-1})$$

利用条件 $S''(x_i+0)=S''(x_i-0)$,得

$$\lambda_i m_{i-1}+2m_i+\mu_i m_{i+1}=e_i,\ i=1,2,\cdots,n-1 \tag{5-69}$$

其中,λ_i,μ_i 仍为式(5-61)所示,而

$$e_i=3(\lambda_i f(x_{i-1},x_i)+\mu_i f(x_i,x_{i+1}))。 \tag{5-70}$$

式(5-69)是关于 m_i 的方程组,有 $(n+1)$ 个未知数,$(n-1)$ 个方程,可由式(5-56)~式(5-58)式给出的任一边界条件补充两个方程。

对于边界条件式(5-56),即 m_0 和 m_n 已知,由式(5-69)可知,$m_1,m_2,\cdots,m_{n-1}$ 满足方程组

$$\begin{bmatrix} 2 & \mu_1 & & & \\ \lambda_2 & 2 & \mu_2 & & \\ & \ddots & \ddots & \ddots & \\ & & \lambda_{n-2} & 2 & \mu_{n-2} \\ & & & \lambda_{n-1} & 2 \end{bmatrix}\begin{bmatrix} m_1 \\ m_2 \\ \vdots \\ m_{n-2} \\ m_{n-1} \end{bmatrix}=\begin{bmatrix} e_1-\lambda_1 m_0 \\ e_2 \\ \vdots \\ e_{n-2} \\ e_{n-1}-\mu_{n-1}m_n \end{bmatrix} \tag{5-71}$$

由此可解得 $m_1,m_2,\cdots,m_{n-1}$,从而得 $S(x)$ 的表达式,即式(5-68)。

对于边界条件式(5-57),则可导出两个方程

$$\begin{cases} 2m_0+m_1=3f(x_0,x_1)-\dfrac{h_0}{2}M_0 \\ m_{n-1}+2m_n=3f(x_{n-1},x_n)+\dfrac{h_{n-1}}{2}M_n \end{cases} \tag{5-72}$$

由式(5-69)和式(5-72)可解出 $m_i(i=0,1,\cdots,n)$。若令 $e_0=3f(x_0,x_1)-\dfrac{h_0}{2}M_0$,$e_n=3f(x_{n-1},x_n)+\dfrac{h_{n-1}}{2}M_n$,则式(5-69)和式(5-72)可合并成矩阵形式

$$\begin{bmatrix} 2 & 1 & & & \\ \lambda_1 & 2 & \mu_1 & & \\ & \ddots & \ddots & \ddots & \\ & & \lambda_{n-1} & 2 & \mu_{n-1} \\ & & & 1 & 2 \end{bmatrix}\begin{bmatrix} m_0 \\ m_1 \\ \vdots \\ m_{n-1} \\ m_n \end{bmatrix}=\begin{bmatrix} e_0 \\ e_1 \\ \vdots \\ e_{n-1} \\ e_n \end{bmatrix} \tag{5-73}$$

对于边界条件式(5-58),得

$$\begin{cases} m_0=m_n \\ \mu_0 m_1+\lambda_n m_{n-1}+2m_n=e_n \end{cases} \tag{5-74}$$

其中

$$\mu_n = h_{n-1}(h_0+h_{n-1})^{-1}, \lambda_n = h_0(h_0+h_{n-1})^{-1}$$
$$e_n = 3(\mu_n f(x_0,x_1)+\lambda_n f(x_{n-1},x_n))$$

由式(5-69)和式(5-74)可解得 $m_i(i=0,1,\cdots,n)$。方程组的矩阵形式为

$$\begin{bmatrix} 2 & \mu_1 & & & \lambda_1 \\ \lambda_2 & 2 & \mu_2 & & \\ & \ddots & \ddots & \ddots & \\ & & \lambda_{n-1} & 2 & \mu_{n-1} \\ \mu_n & & & \lambda_n & 2 \end{bmatrix} \begin{bmatrix} m_1 \\ m_2 \\ \vdots \\ m_{n-1} \\ m_n \end{bmatrix} = \begin{bmatrix} e_1 \\ e_2 \\ \vdots \\ e_{n-1} \\ e_n \end{bmatrix} \tag{5-75}$$

例 5.8.2 给定数据见表 5-15 所列,求满足边界条件 $S'(0)=1, S'(3)=0$ 的三次样条插值函数 $S(x)$。

表 5-15

x_i	0	1	2	3
y_i	0	0	0	0

解 取 x_i 处的一阶导数 $m_i(i=1,2)$ 作为参数,由

$$\lambda_i = \frac{h_i}{h_{i-1}+h_i} = \frac{1}{2}, \mu_i = 1-\lambda_i = \frac{1}{2}$$
$$e_i = 3(\lambda_i f(x_{i-1},x_i)+\mu_i f(x_i,x_{i+1})) = 0$$

以及式(5-69),得

$$\begin{cases} \frac{1}{2}m_0 + 2m_1 + \frac{1}{2}m_2 = 0 \\ \frac{1}{2}m_1 + 2m_2 + \frac{1}{2}m_3 = 0 \end{cases}$$

将 $m_0=1, m_3=0$ 代入上式,得

$$\begin{cases} 4m_1 + m_2 = -1 \\ m_1 + 4m_2 = 0 \end{cases}$$

解得 $m_1 = -\frac{4}{15}, m_2 = \frac{1}{15}$。

利用式(5-68),得

$$S(x) = \begin{cases} \frac{1}{15}x(x-1)(15-11x), & x\in[0,1] \\ \frac{1}{15}(x-1)(x-2)(7-3x), & x\in[1,2] \\ \frac{1}{15}(x-3)^2(x-2), & x\in[2,3] \end{cases}$$

5.8.4 三次样条插值函数的误差估计

在实际应用中,如果不需要规定内节点处的一阶导数值,那么使用三次样条插值函数会得到很好的效果。三次样条插值函数 $S(x)$ 不仅在内节点处二阶导数是连续的,而且 $S(x)$ 逼近 $f(x)$ 具有良好的收敛性,同时也是数值稳定的。由于误差估计与收敛性定理的证明较复杂,下面只给出误差估计的结论。

定理 5.8.1 设在区间 $[a,b]$ 上，$S(x)$ 具有连续的四阶导数，记 $M_4=\max\limits_{a\leqslant x\leqslant b}|f^{(4)}(x)|$，$h_k=x_{k+1}-x_k$，$h=\max\limits_k h_k$，则对任意 $x\in[a,b]$，满足边界条件式(5-56)或式(5-57)的三次样条插值函数 $S(x)$ 有估计式

$$|f^{(k)}(x)-S^{(k)}(x)|\leqslant C_k h^{4-k}M_4,\ k=0,1,2 \tag{5-76}$$

式中：$C_0=\dfrac{5}{384}$，$C_1=\dfrac{1}{24}$，$C_2=\dfrac{1}{8}$。

5.8.5 追赶法

若三对角线性方程组

$$\begin{bmatrix} b_0 & c_0 & & & & \\ a_1 & b_1 & c_1 & & & \\ & a_2 & b_2 & c_2 & & \\ & & \ddots & \ddots & \ddots & \\ & & & a_{n-1} & b_{n-1} & c_{n-1} \\ & & & & a_n & b_n \end{bmatrix}\begin{bmatrix} x_0 \\ x_1 \\ x_2 \\ \vdots \\ x_{n-1} \\ x_n \end{bmatrix}=\begin{bmatrix} d_0 \\ d_1 \\ d_2 \\ \vdots \\ d_{n-1} \\ d_n \end{bmatrix}$$

的系数矩阵的所有顺序主子式全不为 0，则可用追赶法对其进行求解，求解过程如下：

由第一个方程 $b_0x_0+c_0x_1=d_0$，得

$$x_0=\frac{d_0}{b_0}-\frac{c_0}{b_0}x_1$$

令

$$p_0=\frac{d_0}{b_0},q_0=\frac{c_0}{b_0}$$

于是得

$$x_0=p_0-q_0x_1$$

将 $x_0=p_0-q_0x_1$ 代入第二个方程 $a_1x_0+b_1x_1+c_1x_2=d_1$，可得

$$x_1=\frac{d_1-a_1p_0}{b_1-a_1q_0}-\frac{c_1}{b_1-a_1q_0}x_2$$

令

$$p_1=\frac{d_1-a_1p_0}{b_1-a_1q_0},q_1=\frac{c_1}{b_1-a_1q_0}$$

于是得

$$x_1=p_1-q_1x_2,\cdots$$

一般地，令

$$p_k=\frac{d_k-a_kp_{k-1}}{b_k-a_kq_{k-1}},q_k=\frac{c_k}{b_k-a_kq_{k-1}}$$

可将第 $k+1$ 个方程 $a_kx_{k-1}+b_kx_k+c_kx_{k+1}=d_k$ 化为

$$x_k=p_k-q_kx_{k+1},k=1,2,\cdots,n-1$$

最后，将 $x_{n-1}=p_{n-1}-q_{n-1}x_n$ 代入第 $n+1$ 个方程 $a_nx_{n-1}+b_nx_n=d_n$，可解得

$$x_n=\frac{d_n-a_np_{n-1}}{b_n-a_nq_{n-1}}$$

以上过程称为“追”,然后按公式

$$x_k=p_k-q_kx_{k+1},k=n-1,\cdots,2,1,0$$

依顺序 $x_n\to x_{n-1}\to\cdots\to x_1\to x_0$ 进行回代,求得方程组的解,后面这一过程称为“赶”。

此外,正如线性方程组式(5-67)一样,有许多科学技术问题要求求解以下拟三对角线性方程组

$$\begin{bmatrix} b_0 & c_0 & & & & a_0 \\ a_1 & b_1 & c_1 & & & \\ & a_2 & b_2 & c_2 & & \\ & & \ddots & \ddots & \ddots & \\ & & & a_{n-1} & b_{n-1} & c_{n-1} \\ c_n & & & & a_n & b_n \end{bmatrix}\begin{bmatrix} x_0 \\ x_1 \\ x_2 \\ \vdots \\ x_{n-1} \\ x_n \end{bmatrix}=\begin{bmatrix} d_0 \\ d_1 \\ d_2 \\ \vdots \\ d_{n-1} \\ d_n \end{bmatrix}$$

可以证明,当拟三对角线性方程组的系数矩阵的所有顺序主子式全不为0时,可以用类似于追赶法的方法对其进行求解。具体过程如下:

由第一个方程 $b_0x_0+c_0x_1+a_0x_n=d_0$,得

$$x_0=\frac{d_0}{b_0}-\frac{c_0}{b_0}x_1-\frac{a_0}{b_0}x_n$$

令

$$p_0=\frac{d_0}{b_0},q_0=\frac{c_0}{b_0},r_0=\frac{a_0}{b_0}$$

于是得

$$x_0=p_0-q_0x_1-r_0x_n$$

将 $x_0=p_0-q_0x_1-r_0x_n$ 代入第二个方程 $a_1x_0+b_1x_1+c_1x_2=d_1$,可得

$$x_1=\frac{d_1-a_1p_0}{b_1-a_1q_0}-\frac{c_1}{b_1-a_1q_0}x_2+\frac{a_1r_0}{b_1-a_1q_0}x_n$$

令

$$p_1=\frac{d_1-a_1p_0}{b_1-a_1q_0},q_1=\frac{c_1}{b_1-a_1q_0},r_1=-\frac{a_1r_0}{b_1-a_1q_0}$$

于是得

$$x_1=p_1-q_1x_2-r_1x_n,$$

将 $x_0=p_0-q_0x_1-r_0x_n$ 代入第 $n+1$ 个方程 $c_nx_0+a_nx_{n-1}+b_nx_n=d_n$,可得

$$-c_nq_0x_1+a_nx_{n-1}+(b_n-c_nr_0)x_n=d_n-c_np_0$$

令

$$h_0=c_n,h_1=-h_0q_0,s_1=b_n-h_0r_0,t_1=d_n-h_0p_0$$

得

$$h_1x_1+a_nx_{n-1}+s_1x_n=t_1,\cdots$$

一般地,令

$$p_k=\frac{d_k-a_kp_{k-1}}{b_k-a_kq_{k-1}},q_k=\frac{c_k}{b_k-a_kq_{k-1}},r_k=-\frac{a_kr_{k-1}}{b_k-a_kq_{k-1}}$$

$$h_k=-h_{k-1}q_{k-1},s_k=s_{k-1}-h_{k-1}r_{k-1},t_k=t_{k-1}-h_{k-1}p_{k-1}$$

可将第 $k+1$ 个方程 $a_kx_{k-1}+b_kx_k+c_kx_{k+1}=d_k$ 化为

$$x_k=p_k-q_kx_{k+1}-r_kx_n,k=1,2,\cdots,n-2$$

将方程

$$h_{k-1}x_{k-1}+a_nx_{n-1}+s_{k-1}x_n=t_{k-1}$$

化为

$$h_kx_k+a_nx_{n-1}+s_kx_n=t_k,k=2,3,\cdots,n-2$$

再将 $x_{n-2}=p_{n-2}-q_{n-2}x_{n-1}-r_{n-2}x_n$ 代入第 n 个方程 $a_{n-1}x_{n-2}+b_{n-1}x_{n-1}+c_{n-1}x_n=d_{n-1}$，可得

$$x_{n-1}=\frac{d_{n-1}-a_{n-1}p_{n-2}}{b_{n-1}-a_{n-1}q_{n-2}}-\frac{c_{n-1}-a_{n-1}r_{n-2}}{b_{n-1}-a_{n-1}q_{n-2}}x_n$$

令

$$p_{n-1}=\frac{d_{n-1}-a_{n-1}p_{n-2}}{b_{n-1}-a_{n-1}q_{n-2}},r_{n-1}=\frac{c_{n-1}-a_{n-1}r_{n-2}}{b_{n-1}-a_{n-1}q_{n-2}}$$

可得

$$x_{n-1}=p_{n-1}-r_{n-1}x_n$$

将 $x_{n-2}=p_{n-2}-q_{n-2}x_{n-1}-r_{n-2}x_n$ 代入方程 $h_{n-2}x_{n-2}+a_nx_{n-1}+s_{n-2}x_n=t_{n-2}$，得

$$(a_n-h_{n-2}q_{n-2})x_{n-1}+(s_{n-2}-h_{n-2}r_{n-2})x_n=t_{n-2}-h_{n-2}p_{n-2}$$

令

$$h_{n-1}=a_n-h_{n-2}q_{n-2},s_{n-1}=s_{n-2}-h_{n-2}r_{n-2},t_{n-1}=t_{n-2}-h_{n-2}p_{n-2}$$

得

$$h_{n-1}x_{n-1}+s_{n-1}x_n=t_{n-1}$$

最后，将 $x_{n-1}=p_{n-1}-r_{n-1}x_n$ 代入方程 $h_{n-1}x_{n-1}+s_{n-1}x_n=t_{n-1}$，得

$$x_n=\frac{t_{n-1}-h_{n-1}p_{n-1}}{s_{n-1}-h_{n-1}r_{n-1}}$$

同样，以上过程可称为“追”。然后按公式

$$x_{n-1}=p_{n-1}-r_{n-1}x_n$$

$$x_k=p_k-q_kx_{k+1}-r_kx_n,k=n-2,\cdots,2,1,0$$

依顺序 $x_n\to x_{n-1}\to\cdots\to x_1\to x_0$ 进行回代，求得方程组的解，后面这一过程称为“赶”。

以上介绍的求解三对角（或拟三对角）线性方程组的方法称为**追赶法**，与其他解法相比，它具有大量减少计算机工作量和节省存储单元的优点。

5.9 曲线拟合的最小二乘法

5.9.1 问题的提出

在生产实践和科学研究中，时常需要从一组测定的数据去求函数 $y=f(x)$ 的近似表达式。从图形上看，这个问题就是根据曲线 $y=f(x)$ 上已给的 $(n+1)$ 个点 $p(x_i,y_i)$，$i=0,1,\cdots,n$，求作该曲线的近似图形。插值问题就属于这种问题。

不过插值问题要求近似曲线 $y=p(x)$ 严格地通过所给的 $(n+1)$ 个点 (x_i,y_i)，$i=0,1,\cdots,$

n,这一要求将会使近似曲线 $y=p(x)$ 保留数据的全部测试误差(通过实验所得到的数据总是带有测试误差),如果个别数据的精度很差(误差很大),那么插值的效果显然是不理想的。另外,一般来说,这样的插值多项式必须是 n 次的,n 较大时,插值多项式次数也比较高,这对于函数性质分析和实际计算都是不方便的。

为了降低多项式次数,又在给定数据的基础上反映数据的一般趋势,放弃必须通过所有 $(n+1)$ 个点的要求,但希望这条多项式曲线尽量接近每一点,也就是寻求一个次数低于 n 的 m 次多项式,使它在 x_i 点上取值尽量接近 y_i,这就是**代数曲线拟合问题**。

5.9.2 最小二乘法表述

设所求的多项式为

$$p(x) = a_0 + a_1x + a_2x^2 + \cdots + a_mx^m = \sum_{j=0}^{m} a_jx^j, \quad m < n \tag{5-77}$$

令

$$\begin{cases} a_0 + a_1x_0 + a_2x_0^2 + \cdots + a_mx_0^m - y_0 = R_0 \\ a_0 + a_1x_1 + a_2x_1^2 + \cdots + a_mx_1^m - y_1 = R_1 \\ \vdots \\ a_0 + a_1x_n + a_2x_n^2 + \cdots + a_mx_n^2 - y_n = R_n \end{cases}$$

即

$$\sum_{j=0}^{m} a_jx_i^j - y_i = R_i, \quad i = 0,1,\cdots,n$$

由于曲线 $p(x)$ 不一定通过所有点 $p(x_i,y_i)$,所以 R_i 不会全为零。

最小二乘法就是选择 a_j,使

$$\sigma = \sum_{i=0}^{n} R_i^2 = \sum_{i=0}^{n}\left(\sum_{j=0}^{m} a_jx_i^j - y_i\right)^2 = \varphi(a_0,a_1,\cdots,a_m)$$

达到最小值。

σ 是衡量 $p(x)$ 逼近 $f(x)$ 的准确程度的一种尺度,使 σ 达到最小的式(5-77)称为 $f(x)$ 在点 $x_0,x_1,\cdots,x_n$ 上的 m 次**最小平方逼近多项式**。

5.9.3 最小平方逼近多项式的存在唯一性

由微分学知,若使 $\varphi(a_0,a_1,\cdots,a_m)$ 达到最小值,则 $a_0,a_1,\cdots,a_m$ 必满足

$$\frac{\partial\varphi}{\partial a_k} = \frac{\partial\left[\sum_{i=0}^{n}\left(\sum_{j=0}^{m} a_jx_i^j - y_i\right)^2\right]}{\partial a_k} = 2\sum_{i=0}^{n}\left(\sum_{j=0}^{m} a_jx_i^j - y_i\right)x_i^k = 0, k = 0,1,2,\cdots,m$$

即

$$\sum_{i=0}^{n}\sum_{j=0}^{m} a_jx_i^{j+k} = \sum_{i=0}^{n} y_ix_i^k, k = 0,1,2,\cdots,m$$

或者

$$\sum_{j=0}^{m} a_j\sum_{i=0}^{n} x_i^{k+j} = \sum_{i=0}^{n} y_ix_i^k, k = 0,1,2,\cdots,m$$

也可以写为

$$
\begin{cases}
a_0(n+1)+a_1\sum_{i=0}^{n}x_i+a_2\sum_{i=0}^{n}x_i^2+\cdots+a_m\sum_{i=0}^{n}x_i^m=\sum_{i=0}^{n}y_i\\
a_0\sum_{i=0}^{n}x_i+a_1\sum_{i=0}^{n}x_i^2+a_2\sum_{i=0}^{n}x_i^3+\cdots+a_m\sum_{i=0}^{n}x_i^{m+1}=\sum_{i=0}^{n}x_iy_i\\
\vdots\\
a_0\sum_{i=0}^{n}x_i^m+a_1\sum_{i=0}^{n}x_i^{m+1}+a_2\sum_{i=0}^{n}x_i^{m+2}+\cdots+a_m\sum_{i=0}^{n}x_i^{m+m}=\sum_{i=0}^{n}x_i^my_i
\end{cases}
\tag{5-78}
$$

式(5－78)称为**正规方程组**。

定理 5.9.1　式(5－78)的解是存在唯一的。

证明　只需证式(5－78)的系数行列式 Δ 不等于零即可。用反证法证明。假设系数行列式

$$\Delta=\left|\sum_{i=0}^{n}x_i^{k+j}\right|=0,k=0,1,\cdots,m$$

则式(5－78)所对应的齐次线性方程组

$$\sum_{j=0}^{m}a_j\sum_{i=0}^{n}x_i^{k+j}=0\ ,k=0,1,\cdots,m$$

应有非零解。

将第$(k+1)$个方程乘以 a_k,然后将新得到的$(m+1)$个方程左右两端分别相加,得

$$\sum_{k=0}^{m}a_k\sum_{j=0}^{m}a_j\sum_{i=0}^{n}x_i^{k+j}=0$$

因为

$$
\begin{aligned}
\sum_{k=0}^{m}a_k\sum_{j=0}^{m}a_j\sum_{i=0}^{n}x_i^{k+j}&=\sum_{i=0}^{n}\sum_{j=0}^{m}\sum_{k=0}^{m}a_ka_jx_i^{k+j}\\
&=\sum_{i=0}^{n}\left(\sum_{k=0}^{m}a_kx_i^k\right)\left(\sum_{j=0}^{m}a_jx_i^j\right)=\sum_{i=0}^{n}\left(\sum_{j=0}^{m}a_jx_i^j\right)^2=\sum_{i=0}^{n}p^2(x_i)
\end{aligned}
$$

其中,$p(x)=\sum_{j=0}^{m}a_jx^j$,所以,有

$$\sum_{i=0}^{n}p^2(x_i)=0$$

所以 $p^2(x_i)=0\ (i=0,1,\cdots,n)$,即 $p(x_i)=0\ (i=0,1,\cdots,n)$。

$p(x)$是 m 次多项式,此时,它有$(n+1)$个相异零点 $x_0,x_1,\cdots,x_n$,且 $n>m$,由代数基本定理知,必有 $a_0=a_1=\cdots=a_m=0$,与齐次方程组有非零解矛盾,因此 $\Delta\neq0$。

证毕。

定理 5.9.2　式(5－78)的解 a_j 使 $\varphi(a_0,a_1,\cdots,a_m)$达到最小值。

证明　设 $q(x)=\sum_{j=0}^{m}b_jx^j$ 为任一 m 次多项式。记

$$d=\varphi(b_0,b_1,\cdots,b_m)-\varphi(a_0,a_1,\cdots,a_m)$$

则

$$
\begin{aligned}
d &= \sum_{i=0}^{n}[q(x_i)-y_i]^2-\sum_{i=0}^{n}[p(x_i)-y_i]^2 \\
&= \sum_{i=0}^{n}\{[q^2(x_i)-2y_iq(x_i)+y_i^2]-[p^2(x_i)-2y_ip(x_i)+y_i^2]\} \\
&= \sum_{i=0}^{n}[q^2(x_i)-2q(x_i)p(x_i)+p^2(x_i)]+ \\
&\quad 2\sum_{i=0}^{n}\{[q(x_i)p(x_i)-p^2(x_i)]+[y_ip(x_i)-y_iq(x_i)]\} \\
&= \sum_{i=0}^{n}[q(x_i)-p(x_i)]^2+2\sum_{i=0}^{n}\{[q(x_i)-p(x_i)][p(x_i)-y_i]\}
\end{aligned}
$$

因为

$$
\begin{aligned}
\sum_{i=0}^{n}\{[q(x_i)-p(x_i)][p(x_i)-y_i]\} &= \sum_{i=0}^{n}\{[\sum_{k=0}^{m}(b_k-a_k)x_i^k](\sum_{j=0}^{m}a_jx_i^j-y_i)\} \\
&= \sum_{k=0}^{m}(b_k-a_k)[\sum_{i=0}^{n}(y_i-\sum_{j=0}^{m}a_jx_i^j)x_i^k]
\end{aligned}
$$

利用式(5－78)可知,上式方括弧内的值为零,因而有

$$
d=\sum_{i=0}^{n}[q(x_i)-p(x_i)]^2\geqslant 0
$$

即式(5－78)的解 a_j 使 $\varphi(a_0,a_1,\cdots,a_m)$ 达到最小值。

证毕。

由定理5.9.1和定理5.9.2可知,m 次最小二乘逼近多项式是存在且唯一的,它的系数可由式(5－78)确定。实际计算表明,当 m 较大时,式(5－78)往往是病态的,其解法有待进一步研究。

例5.9.1 设有一组数据见表5－16中第2列和第3列所列,求一个低次代数多项式曲线较好地拟合这组数据。

表5－16

i	x_i	y_i	x_iy_i	x_i^2	$x_i^2y_i$	x_i^3	x_i^4
0	1	2	2	1	2	1	1
1	3	7	21	9	63	27	81
2	4	8	32	16	128	64	256
3	5	10	50	25	250	125	625
4	6	11	66	36	396	216	1296
5	7	11	77	49	539	343	2401
6	8	10	80	64	640	512	4096
7	9	9	81	81	729	729	6561
8	10	8	80	100	800	1000	10000
$\sum_{i=0}^{8}$	53	76	489	381	3547	3017	25317

解 在没有指定具体拟合次数时,通常可按下列顺序求解:

(1) 作草图(图 5-4)。从草图中看出,表格函数的图像近似地为一条抛物线。

(2) 选型。设拟合曲线函数为二次多项式

$$p(x)=a_0+a_1x+a_2x^2$$

(3)建立含未知数 a_0,a_1,a_2的正规方程组,为此,应先计算下列各量:

$$\sum_{i=0}^{8}x_i,\ \sum_{i=0}^{8}y_i,\ \sum_{i=0}^{8}x_iy_i,\ \sum_{i=0}^{8}x_i^2,\ \sum_{i=0}^{8}x_i^2y_i,\ \sum_{i=0}^{8}x_i^3,\ \sum_{i=0}^{8}x_i^4$$

计算结果可见表 5-16 所列。

然后写出正规方程组

$$\begin{cases}9a_0+53a_1+381a_2=76\\53a_0+381a_1+3017a_2=489\\381a_0+3017a_1+25317a_2=3547\end{cases}$$

(4) 求解正规方程组,得拟合多项式

$$a_0=-1.4597,a_1=3.6053,a_2=-0.2676,$$

$$p(x)=-1.4597+3.6053x-0.2676x^2$$

原数据表示的点和拟合多项式曲线如图 5-4 所示。

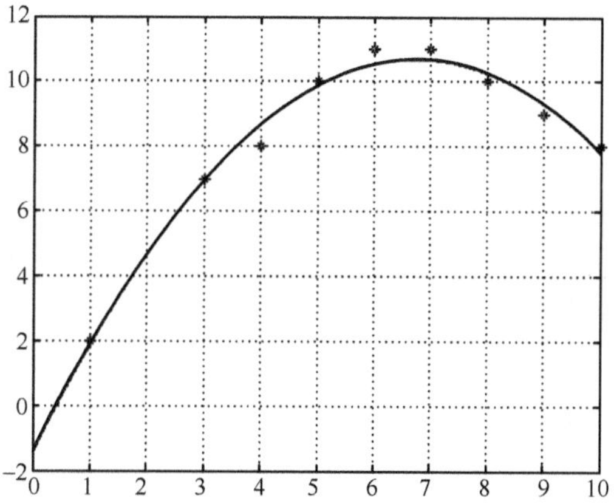

图 5-4

例 5.9.2 求一个经验函数形如 $y=ae^{bx}$(a、b 为常数)的公式,使它能和表 5-17 中给出的数据拟合。

表 5-17

x_i	1	2	3	4	5	6	7	8
y_i	15.3	20.5	27.4	36.6	49.1	65.6	87.8	117.6

解 对经验函数取对数

$$\ln y=\ln a+bx$$

令 $u=\ln y,A=\ln a$,则

$$u = A + bx$$

即 u 是 x 的一次函数，为了得到正规方程组，先计算有关数据，见表 5－18 所列。

表 5－18

i	x_i	y_i	$u_i = \ln y_i$	$x_i u_i$	x_i^2
0	1	15.3	2.7279	2.7279	1
1	2	20.5	3.0204	6.0408	4
2	3	27.4	3.3105	9.9315	9
3	4	36.6	3.6000	14.4000	16
4	5	49.1	3.8939	19.4695	25
5	6	65.6	4.1836	25.1016	36
6	7	87.8	4.4751	31.3257	49
7	8	117.6	4.7673	38.1384	64
$\sum$	36		29.9787	147.1354	204

写出正规方程组

$$\begin{cases} 8A + 36b = 29.9787 \\ 36A + 204b = 147.1354 \end{cases}$$

解得

$$b = 0.2912, A = 2.4369, a = e^A = 11.44$$

于是得经验公式

$$y = 11.44e^{0.2912x}$$

原数据表示的点和经验公式的曲线如图 5－5 所示。

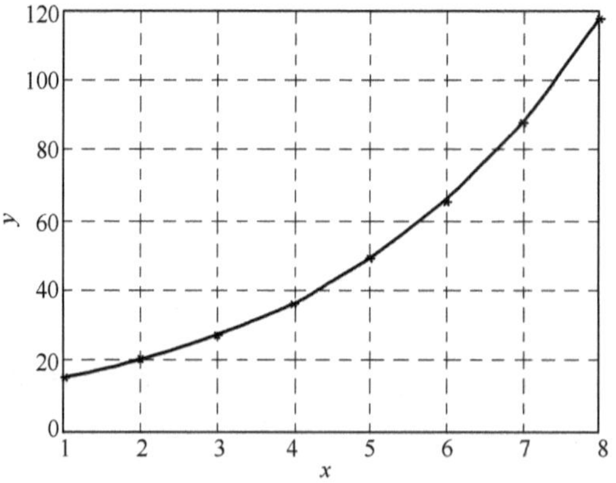

图 5－5

5.9.4 观察数据的修匀

提高拟合多项式的次数不一定能改善逼近效果，实际计算时常用不同的低次多项式去拟合不同的分段，这种方法称为**分段拟合**。

下面将要介绍的数据修匀技术正是在分段拟合的背景下提出来的。

设已给一批实测数据(x_i, y_i) $(i=1,2,\cdots,n)$，由于测量方法和实验环境的影响，不可避免地会产生随机干扰和误差。我们自然希望根据数据分布的总趋势去剔除观察数据中的偶然误差，这就是**数据修匀**（或称**数据平滑**）问题。

考察相邻的5个节点

$$x_{-2} < x_{-1} < x_0 < x_1 < x_2$$

假设它们是等距的，记节点间距为h，作变换$t=(x-x_0)/h$，即

$$x = x_0 + ht$$

则

$$t_i = (x_i - x_0)/h = i \quad (i = -2, -1, 0, 1, 2)$$

这样就可以对变量t进行讨论。这时所给数据见表5－19所列。

表5－19

t_i	-2	-1	0	1	2
y_i	y_{-2}	y_{-1}	y_0	y_1	y_2

设用二次多项式拟合

$$y = a + bt + ct^2$$

则其正规方程组为

$$\begin{cases} 5a + 10c = \sum\limits_{i=-2}^{2} y_i \\ 10b = \sum\limits_{i=-2}^{2} i y_i \\ 10a + 34c = \sum\limits_{i=-2}^{2} i^2 y_i \end{cases}$$

解出a、b、c，即可导出在节点$x=x_0$的**五点二次修匀公式**

$$\hat{y}_0 = \frac{1}{35}(-3y_{-2} + 12y_{-1} + 17y_0 + 12y_1 - 3y_2)$$

习　题　5

1. 已知$\cos 45° = 0.7071$和$\cos 60° = 0.5$，利用线性插值计算$\cos 50°$。

2. 有下列正弦函数表

x	0.5	0.6	0.7
$\sin x$	0.47943	0.56464	0.64422

用抛物插值求$\sin 0.57891$的近似值。

3. 已知$\sqrt{100}=10$，$\sqrt{121}=11$，$\sqrt{144}=12$，求$\sqrt{115}$的近似值。

4. 给出自然对数$\ln x$的数表

x	0.40	0.50	0.70	0.80
$\ln x$	−0.916291	−0.693147	−0.356675	−0.223144

利用拉格朗日插值公式求$\ln 0.60$。

5. 设 $l_0(x), l_1(x), \cdots, l_n(x)$ 是以 $x_0, x_1, \cdots, x_n$ 为节点的拉格朗日插值基函数,试证:

(1) $\sum_{i=0}^{n} l_i(x) = 1$;

(2) $\sum_{i=0}^{n} x_i^k l_i(x) = x^k (k = 0,1,\cdots,n)$;

(3) $\sum_{i=0}^{n} (x_i - x)^k l_i(x) = 0 \ (k = 0,1,\cdots,n)$。

6. 下表为二氧化碳在不同温度下溶于水的溶解度,利用牛顿插值公式求 4℃时的溶解度。

t/℃	0	1	3	5
s	0.3346	0.3213	0.2978	0.2774

7. 设 $l_0(x), l_1(x), \cdots, l_n(x)$ 是以 $x_0, x_1, \cdots, x_n$ 为节点的拉格朗日插值基函数,试证:

$$l_0(x) = 1 + \frac{x - x_0}{x_0 - x_1} + \frac{(x - x_0)(x - x_1)}{(x_0 - x_1)(x_0 - x_2)} + \cdots + \frac{(x - x_0)(x - x_1)\cdots(x - x_{n-1})}{(x_0 - x_1)(x_0 - x_2)\cdots(x_0 - x_n)}$$

8. 按下列数值表计算 $y(-0.5)$ 和 $y(1.5)$ 的值。

x	-1	0	1	2
y	-1	1	3	11

9. 设 $f(x) = x^7 + x^4 + 3x + 1$,求 $f(2^0, 2^1, \cdots, 2^7)$ 和 $f(2^0, 2^1, \cdots, 2^8)$。

10. 在 $-4 \leqslant x \leqslant 4$ 上给出 $f(x) = e^x$ 的等距节点函数表。若用二次插值求 e^x 的近似值,要使截断误差不超过 10^{-6},问使用函数表的步长 h 应取多少?

11. 已知自然对数 $\ln x$ 和它的导数 $1/x$ 的数表:

x	0.40	0.50	0.70	0.80
lnx	-0.916291	-0.693147	-0.356675	-0.223144
1/x	2.50	2.00	1.43	1.25

利用厄米特插值公式求 ln0.6。

12. 已知函数表

x	0.1	0.3	0.5
y(x)	0.099833	0.295520	0.479426
y'(x)	0.995004	0.955336	0.877583

利用厄米特插值公式求 $y(x)$ 在 $x = 0.25$ 处的值。

13. 求 $f(x) = x^2$ 在 $[a, b]$ 上的分段线性插值函数 $I_h(x)$,并估计误差。

14. 用追赶法求解线性方程组

$$\begin{bmatrix} 2 & 0.5 & & & & \\ 0.5 & 2 & 0.5 & & & \\ & 0.4 & 2 & 0.6 & & \\ & & 0.3 & 2 & 0.7 & \\ & & & 0.2 & 2 & 0.8 \\ & & & & 0.1 & 2 \end{bmatrix} \begin{bmatrix} x_1 \\ x_2 \\ x_3 \\ x_4 \\ x_5 \\ x_6 \end{bmatrix} = \begin{bmatrix} 1 \\ 2 \\ 3 \\ 4 \\ 5 \\ 6 \end{bmatrix}$$

15. 给定插值条件

x_i	1	2	4	5
$f(x_i)$	1	3	4	2

试求自然边界条件下 $f(x)$ 的三次样条函数 $S(x)$，并求 $f(3)$ 的近似值。

16. 给出数据

x_i	-1.00	-0.75	-0.50	-0.25	0	0.25	0.50	0.75	1.00
y_i	-0.2209	0.3295	0.8826	1.4392	2.0003	2.5645	3.1334	3.7061	4.2836

希望用一次、二次多项式利用最小二乘法拟合这些数据，试写出正规方程组，并求出最小平方逼近多项式。

17. 有数据表如下：

x_i	-3	-2	-1	0	1	2	3
y_i	1	0	0	0	0	1	2

试用二次多项式逼近这组数据。

18. 编写下列程序：

(1) 利用拉格朗日插值公式求函数值的近似值；

(2) 利用厄米特插值多项式求函数值的近似值；

(3) 用追赶法求解三对角线性方程组；

(4) 求三次自然样条函数；

(5) 求最小平方逼近多项式。

并用所编的程序求解本习题中相应的习题。

第 6 章　数值积分和数值微分

6.1　引　言

实际问题当中常常需要计算积分和微分。然而，在微积分教材中一般只对简单的或特殊的情况，提供了函数的积分或微分的解析表达式。例如，从理论上来说，若函数 $f(x)$ 在 $[a,b]$ 上连续，且 $F'(x)=f(x)$，则计算定积分 $\int_a^b f(x)\mathrm{d}x$ 时，可利用牛顿—莱布尼兹公式：

$$\int_a^b f(x)\mathrm{d}x = F(b) - F(a)$$

但实用中却极少情况能使用这个公式，原因如下。

(1) 从理论上讲，任何可积函数都有原函数，但即使是一些十分简单的函数，如 $\sin x^2$，$\cos x^2$、$\frac{\sin x}{x}$、$\frac{\cos x}{x}$、e^{-x^2}、$\frac{1}{\ln x}$ 等，它们的原函数都不能用初等函数表示出来。

(2) 有些函数 $f(x)$ 是用表格形式给出的，无法得到它们的原函数。

(3) 有时，虽然 $f(x)$ 的原函数可以用初等函数表示，但表达式过于复杂，或者被积函数没有有限的解析表达式，而是由测量数据或数值计算给出的数据表示。

例如，一块铝合金薄板的横断面为正弦波，要求原材料铝合金板的长度，也就是 $f(x)=\sin x$ 从 $x=0$ 到 $x=b$ 的曲线弧长 L，可用积分表示为

$$L = \int_0^b \sqrt{1+(f'(x))^2}\mathrm{d}x = \int_0^b \sqrt{1+\cos^2 x}\mathrm{d}x$$

这是一个椭圆积分计算问题。

因此，有必要研究积分的数值计算问题。对于函数的微分也一样，以表格形式给出的函数，要求其导数时，还是要依靠数值微分的方法。例如，已知一组实测数值 $y_i=y(x_i)$，$i=0,1,\cdots,n$，其数学模型是一个二阶常微分方程

$$xy''+ay'+(x-b)y=0$$

需要确定模型中的待定系数 a 和 b。如果可以由实测数据得到 $y'(x_i)$ 和 $y''(x_i)$，代入模型就可用最小二乘法确定 a 和 b，这是一个计算数值微分值的问题。

本章先介绍数值积分的方法。

微积分中曾指出，函数 $f(x)$ 在区间 $[a,b]$ 上的定积分 $\int_a^b f(x)\mathrm{d}x$，在几何上表示曲线 $y=f(x)$ 与 x 轴以及直线 $x=a$、$x=b$ 所围曲边梯形的代数面积。为了计算积分的近似值，可以用分点 $a=x_0<x_1<\cdots<x_n=b$ 把区间 $[a,b]$ 分为 n 份，相应地，曲边梯形被分为 n 个小曲边梯形。在计算第 k 个曲边梯形面积时，如果用矩形面积 $(x_{k+1}-x_k)f(x_k)$ 近似代替，则

$$\int_a^b f(x)\mathrm{d}x \approx \sum_{k=0}^{n-1}(x_{k+1}-x_k)f(x_k)$$

如果第 k 个曲边梯形面积用直边梯形面积近似代替,则

$$\int_a^b f(x)\,\mathrm{d}x \approx \sum_{k=0}^{n-1} \frac{1}{2}(x_{k+1} - x_k)[f(x_k) + f(x_{k+1})]$$

$$= \frac{x_1 - x_0}{2}f(x_0) + \sum_{k=1}^{n-1} \frac{x_{k+1} - x_{k-1}}{2}f(x_k) + \frac{x_n - x_{n-1}}{2}f(x_n)$$

还可用别的方法得出新的计算公式。所有这些计算积分近似值的公式都有共同的形式,就是用 $f(x_0)$,$f(x_1)$,…,$f(x_n)$ 的某种线性组合作为积分 $\int_a^b f(x)\,\mathrm{d}x$ 的近似值。

数值求积公式的一般形式为

$$\int_a^b f(x)\,\mathrm{d}x \approx \sum_{k=0}^{n} \omega_k f(x_k) \tag{6-1}$$

其中,$x_k(k=0,1,\cdots,n)$ 称为求积节点,并且有

$$a = x_0 < x_1 < \cdots < x_n = b$$

$\omega_k(k=0,1,\cdots,n)$ 称为**求积系数**,求积系数与被积函数 $f(x)$ 无关。当求积节点与求积系数确定之后,一个数值求积公式就确定了。

称

$$R_n = \int_a^b f(x)\,\mathrm{d}x - \sum_{k=0}^{n} \omega_k f(x_k) \tag{6-2}$$

为求积公式(6-1)的**截断误差**或**余项**。

需要指出的是,数值求积方法是近似方法,为了保证精度,使一个求积公式具有较好的实际意义,就应该要求它对尽可能多的被积函数 $f(x)$ 都精确成立,在数学上常用代数精确度这个概念来说明。

定义 6.1.1 若一个求积公式 $\int_a^b f(x)\,\mathrm{d}x \approx \sum_{i=0}^{n} \omega_i f(x_i)$ 对于所有次数不超过 m 的代数多项式、等式都精确成立,而对于某一个 $(m+1)$ 次多项式不能精确成立,则称该求积公式具有 m **次代数精度**。

一般而言,用上述定义来直接判断求积公式的代数精度比较麻烦,而由多项式和定积分的性质,显然容易证明上述定义等价于:公式对 $f(x) = x^k(k=0,1,\cdots,m)$ 精确成立,而对 x^{m+1} 不精确成立。

例 6.1.1 确定求积公式

$$\int_{-1}^{1} f(x)\,\mathrm{d}x \approx \frac{1}{3}[f(-1) + 4f(0) + f(1)]$$

的代数精度。

解 令 $I_k = \int_{-1}^{1} x^k \mathrm{d}x = \dfrac{1-(-1)^{k+1}}{k+1}$,则

$f(x)=1$ 时,$I_0 = 2$,$\frac{1}{3}(1+4\times1+1)=2$

$f(x)=x$ 时,$I_1 = 0$,$\frac{1}{3}(-1+4\times0+1)=0$

$f(x)=x^2$ 时，$I_2=\frac{2}{3}, \frac{1}{3}(1+0+1)=\frac{2}{3}$

$f(x)=x^3$ 时，$I_3=0, \frac{1}{3}(-1+0+1)=0$

$f(x)=x^4$ 时，$I_4=\frac{2}{5}, \frac{1}{3}(1+0+1)=\frac{2}{3}$

所以该求积公式具有三次代数精度。

6.2 牛顿—柯特斯型数值积分公式

6.2.1 牛顿—柯特斯求积公式的导出

设函数$f(x)$在区间$[a,b]$上相异点$x_0, x_1, \cdots, x_n$上的取值为$y_0, y_1, \cdots, y_n$。将$f(x)$用插值多项式表示出来，例如用拉格朗日插值多项式表示

$$f(x)=\varphi_n(x)+R_n(x)$$

则

$$\int_a^b f(x)\mathrm{d}x=\int_a^b \varphi_n(x)\mathrm{d}x+\int_a^b R_n(x)\mathrm{d}x$$

其中

$$\varphi_n(x)=l_0(x)y_0+l_1(x)y_1+\cdots+l_n(x)y_n=\sum_{k=0}^{n} l_k(x)y_k$$

$$l_k(x)=\frac{(x-x_0)(x-x_1)\cdots(x-x_{k-1})(x-x_{k+1})\cdots(x-x_n)}{(x_k-x_0)(x_k-x_1)\cdots(x_k-x_{k-1})(x_k-x_{k+1})\cdots(x_k-x_n)}$$

$$R_n(x)=\frac{f^{(n+1)}(\xi)}{(n+1)!}\omega_{n+1}(x)$$

于是

$$\int_a^b f(x)\mathrm{d}x=y_0\int_a^b l_0(x)\mathrm{d}x+y_1\int_a^b l_1(x)\mathrm{d}x+\cdots+y_n\int_a^b l_n(x)\mathrm{d}x+\int_a^b R_n(x)\mathrm{d}x$$

记

$$\omega_k=\int_a^b l_k(x)\mathrm{d}x, \quad k=0,1,2,\cdots,n \tag{6-3}$$

则

$$\int_a^b f(x)\mathrm{d}x=\omega_0 y_0+\omega_1 y_1+\cdots+\omega_n y_n+R_n$$

式中

$$R_n=\frac{1}{(n+1)!}\int_a^b f^{(n+1)}(\xi)\omega_{n+1}(x)\mathrm{d}x \tag{6-4}$$

其中，ξ与变量x有关。若略去余项，得

$$\int_a^b f(x)\,\mathrm{d}x \approx \omega_0 y_0 + \omega_1 y_1 + \cdots + \omega_n y_n = \sum_{k=0}^{n} \omega_k y_k \tag{6-5}$$

可以发现,ω_k 只与 a、b、x_k 有关,即仅与积分区间和节点有关,而与 $f(x)$ 无关,因此,只要积分区间和节点相同,不管对什么函数求积,式(6-5)右端的系数 ω_k 都是不变的,所以,利用式(6-5)求定积分的近似值是比较方便的。

由式(6-3)确定的 ω_k 构成的近似求积公式(6-5)称为**插值求积公式**。

若 $a = x_0 < x_1 < x_2 < \cdots < x_n = b$ 是一组等距节点,则节点可写为

$$x_k = x_0 + kh \quad h = \frac{b-a}{n}, \quad k = 0,1,2,\cdots,n$$

令

$$x = x_0 + th, \quad t \in R$$

则

$$x - x_k = (t-k)h$$

$$\omega_{n+1}(x) = h^{n+1} t(t-1)(t-2)\cdots(t-n)$$

$$\begin{aligned}\omega'_{n+1}(x_k) &= (x_k - x_0)(x_k - x_1)\cdots(x_k - x_{k-1})(x_k - x_{k+1})\cdots(x_k - x_n)\\ &= k!\ h^k \cdot (-1)^{n-k} h^{n-k} (n-k)!\\ &= (-1)^{n-k} k!\ (n-k)!\ h^n\end{aligned}$$

从而

$$l_k(x) = l_k(x_0 + kh) = \frac{t(t-1)\cdots(t-\overline{k-1})(t-\overline{k+1})\cdots(t-n)}{(-1)^{n-k} k!\ (n-k)!}$$

又因 $\mathrm{d}x = h\mathrm{d}t$,所以

$$\omega_k = \int_a^b l_k(x)\,\mathrm{d}x = \frac{(-1)^{n-k} h}{k!(n-k)!} \int_0^n t(t-1)\cdots(t-\overline{k-1})(t-\overline{k+1})\cdots(t-n)\,\mathrm{d}t$$

若记

$$C_k^{(n)} = \frac{(-1)^{n-k}}{n \cdot k!(n-k)!} \int_0^n t(t-1)\cdots(t-\overline{k-1})(t-\overline{k+1})\cdots(t-n)\,\mathrm{d}t$$

则

$$\omega_k = (b-a) C_k^{(n)}$$

于是

$$\int_a^b f(x)\,\mathrm{d}x \approx (b-a) \sum_{k=0}^{n} C_k^{(n)} y_k \tag{6-6}$$

同时,由式(6-4),得

$$R_n = \frac{1}{(n+1)!} \int_a^b f^{(n+1)}(\xi)\omega_{n+1}(x)\,\mathrm{d}x = \frac{h^{n+2}}{(n+1)!} \int_0^n f^{(n+1)}(\xi) \prod_{j=0}^{n} (t-j)\,\mathrm{d}t \tag{6-7}$$

其中,$\xi \in [a,b]$。式(6-6)称为**牛顿—柯特斯求积公式**,$C_k^{(n)}$ 称为**柯特斯系数**。式(6-7)就是**牛顿—柯特斯公式的余项**。

观察 $C_k^{(n)}$ 的表达式可以发现:该系数与 n 和 k 有关(数组 $\{C_k^{(n)}\}$ 仅与 n 有关),而与 a,b,

$f(x)$都无关，这样一来，不论 $a,b,f(x)$ 如何，只要 n 确定了，则$(n+1)$个 $C_k^{(n)}$ 都是不变的。如果预先求出 $C_k^{(n)}$，那么求积分的问题仅是利用式(6-6)求代数和的问题了。

例如，当 $n=1$ 时，柯特斯系数为

$$C_0^{(1)} = \frac{(-1)}{1\cdot 0!\cdot 1!}\int_0^1 (t-1)\mathrm{d}t = \frac{1}{2}$$

$$C_1^{(1)} = \frac{(-1)^0}{1\cdot 1!\cdot 0!}\int_0^1 t\mathrm{d}t = \frac{1}{2}$$

此时得到的求积公式称为**梯形公式**，即

$$\int_a^b f(x)\mathrm{d}x \approx \frac{b-a}{2}(f(a)+f(b)) \tag{6-8}$$

常记为

$$T = \frac{b-a}{2}(f(a)+f(b))$$

从几何上来看，式(6-8)是用梯形面积近似替换了曲边梯形的面积。

当 $n=2$ 时，柯特斯系数为

$$C_0^{(2)} = \frac{(-1)^2}{2\cdot 0!\cdot 2!}\int_0^2 (t-1)(t-2)\mathrm{d}t = \frac{1}{6}, C_1^{(2)} = \frac{4}{6}, C_2^{(3)} = \frac{1}{6}$$

此时得到的求积公式称为**抛物线求积公式或辛普生(Simpson)公式**，即

$$\int_a^b f(x)\mathrm{d}x \approx \frac{b-a}{6}\left(f(a)+4f\left(\frac{a+b}{2}\right)+f(b)\right) \tag{6-9}$$

为了便于应用，把部分柯特斯系数列在表6-1中，利用这张柯特斯系数表，可以很快地写出各种等距节点下的牛顿—柯特斯求积公式。

表6-1

n	$C_k^{(n)}$	余项
1	$\frac{1}{2},\frac{1}{2}$	$-\frac{1}{12}h^3f''(\eta)$
2	$\frac{1}{6},\frac{4}{6},\frac{1}{6}$	$-\frac{h^5}{90}f^{(4)}(\eta)$
3	$\frac{1}{8},\frac{3}{8},\frac{3}{8},\frac{1}{8}$	$-\frac{3}{80}h^5f^{(4)}(\eta)$
4	$\frac{7}{90},\frac{32}{90},\frac{12}{90},\frac{32}{90},\frac{7}{90}$	$-\frac{8}{945}h^7f^{(6)}(\eta)$
5	$\frac{19}{288},\frac{75}{288},\frac{50}{288},\frac{50}{288},\frac{75}{288},\frac{19}{288}$	$-\frac{275}{12096}h^7f^{(6)}(\eta)$
6	$\frac{41}{840},\frac{216}{840},\frac{27}{840},\frac{272}{840},\frac{27}{840},\frac{216}{840},\frac{41}{840}$	$-\frac{9}{1400}h^9f^{(8)}(\eta)$
7	$\frac{1}{17280}\{751,3577,1323,2989,2989,1323,3577,751\}$	$-\frac{8183}{518400}h^9f^{(8)}(\eta)$
8	$\frac{1}{28350}\{989,5888,-928,10496,-4540,10496,-928,5888,989\}$	

例如，$n=4$ 时，有

$$\int_a^b f(x)\mathrm{d}x \approx \frac{b-a}{90}[7f(x_0)+32f(x_1)+12f(x_2)+32f(x_3)+7f(x_4)] \tag{6-10}$$

其中

$$x_i = a + i \cdot \frac{b-a}{4}, i = 0,1,2,3,4$$

式(6－10)称为**柯特斯公式**。

6.2.2 插值型求积公式的代数精度

对于插值型求积公式,其余项为

$$R_n = \int_a^b \frac{f^{(n+1)}(\xi)}{(n+1)!}\omega_{n+1}(x)\mathrm{d}x$$

因此,式(6－5)对一切次数不超过 n 的多项式都能精确成立,可以证明:

定理 6.2.1 形如式(6－5)的具有$(n+1)$个求积节点的求积公式至少具有 n 次代数精度的充分必要条件是它为插值型求积公式。

牛顿—柯特斯公式是求积节点为等距情况下的插值型求积公式,因此,至少具有 n 次代数精度,此外,还有

定理 6.2.2 当 n 为偶数时,具有$(n+1)$个求积节点的牛顿—柯特斯公式的代数精度至少是$(n+1)$。

证明 由定理 6.2.1 可知,$(n+1)$个求积节点的牛顿—柯特斯公式至少具有 n 次代数精度。所以,只需证明当 n 为偶数时,对 $f(x) = x^{n+1}$,有 $R_n = 0$。

而

$$f^{(n+1)}(x) = (n+1)!$$

由式(6－7)有

$$R_n = h^{n+2}\int_0^n t(t-1)\cdots(t-n)\mathrm{d}t$$

令 $t = u + \frac{n}{2}$,则

$$\begin{aligned} R_n &= h^{n+2}\int_{-\frac{n}{2}}^{\frac{n}{2}}\left(u+\frac{n}{2}\right)\left(u+\frac{n}{2}-1\right)\cdots(u+1)u(u-1)\cdots\left(u-\frac{n}{2}+1\right)\left(u-\frac{n}{2}\right)\mathrm{d}u \\ &= h^{n+2}\int_{-\frac{n}{2}}^{\frac{n}{2}} u(u^2-1)(u^2-4)\cdots\left(u^2-\frac{n^2}{4}\right)\mathrm{d}u = 0 \end{aligned}$$

证毕。

由此,梯形公式只有 1 次代数精度,而辛普生公式却具有 3 次代数精度,柯特斯公式具有 5 次代数精度,所以,在使用牛顿—柯特斯公式时,为了既能保证精度,又能节省时间,应尽量选用 n 是偶数的求积公式。

6.2.3 梯形公式和辛普生公式的余项

由式(6－7)可知,当函数 $f(x)$ 具有$(n+1)$阶导数时,牛顿—柯特斯公式的余项可表示为

$$R_n = \frac{1}{(n+1)!}\int_a^b f^{(n+1)}(\xi)\omega_{n+1}(x)\mathrm{d}x$$

其中,$\xi \in [a,b]$且依赖于 x。

下面给出几个常用的低阶牛顿—柯特斯公式的余项,即公式的**截断误差**。

1. 梯形公式的余项

定理 6.2.3 如果$f''(x)$在$[a,b]$上连续,则梯形求积公式的余项为

$$R_1 = -\frac{(b-a)^3}{12}f''(\eta), \quad \eta \in [a,b] \tag{6-11}$$

证明 在式(6-7)中,令 $n=1$,得梯形公式的余项为

$$R_1 = \frac{1}{2}\int_a^b f''(\xi)(x-a)(x-b)\mathrm{d}x$$

$\xi \in [a,b]$且依赖于 x。

由于$f''(x)$在$[a,b]$上连续,被积函数$(x-a)(x-b)$在$[a,b]$上不变号,由积分第二中值定理,至少存在一点 $\eta \in [a,b]$,使

$$R_1 = \frac{1}{2}\int_a^b f''(\xi)(x-a)(x-b)\mathrm{d}x = \frac{f''(\eta)}{2}\int_a^b (x-a)(x-b)\mathrm{d}x = -\frac{(b-a)^3}{12}f''(\eta)$$

证毕。

2. 辛普生求积公式的余项

定理 6.2.4 如果$f^{(4)}(x)$在$[a,b]$上连续,则辛普生求积公式的余项为

$$R_2 = \frac{-(b-a)^5}{2880}f^{(4)}(\eta), \quad \eta \in [a,b] \tag{6-12}$$

证明 由牛顿—柯特斯公式的余项式(6-7),得

$$R_2 = \int_a^b \frac{f'''(\xi)}{3!}(x-a)\left(x-\frac{a+b}{2}\right)(x-b)\mathrm{d}x$$

但此时,因为被积函数$(x-a)\left(x-\frac{a+b}{2}\right)(x-b)$在$[a,b]$上不再保号,故不可能直接应用积分第二中值定理导出辛普生公式的余项表达式,因此必须采用其他方法,其中比较简便的方法是利用带导数的厄米特插值多项式。

构造次数不高于三次的厄米特插值多项式 $H_3(x)$,要求满足条件

$$H_3(a)=f(a), H_3(b)=f(b),$$

$$H_3\left(\frac{a+b}{2}\right)=f\left(\frac{a+b}{2}\right), H_3'\left(\frac{a+b}{2}\right)=f'\left(\frac{a+b}{2}\right)$$

由第 5 章的讨论可知

$$f(x)-H_3(x)=\frac{1}{4!}f^{(4)}(\xi)(x-a)\left(x-\frac{a+b}{2}\right)^2(x-b), \xi \in [a,b]$$

另外,因为辛普生公式具有三次代数精度,故它对 $H_3(x)$能精确成立,即

$$\begin{aligned}\int_a^b H_3(x)\mathrm{d}x &= \frac{b-a}{6}\left[H_3(a)+4H_3\left(\frac{a+b}{2}\right)+H_3(b)\right] \\ &= \frac{b-a}{6}\left[f(a)+4f\left(\frac{a+b}{2}\right)+f(b)\right]\end{aligned}$$

故辛普生求积公式的余项为

$$R_2 = \int_a^b f(x)\mathrm{d}x - \int_a^b H_3(x)\mathrm{d}x = \int_a^b [f(x) - H_3(x)]\mathrm{d}x$$

$$= \int_a^b \frac{f^{(4)}(\xi)}{4!}(x-a)\left(x - \frac{a+b}{2}\right)^2 (x-b)\mathrm{d}x$$

此时,被积函数$(x-a)\left(x-\frac{a+b}{2}\right)^2(x-b)$在$[a,b]$上不变号,故当$f^{(4)}(x)$在$[a,b]$上连续时,由积分中值定理,得

$$R_2 = \frac{f^{(4)}(\eta)}{4!}\int_a^b (x-a)\left(x-\frac{a+b}{2}\right)^2(x-b)\mathrm{d}x$$

$$= \frac{f^{(4)}(\eta)}{4!}\left[-\frac{(b-a)^5}{120}\right] = -\frac{(b-a)^5}{2880}f^{(4)}(\eta), \quad \eta \in [a,b]$$

证毕。

3. 柯特斯求积公式的余项

定理 6.2.5 如果$f^{(6)}(x)$在$[a,b]$上连续,则柯特斯求积公式的余项为

$$R_4 = -\frac{8}{945}h^7 f^{(6)}(\eta), \quad \eta \in [a,b], h = \frac{b-a}{4} \tag{6-13}$$

其余 $n \leqslant 7$ 时的牛顿—柯特斯公式的余项不再一一给出,可见表 6-1 末列。

例 6.2.1 试分别使用梯形公式和辛普生公式计算积分 $\int_1^2 \mathrm{e}^{\frac{1}{x}}\mathrm{d}x$ 的近似值,并估计截断误差。

解 用梯形公式计算:

$$\int_1^2 \mathrm{e}^{\frac{1}{x}}\mathrm{d}x \approx \frac{2-1}{2}(\mathrm{e} + \mathrm{e}^{\frac{1}{2}}) = 2.1835$$

为求截断误差,先求得

$$f(x) = \mathrm{e}^{\frac{1}{x}}, f'(x) = -\frac{1}{x^2}\mathrm{e}^{\frac{1}{x}}$$

$$f''(x) = \left(\frac{2}{x^3} + \frac{1}{x^4}\right)\mathrm{e}^{\frac{1}{x}}$$

所以

$$\max_{1 \leqslant x \leqslant 2} |f''(x)| = f''(1) = 8.1548$$

截断误差估计为

$$|R_1| \leqslant \frac{(2-1)^3}{12}\max_{1 \leqslant x \leqslant 2}|f''(x)| = 0.6796$$

用辛普生公式计算:

$$\int_1^2 \mathrm{e}^{\frac{1}{x}}\mathrm{d}x \approx \frac{2-1}{6}(\mathrm{e} + 4\mathrm{e}^{\frac{1}{1.5}} + \mathrm{e}^{\frac{1}{2}}) = 2.0263$$

又求得

$$f^{(4)}(x) = \left(\frac{1}{x^8} + \frac{12}{x^7} + \frac{36}{x^6} + \frac{24}{x^5}\right)\mathrm{e}^{\frac{1}{x}}$$

所以

$$\max_{1\leqslant x\leqslant 2}|f^{(4)}(x)| = f^{(4)}(1) = 198.43$$

截断误差估计为

$$|R_1| \leqslant \frac{(2-1)^5}{2880}\max_{1\leqslant x\leqslant 2}|f^{(4)}(x)| = 0.06890$$

注：$\int_1^2 e^{\frac{1}{x}}dx = 2.0200586244339742338\cdots$

6.3 复合求积公式

6.3.1 牛顿－柯特斯公式的收敛性和数值稳定性

记

$$I(f) = \int_a^b f(x)dx, I_n(f) = (b-a)\sum_{k=0}^{n} C_k^{(n)} y_k$$

其中，$C_k^{(n)}(k=0,1,\cdots,n)$为柯特斯系数。现在考察是否对任何在$[a,b]$上可积的函数$f(x)$，都有

$$\lim_{n\to\infty} I_n(f) = I(f)$$

这实际上是式(6－6)的收敛性问题。

先看一个例子，$f(x) = \frac{1}{1+x^2}$，$[a,b]=[-4,4]$，此时，有

$$I(f) = 2\arctan 4 \approx 2.6516$$

而$I_n(f)$的一些计算结果见表6－2所列。

表6－2

n	$I_n(f)$
2	5.4902
4	2.2776
6	3.3288
8	1.9411
10	3.5956

从表6－2看出，当$n\to\infty$时，$I_n(f)$不收敛于$I(f)$。

这个例子说明，牛顿—柯特斯求积公式并不是对所有在区间$[a,b]$上可积的函数都收敛。

接下来讨论该公式的数值稳定性问题。事实上，无论使用何种求积公式，除截断误差外，还有舍入误差。例如，初始数据$f(x_i)$一般不可避免地有舍入误差，求积公式的数值稳定性问题就是指初始数据$f(x_i)$的舍入误差对计算结果的影响大小问题。

设$f(x_k)=y_k+\varepsilon_k$，其中，ε_k为舍入误差，且设$\varepsilon=\max\limits_{0\leqslant k\leqslant n}|\varepsilon_k|$，则由式(6－6)知，由此引起的积分误差为

$$R = (b-a)\sum_{k=0}^{n} C_k^{(n)} f(x_k) - (b-a)\sum_{k=0}^{n} C_k^{(n)} y_k = (b-a)\sum_{k=0}^{n} C_k^{(n)}\varepsilon_k$$

当$n<8$时，$C_k^{(n)}>0$(表6－1)，所以

$$|R| \leqslant (b-a)\sum_{k=0}^{n}|C_k^{(n)}||\varepsilon_k| \leqslant (b-a)\varepsilon\sum_{k=0}^{n} C_k^{(n)} = (b-a)\varepsilon$$

其中，$\sum_{k=0}^{n} C_k^{(n)} = 1$ 由式(6 - 6) 并取 $f(x) = 1$ 可证得。

只要控制 ε，就可以控制 $|R|$。

当 $n \geqslant 8$ 时，$C_k^{(n)}$ 有正有负，因而有可能发生下列情况，$|\varepsilon_k|$ 都达到 ε，且每个 ε_k 与 $C_k^{(n)}$ 正好同号(或异号)，则

$$|R| = (b-a)\sum_{k=0}^{n} |C_k^{(n)}||\varepsilon_k|$$

$$= (b-a)\varepsilon\sum_{k=0}^{n} |C_k^{(n)}| > (b-a)\varepsilon\sum_{k=0}^{n} C_k^{(n)} = (b-a)\varepsilon$$

即 $|R|$ 可能很大，且不好估计。

基于以上原因，在实际求积分时，一般不采用高阶牛顿—柯特斯公式，而是将 $[a,b]$ 先分成若干个子区间，在每个子区间上使用低阶的牛顿—柯特斯公式，然后把结果加起来，这种公式称为**复合求积公式**。

6.3.2 复合梯形公式与复合辛普生公式

设 $f(x)$ 在区间 $[a,b]$ 上有二阶连续导数，取等距节点

$$x_k = a + kh, k = 0, 1, \cdots, n, h = \frac{b-a}{n}$$

在每个子区间 $[x_k, x_{k+1}]$ 上使用梯形公式(6 - 8)及其截断误差公式(6 - 11)，得

$$\int_{x_k}^{x_{k+1}} f(x)\,dx = \frac{h}{2}(y_k + y_{k+1}) - \frac{h^3}{12}f''(\eta_k), \quad \eta_k \in (x_k, x_{k+1})$$

于是有

$$\int_a^b f(x)\,dx = \sum_{k=0}^{n-1}\int_{x_k}^{x_{k+1}} f(x)\,dx = \frac{h}{2}\sum_{k=0}^{n-1}(y_k + y_{k+1}) - \frac{h^3}{12}\sum_{k=0}^{n-1} f''(\eta_k)$$

略去上式右端第 2 个和式，整理，得

$$\int_a^b f(x)\,dx \approx \frac{h}{2}(y_0 + 2y_1 + \cdots + 2y_{n-1} + y_n)$$

记

$$T_n = \frac{h}{2}(y_0 + 2y_1 + \cdots + 2y_{n-1} + y_n) = \frac{h}{2}\left(y_0 + 2\sum_{k=1}^{n-1} y_i + y_n\right) \tag{6-14}$$

称式(6 - 14)为**复合梯形公式**，它的截断误差为

$$R_{\mathrm{T}} = -\frac{h^3}{12}\sum_{k=0}^{n-1} f''(\eta_k)$$

因 $f''(x)$ 在 $[a,b]$ 上连续，故存在 $\eta \in [a,b]$，使

$$f''(\eta) = \frac{1}{n}\sum_{k=0}^{n-1} f''(\eta_k)$$

所以复合梯形公式(6 - 14)的截断误差可表示为

$$R_{\mathrm{T}} = -\frac{(b-a)^3}{12n^2}f''(\eta) = -\frac{b-a}{12}h^2 f''(\eta) \tag{6-15}$$

其中，$\eta\in[a,b]$。

显然，当 $n\to+\infty$ 时，$R_T\to 0$，则式(6-14)右端收敛于 $\int_a^b f(x)\mathrm{d}x$。

设 $f(x)$ 在区间 $[a,b]$ 上有四阶连续导数，取 $2n+1$ 个等距节点

$$x_k=a+kh,k=0,1,\cdots,2n,h=\frac{b-a}{2n}$$

在子区间 $[x_{2k-2},x_{2k}]$ $(k=1,2,\cdots,n)$ 上运用辛普生公式(6-9)及式(6-12)，得

$$\int_{x_{2k-2}}^{x_{2k}} f(x)\mathrm{d}x=\frac{h}{3}(y_{2k-2}+4y_{2k-1}+y_{2k})-\frac{h^5}{90}f^{(4)}(\eta_k),\quad \eta_k\in(x_{2k-2},x_{2k})$$

于是，有

$$\int_a^b f(x)\mathrm{d}x=\sum_{k=1}^{n}\int_{x_{2k-2}}^{x_{2k}} f(x)\mathrm{d}x=\frac{h}{3}\sum_{k=1}^{n}(y_{2k-2}+4y_{2k-1}+y_{2k})-\frac{h^5}{90}\sum_{k=1}^{n}f^{(4)}(\eta_k)$$

略去上式右端第2个和式，整理，得

$$\int_a^b f(x)\mathrm{d}x\approx\frac{h}{3}\left(y_0+y_{2n}+4\sum_{k=1}^{n}y_{2k-1}+2\sum_{k=1}^{n-1}y_{2k}\right)$$

记

$$S_n=\frac{h}{3}\left(y_0+y_{2n}+4\sum_{k=1}^{n}y_{2k-1}+2\sum_{k=1}^{n-1}y_{2k}\right)\tag{6-16}$$

称式(6-16)为**复合辛普生公式**。

因 $f^{(4)}(x)$ 在 $[a,b]$ 上连续，故存在 $\eta\in[a,b]$，使

$$f^{(4)}(\eta)=\frac{1}{n}\sum_{k=1}^{n}f^{(4)}(\eta_k)$$

因此，式(6-16)的截断误差为

$$R_s=-\frac{h^5}{90}\sum_{k=1}^{n}f^{(4)}(\eta_k)=-\frac{(b-a)^5}{2880n^4}f^{(4)}(\eta)\tag{6-17}$$

或

$$R_s=-\frac{h^5}{90}\sum_{k=1}^{n}f^{(4)}(\eta_k)=-\frac{nh^5}{90}f^{(4)}(\eta)$$

其中，$\eta\in[a,b]$。

显然，当 $n\to+\infty$ 时，$R_s\to 0$，则式(6-16)右端收敛于 $\int_a^b f(x)\mathrm{d}x$。

将区间 $[a,b]$ $4n$ 等分，同理可得**复合柯特斯公式**：

$$\int_a^b f(x)\mathrm{d}x\approx\frac{4h}{90}\left(7y_0+32\sum_{k=1}^{n}y_{4k-3}+12\sum_{k=1}^{n}y_{4k-2}+32\sum_{k=1}^{n}y_{4k-1}+14\sum_{k=1}^{n-1}y_{4k}+7y_{4n}\right)$$

其余项

$$R_c=-\frac{8}{945}nh^7f^{(6)}(\eta),\quad \eta\in[a,b]$$

步长 $h=\dfrac{b-a}{4n}$。

例 6.3.1 用 11 个节点的复合辛普生公式计算积分 $\int_1^2 e^{\frac{1}{x}}dx$ 的近似值,并估计截断误差。

解 $n=5, h=\frac{2-1}{2n}=0.1$,求积节点为

$$x_k=1+0.1k,\quad k=0,1,\cdots,10$$

由式(6-16),得

$$\int_1^2 e^{\frac{1}{x}}dx \approx \frac{0.1}{3}\left[e+e^{\frac{1}{2}}+4\sum_{i=1}^{5}e^{\frac{1}{x_{2i-1}}}+2\sum_{i=1}^{4}e^{\frac{1}{x_{2i}}}\right]=2.020077$$

由式(6-17)及例 6.2.2 得截断误差估计

$$|R_s|\leqslant\frac{5}{90}(0.1)^5\max_{1\leqslant x\leqslant 2}|f^{(4)}(x)|=\frac{(0.1)^4}{180}\times 198.43=0.00011$$

例 6.3.2 如果用复合梯形公式计算积分 $\int_1^2 e^{\frac{1}{x}}dx$ 的近似值 I_n,并要求 I_n 至少具有 4 位有效数字,则需用多少个节点的复合梯形公式(不计舍入误差)?

解 问题相当于要求截断误差 R_T 满足

$$|R_T|\leqslant 0.0005$$

由式(6-15)及例 6.2.2 可知,只需

$$|R_T|\leqslant\frac{(2-1)^3}{12n^2}\max_{1\leqslant x\leqslant 2}|f''(x)|=\frac{8.1548}{12n^2}\leqslant 0.0005$$

即

$$n\geqslant 37$$

所以,至少需用 38 个节点的复合梯形公式计算。

由以上两个例子可看出,为达到相同的精度水平,使用复合梯形公式所需的计算量比复合辛普生公式要大很多。具体对照可见表 6-3 所列。

表 6-3

n	复合梯形公式	复合辛普生公式
1	2.18350154957959	
2	2.06561779531713	2.02632321056298
4	2.03189286789047	2.02065122541492
8	2.02304986763725	2.02010220088618
16	2.02080858246806	2.02006148741166
32	2.02024624995310	2.02005880578145
64	2.02010553934348	2.02005863580694
128	2.02007035369492	2.02005862514539
256	2.02006155678256	2.02005862447845
512	2.02005935752321	2.02005862443675
1024	2.02005880770641	2.02005862443415
精确值	$\int_1^2 e^{\frac{1}{x}}dx=2.0200586244339742338\cdots$	

算法 6.1 用复合辛普生公式计算 $I=\int_a^b f(x)dx$ (将积分区间 $[a,b]$ 分成 m 个相等区间)。

输入 端点 a,b;正整数 m。

输出 I 的近似值 SI。

(1) $h \leftarrow (b-a)/2m$。

(2) $SI0 \leftarrow f(a)+f(b)$；$SI1 \leftarrow 0$；$SI2 \leftarrow 0$。

(3) 对 $i=1,2,\cdots,2m-1$ 做①～②。

① $x \leftarrow a+ih$。

② 若 i 为偶数，则 $SI2 \leftarrow SI2+f(x)$；否则 $SI1 \leftarrow SI1+f(x)$。

(4) $SI \leftarrow h(SI0+4 \cdot SI1+2 \cdot SI2)/3$。

(5) 输出(SI)；停机。

6.3.3 步长的自动选择

为使数值积分满足精度要求，必须估计误差，从而确定节点的数目，即确定等分后的步长。由于误差表达式中包含被积函数的高阶导数，而估计各阶导数的最大值往往是困难的。

因此，在实际计算中，特别是计算机上大都采用"事后估计误差"的方法，基本做法是：先在某个区间计算，然后逐次折半对分，计算前后两次的差，如果小于预先给定的误差，则停止计算，取后一次计算结果作为解答。

下面分别介绍复合梯形公式、辛普生公式和柯特斯公式的事后估计误差方法。

1. 复合梯形公式

假设将$[a,b]$等分成 n 份，积分近似值为 T_n，则积分值

$$I=T_n-\frac{b-a}{12}\cdot\frac{(b-a)^2}{n^2}f''(\eta_1)$$

将子区间分半，即将$[a,b]$等分成 $2n$ 份，积分近似值为 T_{2n}，则积分值

$$I=T_{2n}-\frac{b-a}{12}\cdot\left(\frac{b-a}{2n}\right)^2 f''(\eta_2)$$

设 $f''(x)$ 在$[a,b]$上变化不大，即有 $f''(\eta_1)\approx f''(\eta_2)$，则

$$\frac{I-T_n}{I-T_{2n}}\approx 4$$

所以有

$$I\approx T_{2n}+\frac{1}{3}(T_{2n}-T_n)=T_{2n}+\frac{1}{4-1}(T_{2n}-T_n)$$

即

$$I-T_{2n}\approx\frac{1}{4-1}(T_{2n}-T_n)$$

这时，若有 $\frac{1}{3}|T_{2n}-T_n|<\varepsilon$，则应将 T_{2n} 作为 I 的近似值，若 $\frac{1}{3}|T_{2n}-T_n|\geqslant\varepsilon$，则再将每个子区间分半进行计算，直到满足要求为止。

2. 复合辛普生公式

假设将$[a,b]$等分成 $2n$ 份，积分近似值为 S_n，则

$$I-S_n=-\frac{(b-a)^5}{2880n^4}f^{(4)}(\eta_1)$$

进一步将$[a,b]$ $4n$ 等分，求得近似值 S_{2n}，也有

$$I - S_{2n} = -\frac{(b-a)^5}{2880(2n)^4} f^{(4)}(\eta_2)$$

设$f^{(4)}(x)$在$[a,b]$上变化不大，即$f^{(4)}(\eta_1) \approx f^{(4)}(\eta_2)$，则

$$\frac{I - S_n}{I - S_{2n}} \approx 16$$

$$I \approx S_{2n} + \frac{1}{15}(S_{2n} - S_n) = S_{2n} + \frac{1}{4^2 - 1}(S_{2n} - S_n)$$

即

$$I - S_{2n} \approx \frac{1}{4^2 - 1}(S_{2n} - S_n)$$

若$\frac{1}{15}|S_{2n} - S_n| < \varepsilon$，则应将 S_{2n}作为 I 的近似值，假若$\frac{1}{15}|S_{2n} - S_n| \geqslant \varepsilon$，则再将每个子区间分半进行计算，直到满足精度要求。

3. 复合柯特斯公式

假设将$[a,b]$分别等分成 $4n$ 和 $8n$ 份时，得积分近似值为 C_n 和 C_{2n}，且设$f^{(6)}(x)$在$[a,b]$上变化不大，则可推得

$$\frac{I - C_n}{I - C_{2n}} \approx 64$$

$$I \approx C_{2n} + \frac{1}{63}(C_{2n} - C_n) = C_{2n} + \frac{1}{4^3 - 1}(C_{2n} - C_n)$$

即

$$I - C_{2n} \approx \frac{1}{4^3 - 1}(C_{2n} - C_n)$$

若$\frac{1}{63}|C_{2n} - C_n| < \varepsilon$，则应将 C_{2n}作为 I 的近似值，假若$\frac{1}{63}|C_{2n} - C_n| \geqslant \varepsilon$，则再将每个子区间分半进行计算，直到满足精度要求。

6.4 龙贝格求积公式

6.4.1 复合梯形公式的递推公式

6.3 节介绍的步长的自动选择，虽然提供了估计误差与选取步长的简便方案，但是还没有考虑到避免在同一个节点上重复计算函数值的问题，故有进一步改进的余地。

由复合梯形公式(6-14)可知，计算 T_n 时，需要计算 $n+1$ 个点(即$[a,b]$的 n 等分的分点)上的函数值。而当 T_n 不满足精度要求时，就应再将子区间分半，计算出新的近似值 T_{2n}，若仍用式(6-14)计算，就需要计算 $2n+1$ 个点(即$[a,b]$的 $2n$ 等分的分点)上的函数值，其中 $n+1$ 个分点处的函数值在计算 T_n 时早已算出。

为了避免这种重复计算，需要将二分前后两个积分值联系起来加以考虑，注意到每个子区间$[x_k, x_{k+1}]$经过二分后只增加了一个分点

$$x_{k+\frac{1}{2}}=\frac{1}{2}(x_k+x_{k+1})$$

用复合梯形求积公式计算该子区间上的积分值为

$$\frac{1}{2}\left(\frac{h}{2}\right)[y_k+2y_{k+\frac{1}{2}}+y_{k+1}],\quad k=0,1,2,\cdots,n-1$$

这里，$h=\frac{b-a}{n}$代表二分前的步长，将每个子区间上的积分值相加，得

$$T_{2n}=\frac{1}{2}\sum_{k=0}^{n-1}\left(\frac{h}{2}\right)[y_k+2y_{k+\frac{1}{2}}+y_{k+1}]=\frac{1}{2}\sum_{k=0}^{n-1}\frac{h}{2}[y_k+y_{k+1}]+\frac{h}{2}\sum_{k=0}^{n-1}y_{k+\frac{1}{2}}$$

注意到式(6－14)，有以下复合梯形公式的递推公式

$$T_{2n}=\frac{1}{2}T_n+\frac{h}{2}\sum_{k=0}^{n-1}y_{k+\frac{1}{2}} \tag{6-18}$$

由式(6－18)可以看出，在已经计算出 T_n 的基础上再计算 T_{2n}时，只要计算 n 个新增分点上的函数值就行了，这与直接利用式(6－14)求 T_{2n}相比，计算工作量几乎节省了 1/2。

例 6.4.1 利用递推公式(6－18)计算 $I=\int_0^1\frac{4}{1+x^2}\mathrm{d}x$ 的近似值，使误差不超过 10^{-6}。

解 在积分区间的逐次分半的过程中，顺次计算积分近似值 $T_1,T_2,T_4,\cdots$，并用不等式 $\frac{1}{3}|T_{2n}-T_n|<10^{-6}$来判断计算过程是否需要继续。

先对整个区间$[a,b]$使用梯形公式，得

$$T_1=\frac{1}{2}[f(0)+f(1)]=\frac{1}{2}(4+2)=3$$

然后将区间二等分，新增分点为 $x=\frac{1}{2}$，则由式(6－18)，得

$$T_2=\frac{1}{2}T_1+\frac{1}{2}f\left(\frac{1}{2}\right)=3.1$$

再将各小区间二等分，又新增节点 $x=\frac{1}{4}$与$\frac{3}{4}$，所以

$$T_4=\frac{1}{2}T_2+\frac{1}{4}\left[f\left(\frac{1}{4}\right)+f\left(\frac{3}{4}\right)\right]=3.13117647$$

这样，不断将各小区间二分下去，由式(6－18)依次算出 $T_8,T_{16},\cdots$。计算结果见表 6－4 所列。因为$\frac{1}{3}|T_{512}-T_{256}|<10^{-6}$，故 $T_{512}=3.14159202$ 为满足精度要求的近似值。

表 6－4

n	T_n	n	T_n
1	3	32	3.14142989
2	3.1	64	3.14155196
4	3.13117647	128	3.14158248
8	3.13898849	256	3.14159011
16	3.14094161	512	3.14159202

为了便于上机计算，可将积分区间的等分数依次取为 $2^0, 2^1, 2^2, \cdots$，并将递推公式改写为

$$T_{2^k} = \frac{1}{2}T_{2^{k-1}} + \frac{b-a}{2^k}\sum_{i=1}^{2^{k-1}} f\left[a + \frac{b-a}{2^k}(2i-1)\right] \tag{6-19}$$

对于复合辛普生公式和复合柯特斯公式，也可以根据上述原理构造相应的递推公式。但是，在接下来提供的算法给出了在积分区间逐次分半过程中，近似值 S_{2n} 或 C_{2n} 的更为简便的算法，故不再讨论它们。

6.4.2 龙贝格求积算法

从式(6-18)和例 6.4.1 可以看到，该计算公式的精度较差，因此，计算得到的积分近似值序列 $\{T_n\}$ 收敛于积分精确值的速度较慢。而在前面给出的步长的自动选择中，有

$$I - T_{2n} \approx \frac{1}{3}(T_{2n} - T_n)$$

这是估计积分近似值 T_{2n} 的误差关系式。如果用这个误差值作为 T_{2n} 的一种补偿，可以期望所得到的

$$\bar{T} = T_{2n} + \frac{1}{3}(T_{2n} - T_n) = \frac{4}{3}T_{2n} - \frac{1}{3}T_n$$

可能是积分精确值 I 的更好的近似结果。如当 $n=1$ 时，直接计算

$$\begin{aligned}\bar{T} &= T_2 + \frac{1}{3}(T_2 - T_1) = \frac{4}{3}T_2 - \frac{1}{3}T_1 \\ &= \frac{4}{3}\left[\frac{b-a}{2}\left(\frac{1}{2}f(a) + f\left(\frac{a+b}{2}\right) + \frac{1}{2}f(b)\right)\right] - \frac{1}{3}(b-a)\left[\frac{1}{2}f(a) + \frac{1}{2}f(b)\right] \\ &= (b-a)\left[\frac{1}{6}f(a) + \frac{4}{6}f\left(\frac{a+b}{2}\right) + \frac{1}{6}f(b)\right]\end{aligned}$$

这恰好是 $[a,b]$ 上应用辛普生求积公式的结果，即

$$S_1 = \frac{4}{4-1}T_2 - \frac{1}{4-1}T_1$$

类似地可验证

$$S_2 = \frac{4}{4-1}T_4 - \frac{1}{4-1}T_2$$

一般地，有

$$S_{2^k} = \frac{4}{4-1}T_{2^{k+1}} - \frac{1}{4-1}T_{2^k} \tag{6-20}$$

这就是说，用复合梯形公式二分前后的两个积分近似值 T_n 与 T_{2n}，按式(6-20)作这样简单的线性组合，就可得精度较高的辛普生求积的近似值 S_n，从而加速了逼近的效果，因而称式(6-20)为**梯形加速公式**。

同理，从近似等式 $I \approx S_{2n} + \frac{1}{4^2-1}(S_{2n} - S_n) = \frac{4^2}{4^2-1}S_{2n} - \frac{1}{4^2-1}S_n$ 出发，通过类似的分析，得

$$C_{2^k}=\frac{4^2}{4^2-1}S_{2^{k+1}}-\frac{1}{4^2-1}S_{2^k} \tag{6-21}$$

即在辛普生序列$\{S_{2^k}\}$的基础上，将S_n与S_{2n}按照式(6－21)作线性组合，就可产生收敛速度更快的柯特斯序列$\{C_{2^k}\}$，称式(6－21)为**辛普生加速公式**。

继续同样的讨论方法，根据复合柯特斯公式的误差公式，可进一步导出公式

$$R_{2^k}=\frac{4^3}{4^3-1}C_{2^{k+1}}-\frac{1}{4^3-1}C_{2^k} \tag{6-22}$$

由式(6－22)算得的序列$R_1,R_2,R_4,\cdots,R_{2^k},\cdots$，计算精度又迅速得到了提高。

按照上述规律，还可以构造出新的求积公式，其线性组合的两个系数分别为$\frac{4^m}{4^m-1}$及$\frac{1}{4^m-1}$，但当$m\geqslant 4$时，第1个系数接近于1，第2个系数绝对值很小，因此，这样组合的新公式与前一个公式计算结果差别不大，反而增加了计算的工作量，故计算时只用到式(6－22)为止，通常称式(6－22)为**龙贝格求积公式**。

可以验证，龙贝格求积公式不是牛顿—柯特斯公式。

6.4.3 计算步骤及数值例子

在计算机上应用龙贝格求积算法求积分$\int_a^b f(x)\,\mathrm{d}x$的计算步骤如下。

(1) 准备初值，先用梯形公式计算积分近似值。

$$T_1=\frac{b-a}{2}[f(a)+f(b)]$$

(2) 按变步长梯形法计算积分近似值。

将$[a,b]$逐次分半，令区间长度$h=\frac{b-a}{2^i}(i=0,1,2,\cdots)$，计算

$$T_{2n}=\frac{1}{2}T_n+\frac{h}{2}\sum_{i=0}^{n-1}f(x_{i+\frac{1}{2}}) \quad (n=2^i)$$

(3) 按加速公式求加速值。

梯形加速公式：$S_n=T_{2n}+(T_{2n}-T_n)/3$

辛普生加速公式：$C_n=S_{2n}+(S_{2n}-S_n)/15$

龙贝格求积公式：$R_n=C_{2n}+(C_{2n}-C_n)/63$

(4) 精度控制。直到相邻两次积分值R_{2n}和R_n之差的绝对值不超过给定的误差ε为止，并且最后一次算出的R_{2n}值即为所求。否则将区间再对分，重复(2)～(4)的计算，直到满足精度要求。

例 6.4.2 用龙贝格求积算法计算积分$I=\int_0^1\frac{4}{1+x^2}\mathrm{d}x$的近似值。

解 $f(x)=\frac{4}{1+x^2},a=0,b=1$

按以上步骤计算如下：

(1) $f(0)=4,f(1)=2,\qquad T_1=\frac{1}{2}[f(0)+f(1)]=3$

(2) $f\left(\frac{1}{2}\right)=\frac{16}{5}=3.2$, $T_2=\frac{1}{2}T_1+\frac{1}{2}f\left(\frac{1}{2}\right)=3.1$, $S_1=\frac{4T_2-T_1}{3}=3.133333$

(3) $f\left(\frac{1}{4}\right)=3.7647$, $f\left(\frac{3}{4}\right)=2.56$, $T_4=\frac{1}{2}T_2+\frac{1}{4}\left[f\left(\frac{1}{4}\right)+f\left(\frac{3}{4}\right)\right]=3.131176$

$$S_2=\frac{4T_4-T_2}{4-1}=3.141569,\qquad C_1=\frac{16S_2-S_1}{15}=3.142118$$

(4) $f\left(\frac{1}{8}\right)=3.93846$, $f\left(\frac{3}{8}\right)=3.50685$, $f\left(\frac{5}{8}\right)=2.87640$

$f\left(\frac{7}{8}\right)=2.26549$, $T_8=\frac{1}{2}T_4+\frac{1}{8}\left[f\left(\frac{1}{8}\right)+f\left(\frac{3}{8}\right)+f\left(\frac{5}{8}\right)+f\left(\frac{7}{8}\right)\right]=3.138988$

$$S_4=\frac{4T_8-T_4}{3}=3.141593,\qquad C_2=\frac{16S_4-S_2}{15}=3.141594$$

$$R_1=\frac{64C_2-C_1}{63}=3.141586$$

$$\vdots$$

$T_{16}=3.140941$, $S_8=3.141592$, $C_4=3.141592$, $R_2=3.141593$

$T_{32}=3.141430$, $S_{16}=3.141593$, $C_8=3.141593$, $R_4=3.141593$

故取 $I=\int_0^1\frac{4}{1+x^2}\mathrm{d}x\approx 3.141593$。

将以上所有计算结果及 I 的准确值列在表 6-5 中。

表 6-5

k	T_{2^k}	$S_{2^{k-1}}$	$C_{2^{k-2}}$	$R_{2^{k-3}}$
0	3			
1	3.1	3.133333		
2	3.131176	3.141569	3.142118	
3	3.138988	3.141593	3.141594	3.141586
4	3.140941	3.141592	3.141592	3.141593
5	3.141430	3.141593	3.141593	3.141593
精确值	$I=\int_0^1\frac{4}{1+x^2}\mathrm{d}x=4\arctan x\Big\|_0^1=\pi=3.14159265\cdots$			

由表 6-5 可见，T_{16}，T_{32} 分别只准确到小数点后第 2 位和第 3 位，而加速以后的 S_8，C_4，R_2 和 S_{16}，C_8，R_4 都准确到小数点后第 5 位了，可见加速的效果是很明显的。

应用龙贝格求积算法，系数有规律，不需要存储求积系数，占用存储单元少，精确度较高，因此适合在计算机上应用。

算法 6.2 用龙贝格求积算法计算积分 $I=\int_a^b f(x)\mathrm{d}x$。

输入：端点 a,b；正整数 m；误差 ε。

输出：数组 T。

(1) $h\leftarrow b-a$；$T_{1,1}\leftarrow h(f(a)+f(b))/2$。

(2) 输出$(T_{1,1})$。

(3) 对 $i=2,3,\cdots,m$ 进行如下操作。

① $T_{2,1} \leftarrow \frac{1}{2}\left[T_{1,1} + h\sum_{k=1}^{2^{i-2}} f(a+(k-0.5)h)\right]$;

② 对 $j=2,3,\cdots,i$,有

$$T_{2,j} \leftarrow \frac{4^{j-1}T_{2,j-1} - T_{1,j-1}}{4^{j-1}-1}$$

③ 输出$(T_{2,j}, j=1,2,\cdots,i)$;

④ 若$|T_{2,j} - T_{2,j-1}| < \varepsilon$,转(4),否则转(5);

⑤ $h \leftarrow h/2$;

⑥ 对 $j=1,2,\cdots,i$,有

$$T_{1,j} \leftarrow T_{2,j}$$

(4) 停机。

6.5 高斯求积公式

6.5.1 高斯积分问题的提出

前面介绍的牛顿—柯特斯求积公式,将插值公式的节点 x_i 限定为等距节点,然后确定了求积系数 $C_k^{(n)}$。这种做法虽然简化了计算,但求积公式的精度也受到限制。例如,在构造形如

$$\int_{-1}^{1} f(x)\mathrm{d}x \approx \omega_0 f(x_0) + \omega_1 f(x_1) \tag{6-23}$$

的两点公式时,如果限定 $x_0=-1, x_1=1$,那么所得插值型求积公式

$$\int_{-1}^{1} f(x)\mathrm{d}x \approx f(-1) + f(1) \tag{6-24}$$

的代数精度仅为1。但是,若对式(6-23)中的系数 ω_0,ω_1 和节点 x_0,x_1 都不加限制,则可使得式(6-23)的代数精度大于1。事实上,若要求式(6-23)对函数 $f(x)=1,x,x^2,x^3$ 都精确成立,只要 x_0,x_1 和 ω_0,ω_1 满足方程组

$$\begin{cases} \omega_0 + \omega_1 = 2 \\ \omega_0 x_0 + \omega_1 x_1 = 0 \\ \omega_0 x_0^2 + \omega_1 x_1^2 = 2/3 \\ \omega_0 x_0^3 + \omega_1 x_1^3 = 0 \end{cases} \tag{6-25}$$

解得

$$\omega_0 = \omega_1 = 1, x_0 = -\frac{\sqrt{3}}{3}, x_1 = \frac{\sqrt{3}}{3}$$

所以,有

$$\int_{-1}^{1} f(x)\mathrm{d}x \approx f\left(-\frac{\sqrt{3}}{3}\right) + f\left(\frac{\sqrt{3}}{3}\right) \tag{6-26}$$

即式(6-26)至少具有3次代数精度。

那么,对于具有 n 个节点的插值型求积公式,其代数精度最高能达到多少呢?

定理 6.5.1 形如

$$\int_a^b f(x)\mathrm{d}x \approx \sum_{i=1}^{n} \omega_i f(x_i) \tag{6-27}$$

的插值型求积公式的代数精确度最高不超过 $2n-1$ 次。

证明 由代数精度定义,只要找到一个 $2n$ 次的多项式,使式(6-27)不能精确成立即可。

因为 $\omega_n(x)=(x-x_1)(x-x_2)\cdots(x-x_n)$ 是 n 次多项式,则取 $f(x)=[\omega_n(x)]^2$ 时,$f(x)$ 为 $2n$ 次多项式,且只在 $x_1,x_2,\cdots,x_n$ 处 $f(x)$ 为零,$\int_a^b f(x)\mathrm{d}x=\int_a^b[\omega_n(x)]^2\mathrm{d}x>0$,而 $\sum_{i=1}^{n}\omega_i f(x_i)=0$,因此,当取 $f(x)=[\omega_n(x)]^2$ 时,式(6-27)不能精确成立。

所以,式(6-27)的代数精度不能超过 $2n-1$ 次。

证毕。

虽然上述定理只给出了插值型求积公式的最高代数精确度的一个上界,但可以证明的是,只要适当选择求积节点,这个上界是可以达到的。这就是下面将要介绍的高斯求积公式。

6.5.2 高斯求积公式

定义 6.5.1 若一组节点 $x_1,x_2,\cdots,x_n\in[a,b]$,使式(6-27)具有 $2n-1$ 次代数精度,则此组节点称为**高斯点**,并相应的求积公式(6-27)称为**高斯求积公式**。

下面将要阐明,要使式(6-27)的代数精度达到 $2n-1$ 是完全可能的,并介绍相应的节点 x_i 和系数 ω_i 的求法。

构造高斯公式的关键是求得高斯点,虽然可以从代数精度的定义出发,通过解一个方程组(非线性)来同时求得求积系数和节点,但在 n 较大的情况下,这种求法是很困难的。所以,一般利用正交多项式的特性来构造高斯求积公式,先看以下定理。

定理 6.5.2 式(6-27)中,节点 $x_1,x_2,\cdots,x_n$ 是高斯点的充分必要条件是:在区间 $[a,b]$ 上,n 次多项式 $\omega_n(x)=(x-x_1)(x-x_2)\cdots(x-x_n)$ 与所有次数不超过 $n-1$ 的多项式 $Q(x)$ 都正交,即

$$\int_a^b \omega_n(x)Q(x)\mathrm{d}x=0 \tag{6-28}$$

证明 必要性:设 $Q(x)$ 是任意一个次数不超过 $n-1$ 的多项式,则 $\omega_n(x)Q(x)$ 是次数不超过 $2n-1$ 的多项式。因此,如果节点 $x_1,x_2,\cdots,x_n$ 是式(6-27)的高斯点,则式(6-27)对于 $\omega_n(x)Q(x)$ 可精确成立,即

$$\int_a^b \omega_n(x)Q(x)\mathrm{d}x=\sum_{i=0}^{n}\omega_i\omega_n(x_i)Q(x_i)=0$$

所以 $\int_a^b \omega_n(x)Q(x)\mathrm{d}x=0$ 成立。

充分性:设 $f(x)$ 是任意给定的次数不超过 $2n-1$ 的多项式,用 $\omega_n(x)$ 除 $f(x)$,记商为 $Q(x)$,余式为 $r(x)$,即

$$f(x)=\omega_n(x)Q(x)+r(x)$$

其中，$Q(x)$ 和 $r(x)$ 为次数均不超过 $n-1$ 的多项式。于是

$$\int_a^b f(x)\mathrm{d}x = \int_a^b \omega_n(x)Q(x)\mathrm{d}x + \int_a^b r(x)\mathrm{d}x$$

由定理假设，得

$$\int_a^b \omega_n(x)Q(x)\mathrm{d}x = 0$$

故

$$\int_a^b f(x)\mathrm{d}x = \int_a^b r(x)\mathrm{d}x$$

由于所给的求积公式是插值型的，故它至少具有 $n-1$ 次代数精度，从而

$$\int_a^b r(x)\mathrm{d}x = \sum_{i=1}^n \omega_i r(x_i)$$

再注意到 $\omega_n(x_i)=0(i=1,2,\cdots,n)$，所以

$$f(x_i)=Q(x_i)\omega_n(x_i)+r(x_i)=r(x_i)$$

于是

$$\int_a^b f(x)\mathrm{d}x = \sum_{i=1}^n \omega_i f(x_i)$$

可见式(6-27)对一切次数不超过 $2n-1$ 的多项式都能精确成立，所以它是高斯求积公式，其节点 $x_1,x_2,\cdots,x_n$ 就是高斯点。

证毕。

由于可以证明：n 次正交多项式与比它次数低的任意多项式正交，并且 n 次正交多项式恰好有 n 个互异的实的单根，则有下面的推论。

推论 6.5.1 n 次正交多项式的零点是 n 点高斯公式的高斯点。

以上定理的讨论实际上已经提供了构造高斯求积公式的方法，即只要去找$[a,b]$上的 n 次正交多项式的 n 个零点。对于区间$[a,b]$，可用线性变换 $x=\frac{a+b}{2}+\frac{b-a}{2}t$ 使它成为$[-1,1]$，因此，只讨论积分区间为$[-1,1]$的情况。

形如$\frac{1}{2^n n!}\frac{\mathrm{d}^n(x^2-1)^n}{\mathrm{d}x^n}$的多项式称为**勒让德多项式**，记为 $L_n(x)$。

6.5.3 勒让德多项式的性质

(1) $y=L_n(x)$满足微分方程(勒让德方程)

$$(x^2-1)y''+2xy'-n(n+1)y=0$$

(2) 递推性。$L_{n+1}(x)$、$L_n(x)$和 $L_{n-1}(x)$满足关系式

$$(n+1)L_{n+1}(x)-(2n+1)xL_n(x)+nL_{n-1}(x)=0$$

显然有

$$L_0(x)=1$$

$$L_1(x)=x$$

利用递推性，得

$$L_2(x)=\frac{1}{2}(3x^2-1)$$

$$L_3(x)=\frac{1}{2}(5x^3-3x)$$

$$L_4(x)=\frac{1}{8}(35x^4-30x^2+3)$$

$$L_5(x)=\frac{1}{8}(63x^5-70x^3+15x)$$

$$\vdots$$

(3) 多项式 $L_n(x)$ 在区间 $(-1,1)$ 内有 n 个单实根。

(4) 多项式 $L_n(x)$ 是区间 $[-1,1]$ 上的正交多项式，即

$$\int_{-1}^{1} L_m(x)L_n(x)\,\mathrm{d}x=\begin{cases}0, & m\neq n\\ \dfrac{2}{2n+1}, & m=n\end{cases}$$

(5) 在区间 $[-1,1]$ 上，对于任意次数不超过 n 的多项式 $p(x)$，均有

$$\int_{-1}^{1} L_n(x)p(x)\,\mathrm{d}x=0$$

以上性质的证明可在有关特殊函数的书中找到，这里从略。

6.5.4 高斯—勒让德求积公式

定理 6.5.3 若 $x_1,x_2,\cdots,x_n$ 是高斯点，则

$$\omega_n(x)=\frac{2^n(n!)^2}{(2n)!}L_n(x)$$

证明 设 $x_1,x_2,\cdots,x_n$ 是高斯点，且

$$\omega_n(x)=(x-x_1)(x-x_2)\cdots(x-x_n)$$

作函数

$$u(x)=\underbrace{\int_{-1}^{x}\int_{-1}^{x}\cdots\int_{-1}^{x}}_{n\text{次积分}}\omega_n(x)\,\mathrm{d}x\cdots\mathrm{d}x\mathrm{d}x$$

显然，$u(x)$ 是 $2n$ 次多项式，且

$$u(-1)=u'(-1)=u''(-1)=\cdots=u^{(n-1)}(-1)=0$$

又设 $v(x)$ 为任意的 $n-1$ 次多项式，则由定理 6.5.2，有

$$\int_{-1}^{1} v(x)\omega_n(x)\,\mathrm{d}x=0$$

因为 $u^{(n)}(x)=\omega_n(x)$，所以

$$\int_{-1}^{1} v(x)\omega_n(x)\,\mathrm{d}x=\int_{-1}^{1} v(x)u^{(n)}(x)\,\mathrm{d}x=u^{(n-1)}(1)v(1)-\int_{-1}^{1} u^{(n-1)}(x)v'(x)\,\mathrm{d}x$$

$$= u^{(n-1)}(1)v(1) - u^{(n-2)}(1)v'(1) + \int_{-1}^{1} u^{(n-2)}(x)v''(x)\mathrm{d}x$$

$$\vdots$$

$$= u^{(n-1)}(1)v(1) - u^{(n-2)}(1)v'(1) + u^{(n-3)}(1)v''(1) - \cdots$$

$$+ (-1)^{n-1}u(1)v^{(n-1)}(1) + (-1)^{n}\int_{-1}^{1} u(x)v^{(n)}(x)\mathrm{d}x$$

又因为 $v^{(n)}(x)=0$,所以

$$u^{(n-1)}(1)v(1) - u^{(n-2)}(1)v'(1) + \cdots + (-1)^{n-1}u(1)v^{(n-1)}(1) = 0$$

由于 $v(x)$ 的任意性,得

$$u^{(n-1)}(1) = u^{(n-2)}(1) = \cdots = u'(1) = u(1) = 0$$

因此,$u(x)$ 是以 $(+1)$ 和 (-1) 为它的 n 重根的 $2n$ 次多项式,于是可令

$$u(x) = K(x^2-1)^n$$

即

$$\omega_n(x) = K\frac{d^n(x^2-1)^n}{dx^n}$$

比较等式两端含 x^n 项的系数

$$1 = K\frac{(2n)!}{n!}$$

得

$$K = \frac{n!}{(2n)!}$$

于是

$$\omega_n(x) = \frac{n!}{(2n)!}\frac{d^n(x^2-1)^n}{dx^n} = \frac{2^n(n!)^2}{(2n)!}L_n(x)$$

其中

$$L_n(x) = \frac{1}{2^n n!}\frac{\mathrm{d}^n(x^2-1)^n}{\mathrm{d}x^n}$$

证毕。

由推论 6.5.1 知,勒让德多项式的 n 个根就是高斯点。将由勒让德正交多项式的零点构造出来的高斯求积公式称为**高斯—勒让德求积公式**。

下面具体地构造在 $[-1,1]$ 区间上的各阶高斯—勒让德求积公式。

(1) 一个节点时:因 $L_1(x)=x$,其零点为 $x_0=0$,以 x_0 为节点构造形如

$$\int_{-1}^{1} f(x)\mathrm{d}x \approx \omega_0 f(0)$$

的高斯求积公式,可得 $\omega_0=2$,这样由一点构造出来的高斯—勒让德求积公式为

$$\int_{-1}^{1} f(x)\mathrm{d}x \approx 2f(0)$$

称为中矩形公式。

（2）两个节点时：因 $L_2(x)=\frac{1}{2}(3x^2-1)$，其零点为 $x_0=-\frac{1}{\sqrt{3}}, x_1=\frac{1}{\sqrt{3}}$，以它们为节点构造形如

$$\int_{-1}^{1} f(x)\,\mathrm{d}x \approx \omega_0 f\left(-\frac{1}{\sqrt{3}}\right)+\omega_1 f\left(\frac{1}{\sqrt{3}}\right)$$

的高斯求积公式，由于它的代数精度为3，所以它对 $f(x)=1, x$ 都精确成立，得

$$\begin{cases}\omega_0+\omega_1=2\\ \omega_0\left(-\frac{1}{\sqrt{3}}\right)+\omega_1\left(\frac{1}{\sqrt{3}}\right)=0\end{cases}$$

由此可得，$\omega_0=\omega_1=1$，从而得到两点的高斯—勒让德求积公式为

$$\int_{-1}^{1} f(x)\,\mathrm{d}x \approx f\left(-\frac{1}{\sqrt{3}}\right)+f\left(\frac{1}{\sqrt{3}}\right)$$

完全类似地可求出三点的高斯—勒让德求积公式为

$$\int_{-1}^{1} f(x)\,\mathrm{d}x \approx \frac{5}{9}f\left(-\frac{\sqrt{15}}{5}\right)+\frac{8}{9}f(0)+\frac{5}{9}f\left(\frac{\sqrt{15}}{5}\right)$$

显然求积节点 x_k 和系数 ω_k 与 $f(x)$ 无关，只与勒让德正交多项式有关。一般地，关于系数 ω_k 有

定理 6.5.4 在区间 $[-1,1]$ 上，高斯—勒让德求积公式的系数 ω_k 恒为正，且有

$$\omega_k=\frac{2}{(1-x_k^2)[L_n'(x_k)]^2}$$

以及

$$\sum_{k=1}^{n}\omega_k=2$$

证明 考察积分

$$s_k=\int_{-1}^{1}\frac{L_n(x)L'_n(x)}{x-x_k}\mathrm{d}x$$

因被积函数是 $2n-2$ 次多项式，故由高斯 — 勒让德求积公式得

$$s_k=\sum_{j=1}^{n}\omega_j\frac{L_n(x_j)L'_n(x_j)}{x_j-x_k}=\omega_k[L'_n(x_k)]^2$$

另外，按照分部积分法，令 $u=\frac{L_n(x)}{x-x_k}$，则

$$s_k=\frac{L_n^2(x)}{x-x_k}\Bigg|_{-1}^{1}-\int_{-1}^{1}L_n(x)u'\mathrm{d}x$$

因为 u' 是次数小于 $n-1$ 的多项式，由勒让德多项式的性质可知，上式右端的积分等于零，所以

$$s_k=\frac{L_n^2(1)}{1-x_k}-\frac{L_n^2(-1)}{-1-x_k}$$

下面求 $L_n(1)$ 和 $L_n(-1)$。因为

$$
\begin{aligned}
L_n(x) &= \frac{1}{2^n n!}\frac{\mathrm{d}^n}{\mathrm{d}x^n}[(x+1)^n(x-1)^n] \\
&= \frac{1}{2^n n!}\sum_{k=0}^{n} C_n^k \frac{\mathrm{d}^{n-k}}{\mathrm{d}x^{n-k}}(x+1)^n \frac{\mathrm{d}^k}{\mathrm{d}x^k}(x-1)^n \\
&= \frac{1}{2^n n!}\sum_{k=0}^{n} C_n^k \frac{n!}{k!}(x+1)^k \frac{n!}{(n-k)!}(x-1)^{n-k} \\
&= \frac{1}{2^n}\sum_{k=0}^{n} (C_n^k)^2(x+1)^k(x-1)^{n-k} \\
&= \frac{1}{2^n}[(C_n^0)^2(x+1)^0(x-1)^n + (C_n^n)^2(x+1)^n(x-1)^0 + \\
&\quad \sum_{k=1}^{n-1}(C_n^k)^2(x+1)^k(x-1)^{n-k}]
\end{aligned}
$$

所以

$$
L_n(1)=1, L_n(-1)=(-1)^n
$$

因此,有

$$
s_k = \frac{1}{1-x_k}+\frac{1}{1+x_k}=\frac{2}{1-x_k^2}
$$

于是

$$
\omega_k = \frac{s_k}{[L_n'(x_k)]^2} = \frac{2}{(1-x_k^2)[L_n'(x_k)]^2}
$$

又因为勒让德多项式的根在开区间$(-1,1)$内,即$|x_k|<1$,所以 ω_k 恒为正。另外,在

$$
\int_{-1}^{1} f(x)\,\mathrm{d}x = \sum_{k=1}^{n}\omega_k f(x_k)
$$

中,只需令$f(x)\equiv 1$,得

$$
\sum_{k=1}^{n}\omega_k = \int_{-1}^{1}\mathrm{d}x = 2
$$

证毕。

表6-6给出了1~5个节点的高斯—勒让德求积公式的求积节点和系数(可以发现,该求积节点、求积系数具有内在的对称性)。

表6-6

节点数 n	节点 x_n	系数 ω_n	余项 R_n
1	0.0000000	2.0000000	$\frac{1}{3}f''(\eta)$
2	-0.5773503 +0.5773503	1.0000000 1.0000000	$\frac{1}{135}f^{(4)}(\eta)$
3	-0.7745967 0.0000000 +0.7745967	0.5555556(5/9) 0.8888889(8/9) 0.5555556(5/9)	$\frac{1}{15750}f^{(6)}(\eta)$

（续）

节点数 n	节点 x_n	系数 ω_n	余项 R_n
4	−0.8611363 −0.3399810 +0.3399810 +0.8611363	0.3478548 0.6521452 0.6521452 0.3478548	$\frac{1}{3472875}f^{(8)}(\eta)$
5	−0.9061799 +0.5384693 0.0000000 +0.5384693 +0.9061799	0.2369269 0.4786287 0.5688889 0.4786287 0.2369269	$\frac{1}{1237732650}f^{(10)}(\eta)$

例 6.5.1 试用代数精确度方法设计形式如

$$\int_{-1}^{1} f(x)\,\mathrm{d}x \approx \omega_0 f(x_0) + \omega_1 f(x_1)$$

的两点高斯公式。

解 由对称性定理 $\omega_0 = \omega_1, x_0 = -x_1$，则所设计的求积公式具有形式

$$\int_{-1}^{1} f(x)\,\mathrm{d}x \approx \omega_0[f(x_0) + f(-x_0)]$$

由于它对于 $f(x) = x, x^3$ 自然准确，故对称性原理是正确的。再令它对于 $f(x) = 1, x^2$ 准确成立，可列出方程组

$$\begin{cases} 2\omega_0 = 2 \\ 2\omega_0 x_0^2 = \dfrac{2}{3} \end{cases}$$

据此知，$\omega_0 = 1, x_0 = -\dfrac{1}{\sqrt{3}}$，因而有两点高斯公式

$$\int_{-1}^{1} f(x)\,\mathrm{d}x \approx f\left(-\frac{1}{\sqrt{3}}\right) + f\left(\frac{1}{\sqrt{3}}\right)$$

显然，这与上述所推出的两点高斯—勒让德求积公式是相同的。

例 6.5.2 分别用三点辛普生公式和三点高斯—勒让德求积公式计算积分

$$\int_{-1}^{1} \sqrt{x+1}\,\mathrm{d}x$$

解 用三点辛普生公式计算，得

$$\int_{-1}^{1} \sqrt{x+1}\,\mathrm{d}x \approx \frac{2}{6}\left[\sqrt{-1+1} + 4\sqrt{0+1} + \sqrt{1+1}\right] = 1.804737854$$

用三点高斯—勒让德求积公式计算，得

$$\int_{-1}^{1} \sqrt{x+1}\,\mathrm{d}x \approx \frac{5}{9}\sqrt{-0.7745966692+1} + \frac{8}{9}\sqrt{0+1} + \frac{5}{9}\sqrt{0.7745966692+1} = 1.892725829$$

精确值为 1.885618083，可见，在节点数相同的情况下，用高斯—勒让德求积公式计算，其结果的精度高于辛普生公式的计算。

对于一般的$[a,b]$区间上的积分，可先用变量置换

$$x=\frac{a+b}{2}+\frac{b-a}{2}t$$

将积分区间转化为$[-1,1]$，即

$$\int_a^b f(x)\,\mathrm{d}x = \frac{b-a}{2}\int_{-1}^1 f\left(\frac{a+b}{2}+\frac{b-a}{2}t\right)\mathrm{d}t$$

然后用相应的高斯—勒让德求积公式来计算。

例 6.5.3 用高斯—勒让德求积公式计算 $I=\int_0^1\frac{\sin x}{x}\mathrm{d}x$。

解 因为积分区间为$[0,1]$，先作变换 $x=\frac{1}{2}(t+1)$，把$[0,1]$区间化为$[-1,1]$区间上的积分，即

$$\int_0^1\frac{\sin x}{x}\mathrm{d}x = \int_{-1}^1\frac{\sin\frac{1}{2}(t+1)}{t+1}\mathrm{d}t$$

用两个节点的高斯—勒让德求积公式，有

$$I\approx\frac{\sin\frac{1}{2}(-0.5773503+1)}{-0.5773503+1}+\frac{\sin\frac{1}{2}(0.5773503+1)}{0.5773503+1}=0.9460411$$

用三个节点的高斯—勒让德求积公式，有

$$I\approx\frac{5}{9}\times\frac{\sin\frac{1}{2}(-0.7745967+1)}{-0.7745967+1}+\frac{8}{9}\times\frac{\sin\frac{1}{2}}{0+1}+\frac{5}{9}\times\frac{\sin\frac{1}{2}(0.7745967+1)}{0.7745967+1}$$

$$=0.9460831$$

本例中，通过 3 个节点计算，仅用到 3 个函数值，得到 7 位准确数字的结果。相同的问题得到以上精度的结果，若用龙贝格求积算法，需对区间$[0,1]$等分 3 次，用到 9 个函数值，而若使用复合梯形公式，需对积分区间$[0,1]$等分 11 次，用 2049 个函数值才可以。这说明高斯求积公式是高精度的。

但高斯型求积公式也有明显的缺点，这就是节点和求积系数需要查表，并且当节点数目 n 增加时，原来的节点几乎都不能用，先前计算的被积函数值不能重新使用，这将造成不必要的浪费。但在很多情况下，由于高斯求积公式的快速收敛性，上述的低效率是无关紧要的。

6.5.5 高斯—勒让德求积公式的余项

现在讨论高斯—勒让德求积公式的余项

$$R_n=\int_{-1}^1 f(x)\,\mathrm{d}x-\sum_{k=1}^n\omega_k f(x_k)$$

式中：x_k 和 ω_k 分别是高斯点和高斯—勒让德求积公式的系数。

定理 6.5.5 若$f^{(2n)}(x)$在$[-1,1]$上连续,则高斯—勒让德求积公式的余项为

$$R_n=\frac{2^{2n+1}}{2n+1}\frac{(n!)^4}{[(2n)!]^3}f^{(2n)}(\eta)$$

其中,$\eta\in(-1,1)$。

证明 作$2n-1$次多项式$H(x)$,使满足

$$H(x_k)=f(x_k),\quad H'(x_k)=f'(x_k)$$

则此多项式是n个节点的厄米特多项式。于是有

$$f(x)=H(x)+\frac{\omega_n^2(x)}{(2n)!}f^{(2n)}(\xi)=H(x)+\frac{1}{(2n)!}\left[\frac{2^n(n!)^2}{(2n)!}L_n(x)\right]^2f^{(2n)}(\xi)$$

其中,$\xi\in(\min\{x,x_1,\cdots,x_n\},\max\{x,x_1,\cdots,x_n\})$。

由于$H(x)$是$2n-1$次多项式,高斯—勒让德求积公式对$H(x)$精确成立,故

$$\int_{-1}^{1}H(x)\mathrm{d}x=\sum_{k=1}^{n}\omega_kH(x_k)=\sum_{k=1}^{n}\omega_kf(x_k)$$

于是

$$\begin{aligned}R_n&=\int_{-1}^{1}f(x)\mathrm{d}x-\sum_{k=1}^{n}\omega_kf(x_k)=\int_{-1}^{1}f(x)\mathrm{d}x-\int_{-1}^{1}H(x)\mathrm{d}x\\&=\frac{2^{2n}(n!)^4}{[(2n)!]^3}\int_{-1}^{1}f^{(2n)}(\xi)L_n^2(x)\mathrm{d}x\end{aligned}$$

因为$f^{(2n)}(x)$在$[-1,1]$上连续,$L_n^2(x)$在$[-1,1]$上不变号,由积分中值定理,存在$\eta\in(-1,1)$,使

$$\int_{-1}^{1}f^{(2n)}(\xi)L_n^2(x)\mathrm{d}x=f^{(2n)}(\eta)\int_{-1}^{1}L_n^2(x)\mathrm{d}x$$

再利用勒让德多项式的正交性

$$\int_{-1}^{1}L_n^2(x)\mathrm{d}x=\frac{2}{2n+1}$$

得

$$R_n=\frac{2^{2n+1}}{2n+1}\frac{(n!)^4}{[(2n)!]^3}f^{(2n)}(\eta)$$

其中,$\eta\in(-1,1)$。

证毕。

表 6-6 末列给出了$n=1$个~5个节点的高斯—勒让德求积公式的余项。

可以证明,若函数$f(x)$在区间$[-1,1]$上连续,则当$n\to\infty$时,高斯—勒让德求积公式$\sum_{k=1}^{n}\omega_kf(x_k)$收敛到积分值$\int_{-1}^{1}f(x)\mathrm{d}x$。

6.6 二重积分的数值积分法

这里只介绍一种数值求积法,这种方法将二重积分化为二次积分,然后利用定积分计算中的梯形公式或者辛普生公式计算二次积分,从而得到二重积分的近似值。

6.6.1 矩形域上的二重积分

设有二重积分

$$I(f) = \iint_D f(x,y)\,\mathrm{d}x\mathrm{d}y$$

其中，积分域为矩形域 $D=\{(x,y)\mid a\leqslant x\leqslant b, c\leqslant y\leqslant d\}$。

$I(f)$ 可以化为二次积分

$$I(f) = \int_c^d \mathrm{d}y\int_a^b f(x,y)\,\mathrm{d}x$$

1. 复合梯形公式

利用式(6-8)，得

$$\int_a^b f(x,y)\,\mathrm{d}x \approx \frac{b-a}{2}[f(a,y)+f(b,y)]$$

所以

$$\begin{aligned} I(f) &\approx \frac{b-a}{2}\left[\int_c^d f(a,y)\,\mathrm{d}y + \int_c^d f(b,y)\,\mathrm{d}y\right] \\ &= \frac{(b-a)(d-c)}{4}[f(a,c)+f(a,d)+f(b,c)+f(b,d)] \end{aligned} \tag{6-29}$$

式(6-29)称为计算二重积分 $I(f)$ 的梯形公式。

若取

$$x_i = a+ih,\quad i=0,1,\cdots,m,\quad h=\frac{b-a}{m}$$

$$y_j = c+i\tau,\quad j=0,1,\cdots,n,\quad \tau=\frac{d-c}{n}$$

则直线族 $x=x_i(i=0,1,\cdots,m)$ 和直线族 $y=y_j(j=0,1,\cdots,n)$ 把矩形域 D 分割成 $m\times n$ 个子矩形域

$$D_{ij}=\{(x,y)\mid x_i\leqslant x\leqslant x_{i+1}, y_j\leqslant y\leqslant y_{j+1}\}$$
$$i=0,1,\cdots,m-1, j=0,1,\cdots,n-1$$

两直线族的交点 $(x_i,y_j)(i=0,1,\cdots,m, j=0,1,\cdots,n)$ 称为求积节点。记 $f_{ij}=f(x_i,y_j)$，则由式(6-29)，得

$$I(f) = \sum_{i=0}^{m-1}\sum_{j=0}^{n-1}\iint_{D_{ij}} f(x,y)\,\mathrm{d}x\mathrm{d}y \approx \frac{h\tau}{4}\sum_{i=0}^{m-1}\sum_{j=0}^{n-1}(f_{ij}+f_{i+1,j}+f_{i+1,j+1}) = \frac{h\tau}{4}\sum_{i=0}^{m}\sum_{j=0}^{n}\lambda_{ij}f_{ij} \tag{6-30}$$

其中

$$\begin{cases} \lambda_{00}=\lambda_{0n}=\lambda_{m0}=\lambda_{mn}=1 \\ \lambda_{i0}=\lambda_{in}=2,\quad i=1,2,\cdots,m-1 \\ \lambda_{0j}=\lambda_{mj}=2,\quad j=1,2,\cdots,n-1 \\ \lambda_{ij}=4,\quad i=1,2,\cdots,m-1, j=1,2,\cdots,n-1 \end{cases}$$

式(6-30)称为计算二重积分 $I(f)$ 的复合梯形公式。

2. 复合辛普生公式

利用式(6-9),得

$$\int_a^b f(x,y)\mathrm{d}x \approx \frac{b-a}{6}\left[f(a,y)+4f\left(\frac{a+b}{2},y\right)+f(b,y)\right]$$

$$\begin{aligned}I(f) &\approx \frac{b-a}{6}\int_c^d\left[f(a,y)+4f\left(\frac{a+b}{2},y\right)+f(b,y)\right]\mathrm{d}y\\ &\approx \frac{(b-a)(d-c)}{36}\left\{f(a,c)+f(b,c)+f(a,d)+f(b,d)+\right.\\ &\quad 4\left[f\left(\frac{a+b}{2},c\right)+f\left(\frac{a+b}{2},d\right)+f\left(a,\frac{c+d}{2}\right)+f\left(b,\frac{c+d}{2}\right)\right]+\\ &\quad \left.16f\left(\frac{a+b}{2},\frac{c+d}{2}\right)\right\}\end{aligned} \tag{6-31}$$

式(6-31)称为计算二重积分 $I(f)$ 的辛普生公式。

若取

$$x_k=a+kh,\quad k=0,1,\cdots,2m,\quad h=\frac{b-a}{2m}$$

$$y_l=c+l\tau,\quad l=0,1,\cdots,2n,\quad \tau=\frac{d-c}{2n}$$

得求积节点 (x_k,y_l) $(k=0,1,\cdots,2m,l=0,1,\cdots,2n)$ 以及子矩形域

$$D_{ij}=\{(x,y)\mid x_{2i}\leqslant x\leqslant x_{2i+2},y_{2j}\leqslant y\leqslant y_{2j+2}\}$$

$$i=0,1,\cdots,m-1,j=0,1,\cdots,n-1$$

利用式(6-31),得

$$\begin{aligned}I(f) &= \sum_{i=0}^{m-1}\sum_{j=0}^{n-1}\iint_{D_{ij}}f(x,y)\mathrm{d}x\mathrm{d}y \approx \frac{(2h)(2\tau)}{36}\sum_{i=0}^{m-1}\sum_{j=0}^{n-1}(f_{2i,2j}+f_{2i+2,2j}+f_{2i,2j+2}+f_{2i+2,2j+2}+\\ &\quad 4(f_{2i+1,2j}+f_{2i+1,2j+2}+f_{2i,2j+1}+f_{2i+2,2j+1})+16f_{2i+1,2j+1}] = \frac{h\tau}{9}\sum_{i=0}^{2m}\sum_{j=0}^{2n}\lambda_{ij}f_{ij}\end{aligned} \tag{6-32}$$

其中

$$\begin{cases}\lambda_{00}=\lambda_{0,2n}=\lambda_{2m,0}=\lambda_{2m,2n}=1\\ \lambda_{i0}=\lambda_{i,2n}=4,\quad i=1,3,\cdots,2m-1\\ \lambda_{0j}=\lambda_{2m,j}=4,\quad j=1,3,\cdots,2n-1\\ \lambda_{ij}=4,\quad i=2,4,\cdots,2m-2,j=2,4,\cdots,2n-2\\ \lambda_{i0}=\lambda_{i,2n}=2,\quad i=2,4,\cdots,2m-2\\ \lambda_{0j}=\lambda_{2m,j}=2,\quad j=2,4,\cdots,2n-2\\ \lambda_{ij}=8,\quad i=1,3,\cdots,2m-1,j=2,4,\cdots,2n-2\\ \lambda_{ij}=8,\quad i=2,4,\cdots,2m-2,j=2,4,\cdots,2n-1\\ \lambda_{ij}=8,\quad i=1,3,\cdots,2m-1,j=1,3,\cdots,2n-1\end{cases}$$

式(6-32)称为计算二重积分 $I(f)$ 的复合辛普生公式。

6.6.2 一般区域上的二重积分

设 $I(f) = \iint\limits_D f(x,y)\mathrm{d}x\mathrm{d}y$ 的积分区域 D 为

$$D=\{(x,y) \mid a\leqslant x\leqslant b, u(x)\leqslant y\leqslant v(x)\}。$$

其中,$u(x)$、$v(x)$ 都是区间 $[a,b]$ 上的连续函数。作矩形

$$R=\{(x,y) \mid a\leqslant x\leqslant b, c\leqslant y\leqslant d\}$$

使得 $D\subset R$(图 6-1)。

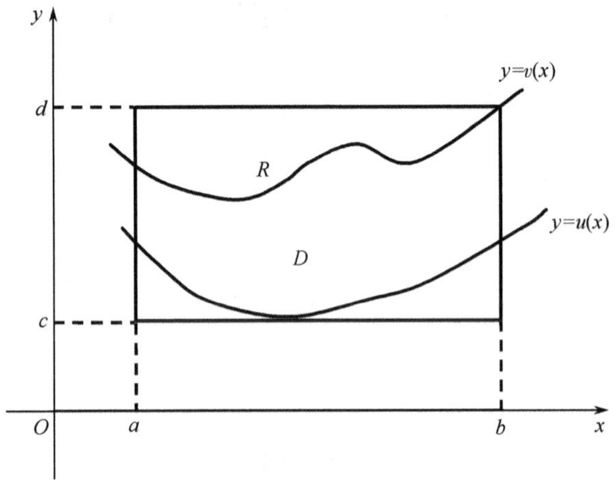

图 6-1

令

$$F(x,y)=\begin{cases} f(x,y), & (x,y)\in D \\ 0, & (x,y)\in R\backslash D \end{cases}$$

由式(6-32),得

$$I(f) = \iint\limits_R F(x,y)\mathrm{d}x\mathrm{d}y \approx \frac{h\tau}{9}\sum_{i=0}^{2m}\sum_{j=0}^{2n}\lambda_{ij}F_{ij}$$

其中

$$F_{ij}=\begin{cases} f(x_i,y_j), & u(x_i)\leqslant y_j\leqslant v(x_i) \\ 0, & \text{其他} \end{cases}$$

6.7 数 值 微 分

按照微积分的观点,函数的微分问题比积分问题容易,因为大多数函数都可微,且求导运算比积分运算简单得多,而要求得它们的原函数是十分困难的。但对数值计算,情况正好相反。因为数值积分不但计算公式不复杂,而且多数数值积分法的数值性质较好。数值微分虽然计算公式很简单,但计算的精度却往往很差。这实际上要求在使用数值微分公式时,应十分注意计算的精确度。

6.7.1 均差公式

直接由微积分中导数的定义可知，当 $h \to 0$ 时，导数 $f'(a)$ 是均差 $\dfrac{f(a+h)-f(a)}{h}$ 的极限。如果精度要求不高，可以有

$$f'(a) \approx \frac{f(a+h)-f(a)}{h}$$

$$f'(a) \approx \frac{f(a)-f(a-h)}{h}$$

$$f'(a) \approx \frac{f(a+h)-f(a-h)}{2h}$$

实际上就是分别用均差、向后均差和中心均差作为导数的近似值，其中最后一种数值微分方法称**中点公式**，它其实是甫 种方法的算术平均。

在图 6-2 中，上述三种导数的近似值分别表示割线 AB、AC 和 BC 的斜率。从图形中明显可见，BC 的斜率更接近于切线 AT 的斜率。因此，就精度而言，以中点方法更可取。

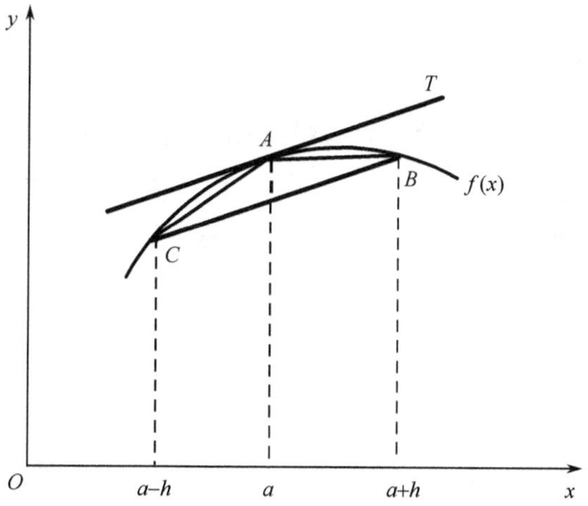

图 6-2

为了运用中点公式

$$G(h) = \frac{f(a+h)-f(a-h)}{2h} \tag{6-33}$$

计算导数 $f'(a)$ 的近似值，首先必须选取合适的步长，为此需要进行误差分析。分别将 $f(a \pm h)$ 在 $x=a$ 处作泰勒展开，有

$$f(a \pm h) = f(a) \pm hf'(a) + \frac{h^2}{2!}f''(a) \pm \frac{h^3}{3!}f'''(a) + \frac{h^4}{4!}f^{(4)}(a) \pm \frac{h^5}{5!}f^{(5)}(a) + \cdots$$

代入式(6-33)，得

$$G(h) = f'(a) + \frac{h^2}{3!}f'''(a) + \frac{h^4}{5!}f^{(5)}(a) + \cdots \tag{6-34}$$

显然，从截断误差的角度看，步长越小，计算结果越准确。而若从舍入误差的角度看，步长又不宜太小。这是因为，当 h 很小时，由于 $f(a+h)$ 与 $f(a-h)$ 很接近，直接相减将会造成有效

数字的严重损失，引起舍入误差的增加。

所以，在实际计算时，人们希望在保证截断误差满足精度要求的前提下选取尽可能大的步长。然而，事先给出一个合适的步长往往是困难的。通常可在变步长的过程中实现步长的自动选择。

例 6.7.1 用中点公式计算 $f(x)=\sqrt{x}$ 在 $x=2$ 处的一阶导数。

解 由中点公式，得

$$G(h)=\frac{\sqrt{2+h}-\sqrt{2-h}}{2h}$$

若按照 4 位有效数字计算，可得表 6－7 所列的结果（已知精确值 $f'(2)=0.353553$）。

表 6－7

h	$G(h)$	h	$G(h)$	h	$G(h)$
1	0.3660	0.05	0.3530	0.001	0.3500
0.5	0.3564	0.01	0.3500	0.0005	0.3000
0.1	0.3535	0.005	0.3500	0.0001	0.3000

在表 6－7 中，$h=0.1$ 的逼近效果最好，如果进一步缩小步长，则逼近的效果会越来越差。

6.7.2 插值型求导公式

设 $f(x)$ 是定义在 $[a,b]$ 上的函数，并给定区间 $[a,b]$ 上的 $n+1$ 个节点 x_k 处的函数值 $f(x_k)$，$k=0,1,\cdots,n$。这样，可以建立函数 $f(x)$ 的 n 次插值多项式 $P_n(x)$。由于多项式的求导比较容易，取 $P_n'(x)$ 的值作为 $f'(x)$ 的近似值。这样建立的数值公式

$$f'(x)=P_n'(x) \tag{6-35}$$

称为**插值型求导公式**。

应当指出，即使 $f(x)$ 与 $P_n(x)$ 的值相差不多，导数的近似值 $P_n'(x)$ 与真值 $f'(x)$ 仍然可能相差很大，因而在使用式(6－35)时，应注意进行误差分析。

根据插值余项定理，式(6－35)的余项为

$$f'(x)-P_n'(x)=\frac{f^{(n+1)}(\xi)}{(n+1)!}\omega_{n+1}'(x)+\frac{\omega_{n+1}(x)}{(n+1)!}\frac{\mathrm{d}}{\mathrm{d}x}f^{(n+1)}(\xi)$$

其中，$\omega_{n+1}(x)=(x-x_0)(x-x_1)\cdots(x-x_n)$。

在上述余项公式中，由于 ξ 是 x 的未知函数，所以无法对右端第 2 项作出进一步的说明。因此，对于随意给出的点 x，求导公式的余项是无法估计的。然而，如果能够限定为求节点的导数值，那么有余项公式

$$f'(x_k)-P_n'(x_k)=\frac{f^{(n+1)}(\xi)}{(n+1)!}\omega_{n+1}'(x_k) \tag{6-36}$$

以下对节点处的导数值进行考察。为了简化讨论，假定所给的节点是等距的，h 为步长。

1. 两点公式

设已给出两个节点 x_0,x_1 处的函数值 $f(x_0)$，$f(x_1)$，作线性插值公式

$$P_1(x)=\frac{x-x_1}{x_0-x_1}f(x_0)+\frac{x-x_0}{x_1-x_0}f(x_1)$$

对上式两端求导，有

$$P_1'(x)=\frac{1}{h}[-f(x_0)+f(x_1)]$$

于是有下列求导公式：

$$P_1'(x_0)=\frac{1}{h}[f(x_1)-f(x_0)],P_1'(x_1)=\frac{1}{h}[f(x_1)-f(x_0)]$$

由式(6－36)可知，带余项的两点公式为

$$f'(x_0)=\frac{1}{h}[f(x_1)-f(x_0)]-\frac{h}{2}f''(\xi) \tag{6-37}$$

$$f'(x_1)=\frac{1}{h}[f(x_1)-f(x_0)]+\frac{h}{2}f''(\xi) \tag{6-38}$$

2. 三点公式

当 $n=2$ 时，已知 3 个节点 $x_0,x_1=x_0+h,x_2=x_0+2h$ 处函数值，作二次插值，并由式(6－36)可得带余项的三点公式为

$$f'(x_0)=\frac{1}{2h}[-3f(x_0)+4f(x_1)-f(x_2)]-\frac{h^3}{3}f'''(\xi) \tag{6-39}$$

$$f'(x_1)=\frac{1}{2h}[-f(x_0)+f(x_2)]-\frac{h^2}{6}f'''(\xi) \tag{6-40}$$

$$f'(x_0)=\frac{1}{2h}[f(x_0)-4f(x_1)+3f(x_2)]+\frac{h^3}{3}f'''(\xi) \tag{6-41}$$

其中，式(6－40)就是中点公式，比较特殊的是，它缺少一个函数值 $f(x_1)$。

3. 五点公式

设已给出 5 个节点 $x_i=x_0+ih,i=0,1,2,3,4$ 上的函数值，重复以上的讨论，可导出下列五点公式：

$$m_0=\frac{1}{12h}[-25f(x_0)+48f(x_1)-36f(x_2)+16f(x_3)-3f(x_4)]$$

$$m_1=\frac{1}{12h}[-3f(x_0)-10f(x_1)+18f(x_2)-6f(x_3)+f(x_4)] \tag{6-42}$$

$$m_2=\frac{1}{12h}[f(x_0)-8f(x_1)+8f(x_3)-f(x_4)] \tag{6-43}$$

$$m_3=\frac{1}{12h}[-f(x_0)+6f(x_1)-18f(x_2)+10f(x_3)+3f(x_4)] \tag{6-44}$$

$$m_4=\frac{1}{12h}[3f(x_0)-16f(x_1)+36f(x_2)-48f(x_3)+25f(x_4)] \tag{6-45}$$

其中，m_i 代表导数 $f'(x_i)$ 的近似值，并略去了余项。若再记 M_i 表示二阶导数 $f''(x_i)$ 的近似值，二阶五点公式如下：

$$M_0=\frac{1}{12h^2}[35f(x_0)-104f(x_1)+114f(x_2)-56f(x_3)+11f(x_4)]$$

$$M_1=\frac{1}{12h^2}[11f(x_0)-20f(x_1)+6f(x_2)+4f(x_3)-f(x_4)]$$

$$M_2=\frac{1}{12h^2}[-f(x_0)+16f(x_1)-30f(x_2)+16f(x_3)-f(x_4)]$$

$$M_3=\frac{1}{12h^2}[-f(x_0)+4f(x_1)+6f(x_2)-20f(x_3)+11f(x_4)]$$

$$M_4=\frac{1}{12h^2}[11f(x_0)-56f(x_1)+114f(x_2)-104f(x_3)+35f(x_4)]$$

例 6.7.2 设$f(x)=e^x$,对 $h=0.01$,计算$f'(1.8)$的近似值。

解 由式(6-39),有

$$f'(1.8)\approx\frac{1}{2h}(-3f(1.8)+4f(1.81)-f(1.82))=6.0494$$

由式(6-40),有

$$f'(1.8)\approx\frac{1}{2h}(f(1.81)-f(1.79))=6.0497$$

由式(6-41),有

$$f'(1.8)\approx\frac{1}{2h}(f(1.78)-4f(1.79)+3f(1.8))=6.0494$$

由式(6-42),有

$$f'(1.8)\approx\frac{1}{12h}(f(1.78)-8f(1.79)+8f(1.81)-f(1.82))=6.0496$$

精确值 $e^{1.8}=6.0496$。计算结果显然与它们的余项相一致,由式(6-43)计算所得的结果最精确。

用插值多项式 $P_n(x)$作为$f(x)$的近似函数,还可以建立高阶微分公式

$$f^{(k)}(x)\approx P_n^{(k)}(x),k=1,2,\cdots$$

然而,对于用插值法建立的数值微分公式,通常导数值的精确度比用插值公式求得的函数值的精确度差,高阶导数的精度比低阶导数值的精度差,所以不宜使用此方法建立高阶数值求导公式。

6.7.3 三次样条求导

由于三次样条函数 $S(x)$作为$f(x)$的近似函数,不但彼此的函数值很接近,而且导数值也很接近,因此,用样条函数建立数值微分公式是很自然的。

设在区间$[a,b]$上,给定一种划分 $a=x_0<x_1<\cdots<x_n=b$,$h_k=x_{k+1}-x_k$ 及相应的函数值 $y_k=f(x_k)$,$k=0,1,\cdots,n$。再给定适当的边界条件,按三次样条函数的算法,建立关于节点上的一阶导数 m_k 或二阶导数 M_k 的样条方程组,求得 m_k 或 M_k,$k=0,1,\cdots,n$,从而得到三次样条插值函数 $S(x)$的表达式。这样,可得数值微分的公式

$$f^{(i)}(x)\approx S^{(i)}(x),i=0,1,\cdots \tag{6-46}$$

与前面插值型数值微分公式不同,式(6-46)可以用来计算插值范围内任何一点(不仅是

节点)上的导数值,误差估计由式(5-76)给出。

对于节点上的导数值,若求得的是 $m_k, k=0,1,\cdots,n$,则由 $S(x)$ 的表达式,有

$$f'(x_k)\approx m_k$$

$$f''(x_k)\approx S''(x_k)=-\frac{2}{h_k}(2m_k+m_{k+1})+\frac{6}{h_k}f(x_k,x_{k+1})$$

若求得的是 $M_k, k=0,1,\cdots,n$,则由 $S(x)$ 的表达式,有

$$f'(x_k)\approx S'(x_k)=-\frac{h_k}{6}(2M_k+M_{k+1})+f(x_k,x_{k+1})$$

$$f''(x_k)=M_k$$

习 题 6

1. 确定下列求积公式的待定系数,使其代数精确度尽量高,并指出其代数精确度的次数。

(1) $\int_{-h}^{h} f(x)\,\mathrm{d}x \approx A_0 f(-h)+A_1 f(0)+A_2 f(h)$;

(2) $\int_{-2h}^{2h} f(x)\,\mathrm{d}x \approx A_0 f(-h)+A_1 f(0)+A_2 f(h)$;

(3) $\int_{0}^{1} f(x)\,\mathrm{d}x \approx A_0 f(0)+A_1 f(1)+A_2 f'(0)$。

2. 如果 $f''(x)>0$,证明用梯形公式计算积分 $\int_a^b f(x)\,\mathrm{d}x$ 所得结果比准确值大,并说明其几何意义。

3. 利用厄米特插值公式推导带有导数值的求积公式

$$\int_a^b f(x)\,\mathrm{d}x \approx \frac{b-a}{2}[f(a)+f(b)]-\frac{(b-a)^2}{12}[f'(b)-f'(a)]$$

并证明其余项为

$$R=\frac{(b-a)^5}{4!\ 30}f^{(4)}(\eta),\quad a<\eta<b$$

4. 用辛普生公式计算积分 $\int_0^1 \mathrm{e}^{-x}\mathrm{d}x$,并估计误差。

5. 给定数据见表6-8所列,分别用复合梯形公式和复合辛普生公式计算积分 $\int_{1.8}^{2.6} f(x)\,\mathrm{d}x$ 的近似值。

表6-8

x	1.8	2.0	2.2	2.4	2.6
$f(x)$	3.12014	4.42569	6.04241	8.03014	10.46675

6. 用复合梯形公式求 $\int_a^b f(x)\,\mathrm{d}x$ 的近似值,不考虑计算时的舍入误差,要将积分区间 $[a,b]$ 分成多少份,才能保证误差不超过 ε?

7. 使用复合梯形公式和复合辛普生公式计算积分 $\int_1^3 \mathrm{e}^x \sin x\,\mathrm{d}x$,要求误差不超过 10^{-4},不

计舍入误差，问各需计算多少个节点上的函数值？

8. 用龙贝格求积算法计算积分 $\frac{2}{\sqrt{\pi}}\int_0^1 e^{-x}dx$，要求误差不超过 10^{-5}。

9. 用三点高斯—勒让德求积公式计算积分 $\int_0^1 \frac{4}{1+x^2}dx(=\pi)$ 的近似值。

10. 计算积分

$$J=\int_1^3 \frac{1}{y}dy$$

(1) 利用三点及五点高斯—勒让德求积公式计算；

(2) 将积分区间分成四等份，在每一段上用两点高斯—勒让德求积公式计算，然后累加得 J 之值。

11. 试设计求积公式

$$\int_{-2}^{2} f(x)dx \approx Af(-a)+Bf(0)+Cf(a)$$

12. 对积分区域的 x 方向和 y 方向分别六等分，然后应用复合辛普生公式求下述二重积分的近似值，并与其精确值比较。

(1) $\int_{2.1}^{2.2}\int_{1.3}^{1.4} xy^2 dydx$；　　(2) $\int_{1.3}^{1.5}\int_{-0.1}^{0.1} \sqrt{x}y^2 dydx$ 。

13. 用三点公式求 $f(x)=\frac{1}{(1+x)^2}$ 在 $x=1.0, 1.1$ 和 1.2 处的导数值，并估计误差。$f(x)$ 的值由见表 6-9 给出。

表 6-9

x	1.0	1.1	1.2
$f(x)$	0.2500	0.2268	0.2066

14. 给定 $f(x)=\sqrt{x}$ 在节点 $x_k=100+kh(h=1, k=0,1,2,3)$ 上的函数值和两个端点的导数值 $f'(100)$ 和 $f'(103)$。用三次样条求导法计算 $f'(101.5)$ 和 $f''(101.5)$ 的近似值。

15. 编出下列程序：

(1) 复合梯形求积公式；

(2) 复合辛普生求积公式；

(3) 龙贝格求积公式；

(4) 高斯—勒让德求积公式。

并用所编程序求 5、8、9、10 题中的积分值。

第7章　常微分方程的数值解法

7.1 引　言

在科学和工程技术中经常要解常微分方程初值问题。本章主要介绍如何求解一阶微分方程初值问题

$$\begin{cases}\dfrac{dy}{dx}=f(x,y(x)),x\in[a,b]\\ y(x_0)=y_0\end{cases}\tag{7-1}$$

在常微分方程理论中,已有解的存在唯一性定理,即

只要$f(x,y)$在闭区域$R:|x-x_0|\leqslant a,|y-y_0|\leqslant b(a>0,b>0)$上连续,且关于$y$满足李普希兹条件

$$|f(x,y_1)-f(x,y_2)|\leqslant L|y_2-y_1|$$

则式(7-1)的连续可微的解$y(x)$存在且唯一。

实际上,除少数简单情况能获得初等解(用初等函数表示的解)外,大部分情况是求不出初等解的,如$\begin{cases}y'=\sin(x+y)\\ y\big|_{x=0}=1\end{cases}$或黎卡提方程$y'=x^2+y^2$等。有些初值问题即使有初等解,也往往由于表达式太复杂而不为人所欢迎。而级数解法、逐次逼近法等一些近似解法虽能求解部分初值问题,但仍有很大的局限性,为此本章介绍一些通用的微分方程的数值解法。

数值解法,不是直接求出显式解$y(x)$,而是在解存在的区间上,求一系列离散节点

$$x_1<x_2<\cdots<x_n<x_{n+1}<\cdots$$

上的$y(x_n)$的近似值$y_1,y_2,\cdots,y_n,y_{n+1},\cdots$。相邻两个节点的间距$h=x_{n+1}-x_n$称为**步长**。以下如不特别说明,总是假定$h$为定值。这时节点为$x_n=x_0+nh,n=0,1,2,\cdots$。

初值问题式(7-1)数值解法的基本思想是:采用"离散化"、"步进式",即求解过程依节点排列的次序一步一步地向前推进。对这种算法进行描述时,只需给出用已知信息$y_n,y_{n-1},\cdots$计算y_{n+1}的递推公式。

一般来说,以上问题的数值解法分为两大类:一步法和多步法。其中,一步法是在计算y_{n+1}时,只需用到y_n就行了,其代表是欧拉法。多步法在计算y_{n+1}时,除用到y_n外,还用到了$y_{n-p}(p=1,2,\cdots,k)$,即前面k步的值,其代表是阿达姆斯方法。

7.2 欧拉折线法与改进的欧拉法

7.2.1 欧拉(Euler)折线法

欧拉折线法是求解初值问题式(7-1)的最简单、最古老的一种数值方法。因为它不够精

确，所以在实际计算中已经很少被采用了。但由于其公式简单，几何意义明显，且在某种意义上反映了数值方法的一些基本思路，因此，本节对该方法进行介绍。

求解式(7-1)的关键在于设法消去其中含有的导数项 $y'(x)$，这一工作常称为"离散化"。考虑到均差是微商的近似计算，因此，可用均差代替微商来实现其离散化。

在式(7-1)中，用向前均差代替微商，即令

$$y'(x_n) \approx \frac{y(x_{n+1}) - y(x_n)}{x_{n+1} - x_n}$$

并以 y_n, y_{n+1} 分别代替 $y(x_n)$ 和 $y(x_{n+1})$，得

$$y_{n+1} = y_n + hf(x_n, y_n), \quad n = 0, 1, 2, \cdots \tag{7-2}$$

式(7-2)称为**欧拉公式**，它是一个显式的差分方程，即由式(7-2)，只需取定初值 y_0，就可以递推地求出式(7-1)在节点 $x_1, x_2, \cdots$ 处的数值解 $y_1, y_2, \cdots$。

因为 $y_1 = y_0 + hf(x_0, y_0) = y_0 + hy'(x_0)$，从而可见欧拉公式明显的几何意义：从点 $P_0(x_0, y_0)$ 出发，画一条斜率为 $f(x_0, y_0)$ 的直线段 P_0P_1 与直线 $x = x_1$ 交于 $P_1(x_1, y_1)$，P_1 的纵坐标 y_1 就是 $y(x_1)$ 的近似值。再从点 P_1 出发，画一斜率为 $f(x_1, y_1)$ 的直线段 P_1P_2 与直线 $x = x_2$ 交于 $P_2(x_2, y_2)$，P_2 的纵坐标 y_2 就是 $y(x_2)$ 的近似值，如此继续进行，得一条折线 $\overline{P_0P_1P_2\cdots}$。最终取折线 $\overline{P_0P_1P_2\cdots}$ 作为解 $y(x)$ 的近似图形，如图 7-1 所示。所以欧拉方法又称为**欧拉折线法（矩形法）**。

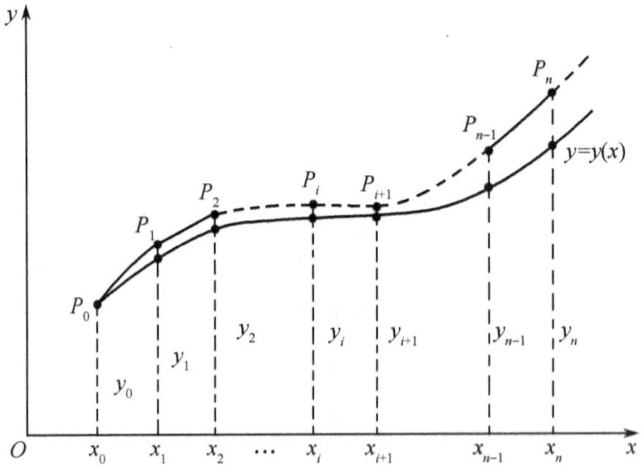

图 7-1

若在式(7-1)中，用向后均差代替微商，并以 y_n, y_{n+1} 分别代替 $y(x_n)$ 和 $y(x_{n+1})$，得

$$y_{n+1} = y_n + hf(x_{n+1}, y_{n+1}), \quad n = 0, 1, 2, \cdots$$

称为**向后欧拉公式**，因为上式是 y_{n+1} 的一个函数方程，又称为**隐式欧拉公式**。

例 7.2.1 在区间 $[0, 1.0]$ 上以 $h = 0.1$ 为步长，求下列初值问题的数值解。

$$\begin{cases} \dfrac{\mathrm{d}y}{\mathrm{d}x} = y - \dfrac{2x}{y} \\ y(0) = 1 \end{cases} \tag{7-3}$$

解 此方程为贝努利方程，其解为 $y = \sqrt{2x+1}$。下面用欧拉折线法计算，欧拉公式的具体形式为

$$y_{n+1}=y_n+h\left(y_n-\frac{2x_n}{y_n}\right)$$

若取步长为 $h=0.1$,计算结果见表 7-1 所列。

表 7-1

n	x_n	y_n		
		欧拉法	预报校正法	准确解
0	0	1	1	1
1	0.1	1.1	1.095909	1.095445
2	0.2	1.191818	1.184097	1.183216
3	0.3	1.277438	1.266201	1.264911
4	0.4	1.358213	1.343360	1.341641
5	0.5	1.435133	1.416402	1.414214
6	0.6	1.508966	1.485956	1.483240
7	0.7	1.580338	1.552514	1.549193
8	0.8	1.649783	1.616475	1.612452
9	0.9	1.717779	1.678166	1.673320
10	1.0	1.784771	1.737867	1.732051

由表 7-1 可见,欧拉方法的精度确实很差。其实可以通过几何直观来考察欧拉方法的精度,假设 $y_n=y(x_n)$,即顶点 P_n 落在积分曲线 $y=y(x)$ 上,则按照欧拉折线法作出的折线 $\overline{P_nP_{n+1}}$ 便是 $y=y(x)$ 过点 P_n 的切线(图 7-2)。从图形上看,这样定出的点 P_{n+1} 显著地偏离了原来的积分曲线。

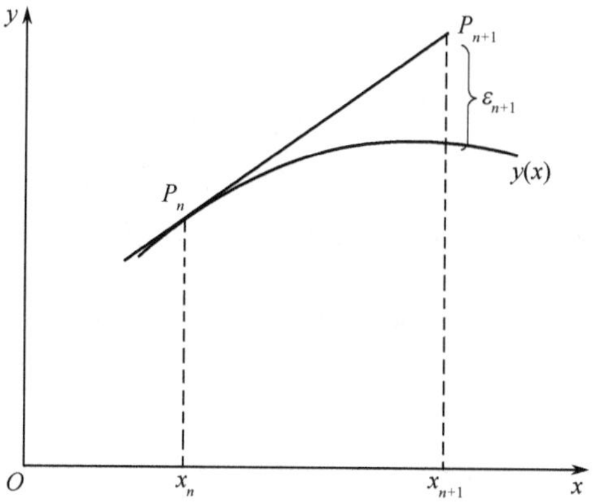

图 7-2

7.2.2 初值问题的等价问题与改进的欧拉法

为了改进欧拉方法的精度,从另一角度来考察式(7-1)。首先,注意到以下事实:

式(7-1)与求解积分方程

$$y(x)=y(x_0)+\int_{x_0}^{x}f(t,y(t))\,\mathrm{d}t \tag{7-4}$$

是等价的。

事实上,对式(7-1)两端积分,有

$$\int_{x_0}^{x}\frac{\mathrm{d}y(t)}{\mathrm{d}t}\mathrm{d}t = \int_{x_0}^{x}f(t,y(t))\mathrm{d}t$$

或

$$y(x) = y(x_0) + \int_{x_0}^{x}f(t,y(t))\mathrm{d}t$$

反过来,式(7-4)两端对 x 求导,且令 $x=x_0$ 得 $y(x_0)=y_0$,则得式(7-1)。

所以求解式(7-1)即可转化为求解积分问题式(7-4)。若已知 $y(x)$ 在 x_n 处的值 $y(x_n)$,则

$$y(x_{n+1}) = y(x_n) + \int_{x_n}^{x_{n+1}}f(x,y(x))\mathrm{d}x \tag{7-5}$$

此时,若用不同的近似公式计算式(7-5)中的积分,就可以得出解初值问题的不同数值解法。

例如,若用最简单的左矩形公式

$$\int_{x_n}^{x_{n+1}}f(x,y(x))\mathrm{d}x \approx hf(x_n,y(x_n))$$

计算式(7-5)中的积分,即

$$y(x_1)\approx y_1 = y(x_0) + hf(x_0,y(x_0))$$

在计算 $y(x_2)$ 的近似值时,本应利用公式

$$y(x_2)\approx y_2 = y(x_1) + hf(x_1,y(x_1))$$

但由于 $y(x_1)$ 没有求得,只能用 $y(x_1)\approx y_1$ 代入上式,得

$$y(x_2)\approx y_2 = y_1 + hf(x_1,y_1)$$

一般地,得

$$y(x_{n+1})\approx y_{n+1} = y_n + hf(x_n,y_n)$$

这样建立起来的计算公式,也就是前述的欧拉公式(7-2)。由于矩形求积公式的精度较低,因此得到的欧拉公式的精度也较低,可改用梯形公式在 $[x_n,x_{n+1}]$ 上计算右端的积分

$$\int_{x_n}^{x_{n+1}}f(x,y(x))\mathrm{d}x \approx \frac{h}{2}[f(x_n,y(x_n)) + f(x_{n+1},y(x_{n+1}))]$$

于是,得

$$y(x_{n+1})\approx y(x_n) + \frac{h}{2}[f(x_n,y(x_n)) + f(x_{n+1},y(x_{n+1}))]$$

以 y_n,y_{n+1} 分别代替 $y(x_n),y(x_{n+1})$,则得差分方程

$$y(x_{n+1})\approx y_{n+1} = y_n + \frac{1}{2}h[f(x_n,y_n) + f(x_{n+1},y_{n+1})] \tag{7-6}$$

式(7-6)称为**改进的欧拉公式(梯形公式)**。由于数值积分时梯形公式比矩形公式的精度高,因此改进的欧拉公式(7-6)的精度高于欧拉公式。

算法 7.1 应用改进的欧拉方法计算初值问题

$$\begin{cases} y' = f(t,y),t\in[a,b] \\ y(a) = \eta \end{cases}$$

的解 $y(t)$ 在区间 $[a,b]$ 上的 $N+1$ 个等距点的近似值。

输入:端点 a,b;区间等分数 N;初值 η。

输出:$y(t)$ 在 t 的 $N+1$ 个点处的近似值 y。

(1) $h \leftarrow (b-a)/N$;

$t \leftarrow a$;

$y \leftarrow \eta$。

(2) 对 $i=1,2,\cdots,N$ 做以下操作。

① $y_p \leftarrow y + hf(t,y)$;

$t \leftarrow a + ih$;

$y_c \leftarrow y + hf(t,y_p)$;

$y \leftarrow \frac{1}{2}(y_p + y_c)$。

② 输出 (t,y)。

(3) 停机。

与式(7-2)不同,式(7-6)是一个隐式差分方程(公式右端隐含了 y_{n+1})。解隐式格式通常用迭代法,即先用欧拉法求出 y_{n+1} 的近似值作为迭代初值,可得如下迭代公式:

$$\begin{cases} y_{n+1}^{(0)} = y_n + hf(x_n, y_n) \\ y_{n+1}^{(k+1)} = y_n + \dfrac{h}{2}[f(x_n, y_n) + f(x_{n+1}, y_{n+1}^{(k)})] \end{cases}, \quad k=0,1,2,\cdots \tag{7-7}$$

为了分析迭代过程的收敛性,假设函数 $f(x,y)$ 满足解的存在唯一性定理,则有

$$\begin{aligned} |y_{n+1}^{(k+1)} - y_{n+1}^{(k)}| &= \frac{h}{2}|f(x_{n+1}, y_{n+1}^{(k)}) - f(x_{n+1}, y_{n+1}^{(k-1)})| \\ &\leqslant \frac{hL}{2}|y_{n+1}^{(k)} - y_{n+1}^{(k-1)}| \end{aligned}$$

其中,L 为 $f(x,y)$ 关于 y 的李普希兹常数。

所以,只要选取 h 充分小,使得 $\frac{hL}{2}<1$,则当 $k\to\infty$ 时,必有 $y_{n+1}^{(k)} \to y_{n+1}$,这说明迭代过程式(7-7)是收敛的。

7.2.3 公式的截断误差

一般来说,不论用什么数值方法,即使在初始值是准确的且计算过程没有舍入误差的情况下,计算值 y_n 与准确值 $y(x_n)$ 的差别也各不相同。所以有必要讨论方法的截断误差,称 $e_n = |y(x_n) - y_n|$ 为某一方法在 x_n 点的**整体截断误差**。

显然,e_n 不单与 x_n 这步的计算有关,它与以前各步的计算都有关,所以误差称为整体的。分析和估计 e_n 是复杂的。为此,先假定 x_n 处的 y_n 没有误差,即 $y(x_n) = y_n$,仅考虑从 x_n 到 x_{n+1} 这一步的误差,这就是**局部截断误差**,即 $\varepsilon_{n+1} = y(x_{n+1}) - y_{n+1}$(图 7-2)。

定义 7.2.1 若某种微分方程数值解公式的局部截断误差为 $\varepsilon_{n+1} = O(h^{k+1})$,则称这种方法具有 k **阶精度**或称为 k **阶方法**。

人们常以泰勒展开式为工具分析计算公式的误差。例如,可以证明:欧拉方法是一阶方法。

设 $y_n = y(x_n)$,把 $y(x_{n+1})$ 在 x_n 处展开成泰勒级数,即

$$y(x_{n+1}) = y(x_n + h) = y(x_n) + hy'(x_n) + \frac{h^2}{2}y''(\xi), x_n < \xi < x_{n+1}$$

由欧拉公式,有

$$y_{n+1}=y_n+hf(x_n,y_n)=y(x_n)+hf(x_n,y(x_n))=y(x_n)+hy'(x_n)$$

两式相减,得欧拉公式的局部截断误差为

$$\varepsilon_{n+1}=y(x_{n+1})-y_{n+1}=\frac{h^2}{2}f''(\xi)$$

假定 $y(x)$ 在区间 $[a,b]$ 上充分光滑,并令 $M=\max\limits_{a\leqslant x\leqslant b}|y''(x)|$,则 $|\varepsilon_{n+1}|\leqslant M\cdot\frac{h^2}{2}=O(h^2)$,即欧拉公式的局部截断误差是 h^2 的同阶无穷小,所以欧拉方法具有一阶精度或称它是一阶方法。

也可以证明改进的欧拉法(梯形公式)是二阶方法,比欧拉方法高一阶。

7.2.4 预报—校正公式

梯形方法虽然提高了精度,但在应用式(7-7)进行实际计算时,每迭代一次,都要重新计算函数 $f(x)$ 的值,而迭代又要反复进行若干次,计算量很大,且事先难以估计迭代次数。为了控制计算量,实际计算时,通常只迭代一两次就转入下一步计算,从而简化了算法。

具体地说,可先用欧拉公式求得一个初步的近似值 $\bar{y}_{n+1}$,称为**预报值**。预报值 $\bar{y}_{n+1}$ 的精度可能很差,再用式(7-6)将它校正一次,即按照式(7-7)只作一次迭代,得 y_{n+1},称为**校正值**。而这样建立的**预报—校正公式**(式(7-8)、式(7-9))实质上也可以称为改进的欧拉公式。

预报 $$\bar{y}_{n+1}=y_n+hf(x_n,y_n) \tag{7-8}$$

校正 $$y_{n+1}=y_n+\frac{h}{2}[f(x_n,y_n)+f(x_{n+1},\bar{y}_{n+1})] \tag{7-9}$$

上述计算公式也可表示为

$$y_{n+1}=y_n+\frac{h}{2}[f(x_n,y_n)+f(x_n+h,y_n+hf(x_n,y_n))] \tag{7-10}$$

或表示为平均化形式

$$\begin{cases}y_{n+1}=y_n+\dfrac{k_1}{2}+\dfrac{k_2}{2}\\k_1=hf(x_n,y_n)\\k_2=hf(x_n+h,y_n+k_1)\end{cases} \tag{7-11}$$

其中

$$\begin{aligned}k_1&=hf(x_n,y(x_n))=hy'(x_n)\\k_2&=hf(x_n+h,y_n+k_1)=hf(x_n+h,y(x_n)+k_1)\\&=h\left\{f(x_n,y(x_n))+h\frac{\partial}{\partial x}f(x_n,y(x_n))+k_1\frac{\partial}{\partial y}f(x_n,y(x_n))+\cdots\right\}\\&=hf(x_n,y(x_n))+h^2\left[\frac{\partial}{\partial x}f(x_n,y(x_n))+y'(x_n)\frac{\partial}{\partial y}f(x_n,y(x_n))\right]+\cdots\end{aligned}$$

而

$$y'(x)=hf(x,y(x)),y''(x)=\frac{\partial}{\partial x}f(x,y(x))+y'(x)\frac{\partial}{\partial y}f(x,y(x))$$

所以

$$k_2=hy'(x_n)+h^2y''(x_n)+\cdots$$

即

$$y_{n+1}=y_n+\frac{k_1}{2}+\frac{k_2}{2}=y(x_n)+hy'(x_n)+\frac{1}{2}h^2y''(x_n)+\cdots$$

这里省略的项至少会有 h^3,利用泰勒公式减去上式,得

$$y(x_{n+1})-y_{n+1}=O(h^3)$$

所以预报—校正公式也为二阶方法。

例 7.2.2 用预报—校正公式求解初值问题式(7-3)。

解 预报—校正公式为

$$\begin{cases}\bar{y}_{n+1}=y_n+0.1\left(y_n-\dfrac{2x_n}{y_n}\right)\\ y_{n+1}=y_n+0.05\left[\left(y_n-\dfrac{2x_n}{y_n}\right)+\left(\bar{y}_{n+1}-\dfrac{2x_{n+1}}{\bar{y}_{n+1}}\right)\right]\end{cases}$$

仍取 $h=0.1$,计算的结果见表 7-1 所列,与例 7.2.1 的欧拉方法比较,预报—校正方法明显地改善了精度。

7.3 龙格—库塔方法

如果想进一步提高求解的精度,可用一种高精度的单步法——**龙格—库塔(Runge-Kutta)方法**,简称 R-K 法。它采用了间接使用泰勒级数法的技术。

7.3.1 泰勒级数法

设式(7-1)有解 $y=y(x)$,用泰勒级数法展开,有

$$y(x_{n+1})=y(x_n+h)=y(x_n)+\frac{h}{1!}y'(x_n)+\frac{h^2}{2!}y''(x_n)+\cdots+\frac{h^k}{k!}y^{(k)}(x_n)+O(h^{k+1}) \tag{7-12}$$

若令

$$y_{n+1}=y(x_n)+\frac{h}{1!}y'(x_n)+\frac{h^2}{2!}y''(x_n)+\cdots+\frac{h^k}{k!}y^{(k)}(x_n) \tag{7-13}$$

则

$$y(x_{n+1})-y_{n+1}=O(h^{k+1})$$

即公式是 k 阶方法。

式(7-13)称为**泰勒格式**。其中,一阶泰勒格式($k=1$)

$$y_{n+1}=y(x_n)+hy'(x_n)$$

就是欧拉公式。从理论上讲，只要解函数 $y(x)$ 充分光滑（即有任意阶导数），利用泰勒公式都可以构造任意有限阶求 y_{n+1} 的公式，但事实上，具体构造这种公式往往是相当困难的，因为复合函数 $f(x,y(x))$ 的导数常常是很繁琐的，例如：

$$
\begin{aligned}
y'(x_n) &= f(x,y(x_n)) \\
y''(x_n) &= f_x + f_y \cdot y' = f_x + f_y \cdot f \\
y'''(x_n) &= (f_x + f_y \cdot f)' = f_{xx} + f_{xy} \cdot f + f_{yx} \cdot f + f_{yy} \cdot f^2 + f_x \cdot f_y + f_y^2 \cdot f \\
&= f_{xx} + 2f \cdot f_{xy} + f_x f_y + f_y^2 f + f_{yy} f^2 \\
&\vdots
\end{aligned}
$$

所以，泰勒级数法虽然看似简单，但实际上不能直接使用，不过，还是可以用它来启发思路。

例 7.3.1 用泰勒级数法求解初值问题式(7-3)。

解 直接求导可知

$$
\begin{aligned}
y' &= y - \frac{2x}{y} \\
y'' &= y' - \frac{2}{y^2}(y - xy') \\
y''' &= y'' + \frac{2}{y^2}(xy'' + 2y') - \frac{4xy'^2}{y^3} \\
y^{(4)} &= y''' + \frac{2}{y^2}(xy''' + 3y'') - \frac{12y'}{y^3}(xy'' + y') + \frac{12xy'^3}{y^4}
\end{aligned}
$$

据此用四阶泰勒格式进行计算，仍取步长 $h=0.1$，结果见表 7-2 所列。

表 7-2

x_n	y_n	$y(x_n)$
0.1	1.0954	1.0954
0.2	1.1832	1.1832
0.3	1.2649	1.2649

7.3.2 龙格—库塔方法的基本思想

以下间接使用泰勒级数法，导出精度较高的龙格—库塔方法，为此先对前面介绍的欧拉公式和预报—校正公式作进一步的分析。

欧拉公式可改写为

$$
\begin{cases}
y_{n+1} = y_n + k_1 \\
k_1 = hf(x_n, y_n)
\end{cases}
$$

显然，此法计算 y_{n+1}，需计算一次 $f(x,y)$ 的值，若设 $y_n = y(x_n)$，则 y_{n+1} 的表达式与 $y(x_{n+1})$ 的泰勒展开式的前两项完全相同，即局部截断误差为 $O(h^2)$。

而对于预报—校正公式

$$
\begin{cases}
y_{n+1} = y_n + \dfrac{k_1}{2} + \dfrac{k_2}{2} \\
k_1 = hf(x_n, y_n) \\
k_2 = hf(x_n + h, y_n + k_1)
\end{cases}
$$

用它计算 y_{n+1} 需计算两次 $f(x,y)$ 的值。若设 $y_n=y(x_n)$，则 y_{n+1} 的表达式与 $y(x_{n+1})$ 的泰勒展开式的前三项完全相同，即局部截断误差为 $O(h^3)$。

上述两组公式在形式上出现一个共同点：都是用 $f(x,y)$ 在某些点上的值的线性组合得出 $y(x_{n+1})$ 的近似值 y_{n+1}，而且可以看出，如果继续增加计算 $f(x,y)$ 的次数，可以进一步提高局部截断误差的阶。

类似地，龙格—库塔方法的基本思想也是设法计算 $f(x,y)$ 在某些点上的函数值，然后对这些函数值作线性组合，构造近似计算公式，再把近似公式和精确解的泰勒展开式作比较，使前面的若干项吻合，从而得到达到一定精度的数值计算公式。

7.3.3 龙格—库塔公式的推导

现在按上述介绍的龙格—库塔方法的基本思想，具体地推导一些常用的龙格—库塔公式。

为此，将以上预报—校正公式写出更一般的形式为

$$\begin{cases}y_{n+1}=y_n+R_1k_1+R_2k_2\\k_1=hf(x_n,y_n)\\k_2=hf(x_n+ah,y_n+bk_1)\end{cases}\tag{7-14}$$

其中，R_1、R_2、a、b 为待定常数。

选择这些常数的原则为在 $y(x_n)=y_n$ 的假设下，使局部截断误差 $y(x_{n+1})-y_{n+1}$ 的阶尽可能高。为此，作泰勒展开，即

$$\begin{aligned}k_2&=hf(x_n+ah,y_n+bk_1)\\&=h[f(x_n,y_n)+ahf_x(x_n,y_n)+bk_1f_y(x_n,y_n)+\cdots]\\&=hf(x_n,y_n)+ah^2f_x(x_n,y_n)+bh^2f_y(x_n,y_n)f(x_n,y_n)+\cdots\\&=hf(x_n,y_n)+h^2(af_x(x_n,y_n)+bf_y(x_n,y_n)f(x_n,y_n))+\cdots\end{aligned}$$

省略部分每项至少含有 h^3，将 k_1 和 k_2 的展开式代入 y_{n+1}：

$$\begin{aligned}y_{n+1}&=y_n+R_1k_1+R_2k_2\\&=y_n+R_1hf(x_n,y_n)+R_2hf(x_n,y_n)+R_2h^2(af_x(x_n,y_n)+bf_y(x_n,y_n)f(x_n,y_n))+\cdots\\&=y_n+hf(x_n,y_n)(R_1+R_2)+h^2(aR_2f_x(x_n,y_n)+bR_2f_y(x_n,y_n)f(x_n,y_n))+\cdots\end{aligned}$$

与式(7-12)作比较，要使 $y(x_{n+1})-y_{n+1}=O(h^3)$，只要满足

$$\begin{cases}R_1+R_2=1\\aR_2=\dfrac{1}{2}\\bR_2=\dfrac{1}{2}\end{cases}\tag{7-15}$$

若取 $R_1=\dfrac{1}{2}$，则 $R_2=\dfrac{1}{2}$，$a=b=1$，即得预报—校正公式。

满足式(7-15)的 R_1、R_2、a、b 可以有无穷多种不同的取法，若另取 $R_1=0$，则 $R_2=1$，$a=$

$b=\frac{1}{2}$,可得公式

$$\begin{cases} y_{n+1}=y_n+k_2 \\ k_1=hf(x_n,y_n) \\ k_2=hf(x_n+\frac{1}{2}h,y_n+\frac{1}{2}k_1) \end{cases}$$

此即**中点公式**。但不管如何取法,都要计算两次 f 的值,局部截断误差都是 $O(h^3)$,构造出来的计算公式都称为**二阶龙格—库塔公式**。

需要注意的是,在式(7-14)中,若计算函数值的次数不增加,则其中 4 个常数无论如何选择,局部截断误差的阶都不再可能提高了。

事实上,$y(x_{n+1})$ 的展开式中的 $(f_x\cdot f_y+f_y^2\cdot f)$ 并不能通过选择 4 个常数来消掉,因而,通过计算两次函数值,局部截断误差的阶最高是 $O(h^3)$。若需进一步提高方法的阶,必须通过继续增加计算函数值的次数的途径来实现。

由以上讨论,如果每一步计算 y_{n+1},都计算 3 次 $f(x,y)$ 的值,可将公式取为如下形式:

$$\begin{cases} y_{n+1}=y_n+R_1k_1+R_2k_2+R_3k_3 \\ k_1=hf(x_n,y_n) \\ k_2=hf(x_n+a_2h,y_n+b_{21}k_1) \\ k_3=hf(x_n+a_3h,y_n+b_{31}k_1+b_{32}k_2) \end{cases} \tag{7-16}$$

其中,R_1、R_2、R_3、a_2、a_3、b_{21}、b_{31}、b_{32}待定。

与二阶龙格—库塔公式的讨论方法类似,只需把 k_1、k_2、k_3 在(x_n,y_n)处用泰勒级数法展开,代入 y_{n+1},再与 $y(x_{n+1})$在点 x_n 的泰勒展开式比较,使公式的局部截断误差 $y(x_{n+1})-y_{n+1}=O(h^4)$,可得含有 8 个参数的方程组为

$$\begin{cases} R_1+R_2+R_3=1 \\ a_2R_2+a_3R_3=\frac{1}{2} \\ b_{21}R_2+(b_{31}+b_{32})R_3=\frac{1}{2} \\ a_2^2R_2+a_3^2R_3=\frac{1}{3} \\ a_2b_{21}R_2+a_3^2R_3=\frac{1}{3} \\ a_2b_{21}R_2+a_3(b_{31}+b_{32})R_3=\frac{1}{3} \\ b_{21}^2R_2+R_3(b_{31}+b_{32})^2=\frac{1}{3} \\ a_2b_{32}R_3=\frac{1}{6} \\ b_{21}b_{32}R_3=\frac{1}{6} \end{cases}$$

由最后两个方程,得

$$a_2 = b_{21}$$

代入第 2 个方程,再与第 3 个方程比较,得

$$a_3 = b_{21} + b_{32}$$

根据以上两个等式,可将原方程简化为

$$\begin{cases} R_1 + R_2 + R_3 = 1 \\ a_2 = b_{21} \\ a_3 = b_{31} + b_{32} \\ a_2R_2 + a_3R_3 = \dfrac{1}{2} \\ a_2^2R_2 + a_3^2R_3 = \dfrac{1}{3} \\ a_2b_{32}R_3 = \dfrac{1}{6} \end{cases} \tag{7-17}$$

显然,无穷多组解能满足式(7-17),其中一组比较简单的解是

$$R_1 = \frac{1}{6},\quad R_2 = \frac{4}{6},\quad R_3 = \frac{1}{6},\quad a_2 = \frac{1}{2}$$

$$a_3 = 1,\quad b_{21} = \frac{1}{2},\quad b_{31} = -1,\quad b_{32} = 2$$

相应的公式为

$$\begin{cases} y_{n+1} = y_n + \dfrac{1}{6}(k_1 + 4k_2 + k_3) \\ k_1 = hf(x_n, y_n) \\ k_2 = hf(x_n + \dfrac{1}{2}h, y_n + \dfrac{1}{2}k_1) \\ k_3 = hf(x_n + h, y_n - k_1 + 2k_2) \end{cases} \tag{7-18}$$

称为**库塔公式**。由式(7-17)确定的式(7-16)都称为**三阶龙格—库塔公式**。

局部截断误差为 $O(h^5)$ 的四阶龙格—库塔公式是常用的公式,其每步都要计算 4 次 $f(x,y)$ 的值,它的一般形式是

$$\begin{cases} y_{n+1} = y_n + R_1k_1 + R_2k_2 + R_3k_3 + R_4k_4 \\ k_1 = hf(x_n, y_n) \\ k_2 = hf(x_n + a_2h, y_n + b_{21}k_1) \\ k_3 = hf(x_n + a_3h, y_n + b_{31}k_1 + b_{32}k_2) \\ k_4 = hf(x_n + a_4h, y_n + b_{41}k_1 + b_{42}k_2 + b_{43}k_3) \end{cases} \tag{7-19}$$

13 个待定常数需满足 11 个方程的方程组:

$$
\begin{cases}
R_1+R_2+R_3+R_4=1\\
a_2=b_{21}\\
a_3=b_{31}+b_{32}\\
a_4=b_{41}+b_{42}+b_{43}\\
a_2R_2+a_3R_3+a_4R_4=\dfrac{1}{2}\\
a_2^2R_2+a_3^2R_3+a_4^2R_4=\dfrac{1}{3}\\
a_2^3R_2+a_3^3R_3+a_4^3R_4=\dfrac{1}{4}\\
a_2b_{32}R_3+R_4(a_2b_{42}+a_3b_{43})=\dfrac{1}{6}\\
a_2^2b_{32}R_3+R_4(a_2^2b_{42}+a_3^2b_{43})=\dfrac{1}{12}\\
a_2a_3b_{32}R_3+a_4R_4(a_2b_{42}+a_3b_{43})=\dfrac{1}{8}\\
a_2b_{32}b_{43}R_4=\dfrac{1}{24}
\end{cases}
$$

最常用的四阶龙格—库塔公式是**标准四阶龙格—库塔公式**

$$
\begin{cases}
y_{n+1}=y_n+\dfrac{1}{6}(k_1+2k_2+2k_3+k_4)\\
k_1=hf(x_n,y_n)\\
k_2=hf\left(x_n+\dfrac{h}{2},y_n+\dfrac{k_1}{2}\right)\\
k_3=hf\left(x_n+\dfrac{h}{2},y_n+\dfrac{k_2}{2}\right)\\
k_4=hf(x_n+h,y_n+k_3)
\end{cases}
\tag{7-20}
$$

和吉尔公式

$$
\begin{cases}
y_{n+1}=y_n+\dfrac{1}{6}[k_1+(2-\sqrt{2})k_2+(2+\sqrt{2})k_3+k_4]\\
k_1=hf(x_n,y_n)\\
k_2=hf\left(x_n+\dfrac{h}{2},y_n+\dfrac{k_1}{2}\right)\\
k_3=hf\left(x_n+\dfrac{h}{2},y_n+\dfrac{\sqrt{2}-1}{2}k_1+\dfrac{2-\sqrt{2}}{2}k_2\right)\\
k_4=hf\left(x_n+h,y_n-\dfrac{\sqrt{2}}{2}k_2+\dfrac{2+\sqrt{2}}{2}k_3\right)
\end{cases}
\tag{7-21}
$$

其局部截断误差均为 $O(h^5)$。

从理论上说，可构造任意高阶的计算公式，但需注意精度的阶数与计算函数值的次数之间的关系并非等量增加的，它们之间的关系见表 7－3 所列。

表 7-3

计算函数值次数 r	1	2	3	4	5	6	7	$r\geq 8$
精度的阶数	1	2	3	4	4	5	6	$r-2$

显然，对于更高阶的情况，需要调用 $f(x,y)$ 的次数远远大于方法的阶数，而由于计算量较大，所以很少使用更高阶的龙格—库塔方法。事实上，对于大量的实际问题，四阶的龙格—库塔方法已可满足对精度的要求。标准四阶龙格—库塔公式手算时常采用表 7-4 所列的表格计算。

表 7-4

x_n	y_n	$k_i=hf$	$\bar{k}$
x_0 $x_0+\frac{h}{2}$ $x_0+\frac{h}{2}$ x_0+h	y_0 $y_0+\frac{k_1}{2}$ $y_0+\frac{k_2}{2}$ y_0+k_3	$k_1=hf(x_0,y_0)$ $k_2=hf\left(x_n+\frac{h}{2},y_n+\frac{k_1}{2}\right)$ $k_3=hf\left(x_n+\frac{h}{2},y_n+\frac{k_2}{2}\right)$ $k_4=hf(x_n+h,y_n+k_3)$	$\bar{k}=\frac{1}{6}(k_1+2k_2+2k_3+k_4)$
$x_1=x_0+h$	$y_1=y_0+\bar{k}$	…	…

例 7.3.2 以 $h=0.2$ 为步长，用标准四阶龙格—库塔公式在区间[0,0.6]上求初值问题

$$\begin{cases}y'=y-\dfrac{2x}{y}\\ y(0)=1\end{cases}$$

的数值解。

解 只要将 $f(x,y)$，h 代入式(7-20)中，可得具体的计算公式为

$$\begin{cases}y_{n+1}=y_n+\dfrac{1}{6}(k_1+2k_2+2k_3+k_4)\\ k_1=0.2\left(y_n-\dfrac{2x_n}{y_n}\right)\\ k_2=0.2\left(y_n+\dfrac{k_1}{2}-\dfrac{2(x_n+0.1)}{y_n+k_1/2}\right)\\ k_3=0.2\left(y_n+\dfrac{k_2}{2}-\dfrac{2(x_n+0.1)}{y_n+k_2/2}\right)\\ k_4=0.2\left(y_n+k_3-\dfrac{2(x_n+0.2)}{y_n+k_3}\right)\end{cases},n=0,1,2,\cdots \tag{7-22}$$

计算过程和结果见表 7-5 所列。

表 7-5

x_n	y_n	$\frac{k_i}{2}=0.1\left(y_n-\frac{2x_n}{y_n}\right)$	$\bar{k}$
0 0.1 0.1 0.2	1.000000 1.100000 1.091818 1.181727	0.1000000 0.0918182 0.0908637 0.0843239	0.1832292

（续）

x_n	y_n	$\frac{k_i}{2}=0.1\left(y_n-\frac{2x_n}{y_n}\right)$	$\bar{k}$
0.2 0.3 0.3 0.4	1.183229 1.267746 1.262676 1.340728	0.0849171 0.0794465 0.0787495 0.0744037	0.1584376
0.4 0.5 0.5 0.6	1.341667 1.416026 1.412676 1.482627	0.0745394 0.0710094 0.0708400 0.0673253	0.1416245
0.6	1.483281		

因此有

$$y(0)=1,y(0.2)=1.183229,y(0.4)=1.341667,y(0.6)=1.483281$$

对此例用几种不同的方法计算的结果见表 7－6 所列。

由表 7－6 可见，虽然四阶龙格—库塔公式每步要计算 4 次 f 的值，但以 $h=0.2$ 为步长与预报—校正公式以 $h=0.1$ 为步长在相同点处比较，四阶龙格—库塔方法要精确得多。由于龙格—库塔方法的推导基于泰勒展开方法，因而它要求所求的解具有较好的光滑性质。反之，如果解的光滑性差，那么，使用四阶龙格—库塔方法求得的数值解，其精度反而不如改进的欧拉公式，因此，在实际计算时，应当针对问题的具体特点选择合适的算法。

表 7－6

x_n	欧拉折线法 ($h=0.1$)	预报—校正公式 ($h=0.1$)	四阶龙格—库塔公式 ($h=0.2$)	四阶龙格—库塔公式 ($h=0.05$)	准确解 ($y=\sqrt{1+2x_n}$)
0	1	1	1	1	1
0.2	1.191818	1.184097	1.183229	1.183216	1.183216
0.4	1.358213	1.343360	1.341667	1.341641	1.341641
0.6	1.508966	1.485956	1.483281	1.483240	1.483240
0.8	1.649783	1.616475	1.612514	1.612452	1.612452
1.0	1.784771	1.737867	1.732142	1.732051	1.732051
1.2	1.917465	1.852239	1.844040	1.843909	1.843909
1.4	2.051406	1.961249	1.949547	1.949359	1.949359

算法 7.2　用经典的龙格—库塔方法计算初值问题

$$\begin{cases}y'=f(t,y),t\in[a,b]\\y(a)=\eta\end{cases}$$

的解 $y(t)$ 在区间 $[a,b]$ 上的 $n+1$ 个等距点的近似值。

输入：端点 a,b；整数 n；初值 η。

输出：$y(t)$ 在 t 的 $n+1$ 个点处的近似值 y。

（1）$h\leftarrow(b-a)/n$；

$t\leftarrow a$；

$y\leftarrow\eta$；

输出 (t,y)。

（2）对 $i=1,2,\cdots,N$ 做如下操作。

① $K_1 \leftarrow f(t,y)$；

$$K_2 \leftarrow f\left(t+\frac{h}{2},y+\frac{h}{2}K_1\right);$$

$$K_3 \leftarrow f\left(t+\frac{h}{2},y+\frac{h}{2}K_2\right);$$

$K_4 \leftarrow f(t+h,y+hK_3)$。

② $y \leftarrow y+(K_1+2K_2+2K_3+K_4)h/6$；

$t \leftarrow a+ih$。

③ 输出 (t,y)。

（3）停机。

7.3.4 步长的自动选择

同积分的数值计算一样，在微分方程数值解法的实际计算中，如何选择合适的步长也是很重要的。因为单从每一步看，步长取得越小，局部截断误差就越小，但随着步长的缩小，在一定求解范围内所要完成的步数就增加了，这不但引起计算量的增大，而且可能导致舍入误差的严重积累。尤其是当解函数 $y(x)$ 变化剧烈时，步长的合理取法是在变化剧烈处适当变小，而变化平缓处适当变大，也就是采用自动步长选择的变步长方法。以下以四阶龙格—库塔方法为例，讨论如何自动选择步长，使计算结果满足给定精度的要求。

设从节点 x_n 出发，先以 h 为步长，利用四阶龙格—库塔方法经过一步计算得 $y(x_{n+1})$ 的近似值，记为 $y_{n+1}^{(h)}$，由于公式的局部截断误差是 $O(h^5)$，故

$$y(x_{n+1})-y_{n+1}^{(h)} \approx ch^5 \tag{7-23}$$

其中，当 h 不大时，c 可近似地看作常数。

然后将 h 折半，即取 $h/2$ 为步长，从 x_n 出发，经两步计算，得 $y(x_{n+1})$ 的近似值 $y_{n+1}^{(h/2)}$，每一步计算的局部截断误差为 $c(h/2)^5$，于是有

$$y(x_{n+1})-y_{n+1}^{(h/2)} \approx 2c(h/2)^5 \tag{7-24}$$

由式(7-23)和式(7-24)，得

$$\frac{y(x_{n+1})-y_{n+1}^{(h/2)}}{y(x_{n+1})-y_{n+1}^{(h)}} \approx \frac{1}{16}$$

整理，得

$$y(x_{n+1})-y_{n+1}^{(h/2)} \approx \frac{1}{15}[y_{n+1}^{(h/2)}-y_{n+1}^{(h)}]$$

这表明以 $y_{n+1}^{(h/2)}$ 作为 $y(x_{n+1})$ 的近似值，其误差可用先后两次计算结果之差来表示。所以，对于精度要求 ε，若不等式

$$\Delta = |y_{n+1}^{(h/2)}-y_{n+1}^{(h)}| < \varepsilon$$

成立，则将 $y_{n+1}^{(h/2)}$ 作为 $y(x_{n+1})$ 的近似值。若不成立，则将步长再次折半进行计算，直到不等式成立，并取最后的 $y_{n+1}^{(h/2)}$ 作为 $y(x_{n+1})$ 的近似值。

以上方法就是计算过程中自动选择步长的方法,也称为**变步长方法**。从表面上看,为了选择步长,每一步都要判别 Δ,增加了计算量,但在方程的解 $y(x)$ 变化剧烈的情况下,总体的工作量可以得到减少。

7.4 线性多步法

7.4.1 线性多步方法

在逐步推进地求解初值问题过程中,计算 y_{n+1} 之前事实上已经求得了一系列的近似值 y_0,$y_1,\cdots,y_n$ 以及 $y_0',y_1',\cdots,y_n'$,如果充分利用前面多步的信息来预测 y_{n+1},则可以期望获得较高的精度,这就是构造线性多步法的基本思想。

解初值问题式(7-1)的线性多步法一般计算公式表达如下

$$y_{n+1}=\alpha_0 y_n+\alpha_1 y_{n-1}+\cdots+\alpha_r y_{n-r}+ h(\beta_{-1}f_{n+1}+\beta_0 f_n+\beta_1 f_{n-1}+\cdots+\beta_r f_{n-r}) \quad (7-25)$$

其中,$y_n,y_{n-1},\cdots,y_{n-r}$是已算出的值$f_k=f(x_k,y_k)(k=n-r,n-r+1,\cdots,n+1)$,$\alpha_0,\alpha_1,\cdots,\alpha_r$,$\beta_{-1},\beta_0,\beta_1,\cdots,\beta_r$ 为常数。

式(7-25)是用前面若干个节点处的函数值和导数值的线性组合来计算 $y(x_{n+1})$ 的近似值 y_{n+1},所以称为**线性多步法**。

当 $r=1$ 时为单步法;$r>1$ 时为多步法(r 步法)。当 $\beta_{-1}=0$ 时,式(7-25)为显式,$\beta_{-1}\neq 0$ 时,则式(7-25)为隐式。前面讲过的中点公式就属于多步法(二步法)。

构造多步法有多种途径,可以说所有形如式(7-25)类型的线性多步法的计算公式都可以利用泰勒展开方法构造出来,但其中也有一些可以用数值积分的方法加以构造,如阿达姆斯外推法和内插法,下面分别介绍。

7.4.2 阿达姆斯外推法

将初值问题式(7-1)中的方程的两端从 x_n 到 x_{n+1} 积分,可得到等价的积分方程

$$y(x_{n+1}) = y(x_n) + \int_{x_n}^{x_{n+1}} f(x,y(x))\,\mathrm{d}x \quad (7-26)$$

由于式(7-26)中的f内包含了未知函数 $y(x)$,因此等式右端的积分无法直接算出,但可利用数值积分公式导出一系列计算方法。一般地,设已构造出 $f(x,y(x))$ 的插值多项式 $p_r(x)$,那么,计算 $\int_{x_n}^{x_{n+1}} p_r(x)\,\mathrm{d}x$ 作为$\int_{x_n}^{x_{n+1}} f(x,y(x))\,\mathrm{d}x$ 的近似值,即可将式(7-26)离散化得到下列计算公式

$$y_{n+1} = y_n + \int_{x_n}^{x_{n+1}} p_r(x)\,\mathrm{d}x \quad (7-27)$$

这就是建立阿达姆斯方法的基本思想。下面用牛顿向后插值多项式来逼近式(7-26)中的f,以导出阿达姆斯外推公式。

设由 $f_k=f(x_k,y_k)(k=n-r,n-r+1,\cdots,n)$ 共 $r+1$ 个数据来构造一个 r 阶牛顿向后插值多项式 $N_r(x)$,则由式(5-32)可知,r 阶牛顿向后插值多项式为

$$N_r(x)=N_r(x_n+th)=f_n+t\nabla f_n+\frac{t(t+1)}{2!}\nabla^2 f_n+\cdots+$$

$$\frac{t(t+1)\cdots(t+\overline{j-1})}{j!}\nabla^j f_n+\cdots+\frac{t(t+1)\cdots(t+\overline{r-1})}{r!}\nabla^r f_n$$

其中，$0\leqslant t\leqslant 1$，$\nabla^j(j=0,1,\cdots,r)$是j阶向后差分算子，而

$$\frac{t(t+1)\cdots(t+\overline{j-1})}{j!}=(-1)^j\frac{(-t)(-t-1)\cdots(-t-\overline{j-1})}{j!}=(-1)^j\binom{-t}{j}$$

而$\binom{-t}{j}$称为**广义的二项式系数**。

将$N_r(x)=\sum_{j=0}^{r}(-1)^j\binom{-t}{j}\nabla^j f_n$代替式(7-27)中的$p_r(x)$，并令$x=x_n+th$，得

$$\int_{x_n}^{x_{n+1}}p_r(x)\mathrm{d}x=\int_0^1\sum_{j=0}^{r}(-1)^j\binom{-t}{j}\nabla^j f_n\cdot h\mathrm{d}t$$

$$=h\sum_{j=0}^{r}\left[(-1)^j\int_0^1\binom{-t}{j}\mathrm{d}t\right]\nabla^j f_n=h\sum_{j=0}^{r}b_j\nabla^j f_n \tag{7-28}$$

其中，$b_j=(-1)^j\int_0^1\binom{-t}{j}\mathrm{d}t$，不依赖于$n$和$r$，$b_j$的值可事先计算，表7-7给出了$b_j$的部分值。

表7-7

j	0	1	2	3	4	5	…
b_j	1	$\frac{1}{2}$	$\frac{5}{12}$	$\frac{3}{8}$	$\frac{251}{720}$	$\frac{95}{288}$	…

将式(7-28)代入式(7-27)，即得到阿达姆斯外推公式($r+1$步)：

$$y_{n+1}=y_n+h(b_0f_n+b_1\nabla f_n+\cdots+b_r\nabla^r f_n)=y_n+h\sum_{j=0}^{r}b_j\nabla^j f_n \tag{7-29}$$

式(7-29)是显式的差分方程，故又称为**阿达姆斯显式公式**，因为插值节点$x\in[x_n,x_{n+1}]$，不包括在插值区间$[x_{n-r},x_n]$内，故称为**外推公式**。

若将式(7-29)中的差分展开，写成用函数值表示的形式，则在计算机上使用更为方便，因

$$\nabla^j f_n=\sum_{k=0}^{j}(-1)^k\binom{j}{k}f_{n-k}$$

则

$$y_{n+1}=y_n+h(\beta_{r0}f_n+\beta_{r1}f_{n-1}+\cdots+\beta_{rr}f_{n-r}) \tag{7-30}$$

其中，$\beta_{rk}=(-1)^k\sum_{j=k}^{r}\binom{j}{k}b_j,(k=0,1,\cdots,r)$，式(7-30)是阿达姆斯外推公式的常见形式，是$r+1$步的显式多步法公式，注意到系数$\beta_{rk}$与$r$的值有关，$r$一旦选定后，对于$k=0,1,\cdots,r$便可得到一组系数$\beta_{rk}$，其部分数值见表7-8所列。

表 7-8

k	0	1	2	3	4
β_{0k}	1				
$2\beta_{1k}$	3	-1			
$12\beta_{2k}$	23	-16	5		
$24\beta_{3k}$	55	-59	37	-9	
$720\beta_{4k}$	1901	-2774	2616	-1274	251

例如,当 $r=1$ 时(两步),阿达姆斯公式(7-30)为

$$y_{n+1}=y_n+h(b_0f_n+b_1\nabla f_n)$$

其中

$$b_0=\int_0^1 1\mathrm{d}t=1,\quad b_1=\int_0^1 t\mathrm{d}t=\frac{1}{2}$$

所以

$$y_{n+1}=y_n+h\left(f_n+\frac{1}{2}(f_n-f_{n-1})\right)=y_n+h\left(\frac{3}{2}f_n-\frac{1}{2}f_{n-1}\right)$$

即

$$\beta_{10}=\frac{3}{2},\quad \beta_{11}=-\frac{1}{2}$$

类似地,可得 $r=3$ 时的阿达姆斯外推公式为

$$y_{n+1}=y_n+\frac{h}{24}(55f_n-59f_{n-1}+37f_{n-2}-9f_{n-3}) \tag{7-31}$$

这就是常用的**阿达姆斯 4 步显式公式**。

由牛顿后插多项式的余项表达式即可直接推得式(7-29)的局部截断误差

$$\begin{aligned}R_1&=(-1)^{r+1}\cdot h^{r+2}\cdot y^{(r+2)}(\xi_n)\int_0^1\binom{-t}{r+1}\mathrm{d}t\\&=h^{r+2}\cdot b_{r+1}\cdot y^{(r+2)}(\xi_n)=O(h^{r+2})\end{aligned}$$

其中,$\xi_n\in(x_{n-r},x_{n+1})$。

表 7-11 给出了其局部截断误差的主项,所以阿达姆斯外推方法是 $r+1$ 阶方法。

7.4.3 阿达姆斯内插法

由插值理论知道,插值节点的选择对精度有直接影响,为了改进逼近效果,改用取 x_{n+1}, $x_n,\cdots,x_{n-r+1}$ 为插值节点,通过数据点 $(x_{n-k+1},f_{n-k+1})(k=0,1,\cdots,r)$ 构造插值多项式 $p_r(x)$,然后重复前一段推导过程,可得到阿达姆斯内插法公式。

与外推法类似,仍取 $r+1$ 个节点,两者的区别是内插法从 x_{n+1} 开始,这样插值点 x 就落在插值区间 $[x_{n-r+1},x_{n+1}]$ 内,仍用 r 次牛顿向后插值公式,对函数 $f(x,y(x))$ 作 r 次插值,得 r 次插值多项式

$$q_r(x)=\sum_{j=0}^{r}(-1)^j\binom{-t}{j}\nabla^j f_{n+1}$$

其中，$t=\frac{x-x_{n+1}}{h}$，则 $-1\leqslant t\leqslant 0$，则积分

$$\int_{x_n}^{x_{n+1}} q_r(x)\,\mathrm{d}x = h\sum_{j=0}^{r} c_j \nabla^j f_{n+1} \tag{7-32}$$

其中，$c_j=(-1)^j\int_{-1}^{0}\binom{-t}{j}\mathrm{d}t$，不依赖于 r 和 n，也可事先制成表，表 7-9 给出了 c_j 的前几个值。

表 7-9

j	0	1	2	3	4	5	…
c_j	1	$-\frac{1}{2}$	$-\frac{1}{12}$	$-\frac{1}{24}$	$-\frac{19}{720}$	$-\frac{3}{160}$	…

令 $y(x_n)=y_n, y(x_{n+1})=y_{n+1}$，得到数值计算公式

$$y_{n+1} = y_n + \int_{x_n}^{x_{n+1}} q_r(x)\,\mathrm{d}x \tag{7-33}$$

将式(7-32)代入式(7-33)，即得**阿达姆斯内插公式**(r 步)：

$$y_{n+1}=y_n+h(c_0 f_{n+1}+c_1\nabla f_{n+1}+\cdots+c_r\nabla^r f_{n+1}) \tag{7-34}$$

同样，可将式(7-34)各阶差分展开成函数值的线性组合并整理，得

$$y_{n+1}=y_n+h(\beta_{r0}^* f_{n+1}+\beta_{r1}^* f_n+\cdots+\beta_{rr}^* f_{n-r+1}) \tag{7-35}$$

其中

$$\beta_{rk}^* = (-1)^k\sum_{j=k}^{r}\binom{j}{k}c_j$$

显然，β_{rk}^* 与节点的个数 r 有关，可事先算好制成表，表 7-10 提供了 β_{rk}^* 的部分数值。

表 7-10

k	0	1	2	3	4
β_{0k}^*	1				
$2\beta_{1k}^*$	1	1			
$12\beta_{2k}^*$	5	8	-1		
$24\beta_{3k}^*$	9	19	-5	1	
$720\beta_{4k}^*$	251	646	-264	106	-19

例如，当 $r=1$ 时，$\beta_{10}^*=\beta_{11}^*=\frac{1}{2}$，得

$$y_{n+1}=y_n+h\left(\frac{1}{2}f_{n+1}+\frac{1}{2}f_n\right)$$

此即梯形公式。

由于阿达姆斯内插公式中的 f_{n+1} 含有待求的 y_{n+1}，因而阿达姆斯内插公式实际上是一个隐式公式。常用的是 $r=3$ 的阿达姆斯内插公式，即

$$y_{n+1}=y_n+\frac{h}{24}(9f_{n+1}+19f_n-5f_{n-1}+f_{n-2}) \tag{7-36}$$

这是一个三步隐式公式。

同样可证,阿达姆斯内插公式的局部截断误差是 $R_2 = O(h^{r+2})$,它表示阿达姆斯内插公式是 $(r+1)$ 阶方法。表 7-11 给出其局部截断误差的主项。

表 7-11

r	0	1	2	3
阿达姆斯显式公式	$\frac{1}{2}h^2y''(x_n)$	$\frac{5}{12}h^3y'''(x_n)$	$\frac{3}{8}h^4y^{(4)}(x_n)$	$\frac{251}{720}h^5y^{(5)}(x_n)$
阿达姆斯隐式公式	$\frac{-1}{2}h^2y''(x_n)$	$\frac{-1}{12}h^3y'''(x_n)$	$\frac{-1}{24}h^4y^{(4)}(x_n)$	$\frac{-19}{720}h^5y^{(5)}(x_n)$

7.4.4 隐式格式迭代、预报—校正公式

若将阿达姆斯方法显式与隐式格式进行比较,可以看出:

(1) 从局部截断误差来看,同一阶数下的显式格式要多用一个预算值,如当 $R = O(h^5)$,显式格式用预算值 $y_n, y_{n-1}, y_{n-2}, y_{n-3}$,而隐式格式只用到 y_n, y_{n-1}, y_{n-2}。另外,从计算上来看,隐式法一般要用到迭代,计算工作量比显式法要大。

(2) 隐式法的系数 $|c_j|$ 比显式法的系数 $|b_j|$ 要小,因而由计算 f_i 所产生的误差对结果的影响比显式法小,从而精度较高。

例 7.4.1 试分别用阿达姆斯 4 步显式方法和 3 步隐式方法求解下列初值问题,并比较两者所得结果的精度:

$$\begin{cases} \dfrac{dy}{dx} = -y, \quad x \in [0,1] \\ y(0) = 1 \end{cases}$$

解 取 $h = 0.1$,两种方法的具体算式如下:

4 步显式方法

$$\begin{aligned} y_{n+1} &= y_n + \frac{0.1}{24}[55(-y_n) - 59(-y_{n-1}) + 37(-y_{n-2}) - 9(-y_{n-3})] \\ &= \frac{1}{24}(18.5y_n + 5.9y_{n-1} - 3.7y_{n-2} + 0.9y_{n-3}) \end{aligned} \tag{7-37}$$

3 步隐式方法

$$y_{n+1} = y_n + \frac{0.1}{24}[9(-y_{n+1}) + 19(-y_n) - 5(-y_{n-1}) + (-y_{n-2})]$$

即

$$y_{n+1} = \frac{1}{24.9}(22.1y_n + 0.5y_{n-1} - 0.1y_{n-2}) \tag{7-38}$$

预算值求解(称为“造表头”)可用同阶的龙格—库塔方法或泰勒展开方法得到,本例题中则是从精确解(已知 $y = e^x$)算出。

由式(7-37)及式(7-38)算出的结果分别列于表 7-12 中。

表 7 - 12

x_n	4 步显式方法		3 步隐式方法		精确解
	y_n	$\|y(x_n)-y_n\|$	y_n	$\|y(x_n)-y_n\|$	$y(x_n)$
0.3			0.740818006	2.14×10^{-7}	0.740818220
0.4	0.670322919	2.873×10^{-6}	0.670319661	3.85×10^{-7}	0.670320046
0.5	0.606535474	4.815×10^{-6}	0.606530138	5.21×10^{-7}	0.606530659
0.6	0.548818406	6.770×10^{-6}	0.548811007	6.29×10^{-7}	0.548811636
0.7	0.496593391	8.088×10^{-6}	0.496584592	7.11×10^{-7}	0.496585303
0.8	0.449338154	9.190×10^{-6}	0.449328191	7.73×10^{-7}	0.449328964
0.9	0.406579611	9.952×10^{-6}	0.406568844	8.15×10^{-7}	0.406569659
1.0	0.367889955	1.051×10^{-5}	0.367878598	8.43×10^{-7}	0.367879441

从表 7 - 12 可见，隐式方法的精度比同阶的显式方法的要高。作为代价，在隐式格式中，y_{n+1}不能通过简单的算术运算得到，一般地，隐式格式中，y_{n+1}以非线性形式出现在方程中，因此需要通过迭代方法才能得到y_{n+1}的近似值。例如下列初值问题

$$\begin{cases}\dfrac{dy}{dx}=e^y, & x\in[0,0.25]\\ y(0)=1\end{cases}$$

其阿达姆斯 3 步隐式格式为

$$y_{n+1}=y_n+\frac{h}{24}(9e^{y_{n+1}}+19e^{y_n}-5e^{y_{n-1}}+e^{y_{n-2}})$$

很难化成y_{n+1}的显式表示，只能用迭代的方法，这就会增加计算量。因此，在实际计算中，往往仿照改进的欧拉方法的构造方法，把显式和隐式两种阿达姆斯格式结合起来，并且只迭代一次，从而构成**预报—校正系统**。

以四阶阿达姆斯方法为例，先由显式方法算出近似值，作为隐式方法的预报值，然后再作校正，即

预报 $$\bar{y}_{n+1}=y_n+\frac{h}{24}(55f_n-59f_{n-1}+37f_{n-2}-9f_{n-3}) \tag{7-39}$$

$$\bar{f}_{n+1}=f(x_{n+1},\bar{y}_{n+1})$$

校正 $$y_{n+1}=y_n+\frac{h}{24}(9\bar{f}_{n+1}+19f_n-5f_{n-1}+f_{n-2}) \tag{7-40}$$

$$f_{n+1}=f(x_{n+1},y_{n+1})$$

用式(7 - 40)计算y_{n+1}时，既要用到它前一步的信息y_n和f_n，还要用到更前面三步的信息f_{n-1}，f_{n-2}和f_{n-3}。它是一种 4 步法，无法自行启动，需要其他四阶单步法(如四阶龙格—库塔方法)先从y_0算出y_1，y_2和y_3作为其初值，然后按式(7 - 39)和式(7 - 40)进行迭代。

例 7.4.2 在区间[0,1.5]上，以$h=0.1$为步长，求解初值问题

$$\begin{cases}y'(x)=y-\dfrac{2x}{y}\\ y(0)=1\end{cases}$$

解 表头用龙格—库塔方法求得，然后分别用阿达姆斯外推法和预报—校正法求解。计

算结果见表 7-13 所列。

表 7-13

x_n	y_n			
	龙格—库塔方法	外推法	预报校正法	准确解
0	1			1
0.1	1.09544553			1.09544512
0.2	1.18321675			1.18321596
0.3	1.26491223			1.26491106
0.4		1.34155176	1.34164136	1.34164079
0.5		1.41404642	1.41421383	1.41421356
0.6		1.48301891	1.48323983	1.48323970
0.7		1.54891888	1.54919338	1.54919334
0.8		1.61211643	1.61245154	1.61245155
0.9		1.67291704	1.67332000	1.67332005
1.0		1.73156976	1.73205072	1.73205081
1.1		1.78828150	1.78885426	1.78885438
1.2		1.84322708	1.84390874	1.84390889
1.3		1.89655509	1.89736641	1.89736660
1.4		1.94839248	1.94935864	1.94935887
1.5		1.99884826	1.99999973	2

阿达姆斯预报—校正法每一步只需计算 $f(x_{n+1},\bar{y}_{n+1})$ 和 $f(x_{n+1},y_{n+1})$ 两次函数值，与四阶龙格—库塔方法相比，截断误差保持同阶（$O(h^5)$），计算工作量要小，这是方法的明显优点，但它也有必须借助于其他方法造表头和计算过程中改变步长困难的缺点。

7.4.5 阿达姆斯预报—校正法的改进

针对上述预报—校正公式，利用其预报及校正公式的局部截断误差，可以实现对预报值和校正值的修正，得到**预报—修正—校正—修正公式**，使用该公式，可以提高计算精度而不会增加过大的计算工作量。

预报公式的局部截断误差为

$$\bar{R}_{n+1}=y(x_{n+1})-\bar{y}_{n+1}=\frac{251}{720}h^5y^{(5)}(x_n)+O(h^6)\approx\frac{251}{720}h^5y^{(5)}(x_n) \tag{7-41}$$

校正公式的局部截断误差为

$$R_{n+1}=y(x_{n+1})-y_{n+1}=-\frac{19}{720}h^5y^{(5)}(x_n)+O(h^6)\approx-\frac{19}{720}h^5y^{(5)}(x_n) \tag{7-42}$$

式(7-41)减去式(7-42)，得

$$y_{n+1}-\bar{y}_{n+1}\approx\frac{270}{720}h^5y^{(5)}(x_n)$$

即

$$\frac{1}{720}h^5y^{(5)}(x_n)\approx\frac{1}{270}(y_{n+1}-\bar{y}_{n+1})$$

将上式分别代入式(7-41)和式(7-42)，可得下列事后估计式：

$$\begin{cases} y(x_{n+1}) - \bar{y}_{n+1} \approx \dfrac{251}{270}(y_{n+1} - \bar{y}_{n+1}) \\ y(x_{n+1}) - y_{n+1} \approx -\dfrac{19}{270}(y_{n+1} - \bar{y}_{n+1}) \end{cases} \tag{7-43}$$

可以期望,利用这样估计出的误差作为计算结果的一种补偿,有可能使精度进一步得到改善。

设 p_n 和 c_n 分别表示第 n 步的预报值和校正值,按照估计式(7-43)

$$p_{n+1} + \frac{251}{270}(c_{n+1} - p_{n+1})$$

和

$$c_{n+1} - \frac{19}{270}(c_{n+1} - p_{n+1})$$

分别可以取作 p_{n+1} 和 c_{n+1} 的改进值。在校正值 c_{n+1} 尚未求出之前,可以用上一步的偏差值 $(p_n - c_n)$ 代替 $(p_{n+1} - c_{n+1})$ 进行计算,则得**修正的阿达姆斯预报—校正法**如下。

预报 $$p_{n+1} = y_n + \frac{h}{24}(55f_n - 59f_{n-1} + 37f_{n-2} - 9f_{n-3})$$

改进 $$\bar{y}_{n+1} = p_{n+1} + \frac{251}{270}(c_n - p_n)$$

$$\bar{f}_{n+1} = f(x_{n+1}, \bar{y}_{n+1})$$

校正 $$c_{n+1} = y_n + \frac{h}{24}(9\bar{f}_{n+1} + 19f_n - 5f_{n-1} + f_{n-2})$$

改进 $$y_{n+1} = c_{n+1} - \frac{19}{270}(c_{n+1} - p_{n+1})$$

$$f_{n+1} = f(x_{n+1}, y_{n+1})$$

用以上修正公式计算 y_{n+1} 时,需要用到前几步的信息 $y_n, f_n, f_{n-1}, f_{n-2}, f_{n-3}$ 和 $c_n - p_n$,故无法自行启动,也需要用其他四阶单步法算出 y_1, y_2 和 y_3 作为其初值,然后按照上式进行迭代计算,而一般令 $c_3 - p_3 = 0$。

7.4.6 利用泰勒展开方法构造线性多步公式

以上采用数值积分的方法构造出一系列的求解常微分方程的数值计算公式,然而利用泰勒展开的方法对常微分方程离散化,更是常用的数值方法,可以这样说,一切的线性多步公式都可以用泰勒展开的方法构造出来。其基本思想类同于龙格—库塔方法的推导。

一般的线性多步公式为

$$y_{n+1} = \alpha_0 y_n + \alpha_1 y_{n-1} + \cdots + \alpha_r y_{n-r} + h(\beta_{-1} f_{n+1} + \beta_0 f_n + \beta_1 f_{n-1} + \cdots + \beta_r f_{n-r})$$

即

$$y_{n+1} = \sum_{k=0}^{r} \alpha_k y_{n-k} + h \sum_{k=-1}^{r} \beta_k y'_{n-k} \tag{7-44}$$

其中

$$y'_{n-k}=f(x_{n-k},y_{n-k}),\quad k=-1,0,1,2,\cdots,r$$

设

$$y_{n-k}=y(x_{n-k}),y'_{n-k}=y'(x_{n-k}),\quad k=0,1,\cdots,r$$

$$y'_{n+1}=y'(x_{n+1})$$

将 $y(x_{n-k}),y'(x_{n-k})$ 都在 $x=x_n$ 处作泰勒展开，有

$$y(x_{n-k}) = y(x_n-kh) = \sum_{j=0}^{p}\frac{(-kh)^j}{j!}y_n^{(j)}+\frac{(-kh)^{p+1}}{(p+1)!}y_n^{(p+1)}+\cdots$$

$$y'(x_{n-k}) = \sum_{j=1}^{p}\frac{(-kh)^{j-1}}{(j-1)!}y_n^{(j)}+\frac{(-kh)^{p}}{p!}y_n^{(p+1)}+\cdots$$

代入式(7－44)，整理，得

$$y_{n+1}=(\sum_{k=0}^{r}\alpha_k)y_n+\sum_{j=1}^{p}\frac{h^j}{j!}[\sum_{k=1}^{r}(-k)^j\alpha_k+j\sum_{k=-1}^{r}(-k)^{j-1}\beta_k]\cdot y_n^{(j)}+$$

$$\frac{h^{p+1}}{(p+1)!}[\sum_{k=1}^{r}(-k)^{p+1}\alpha_k+(p+1)\sum_{k=-1}^{r}(-k)^{p}\beta_k]\cdot y_n^{(p+1)}+\cdots \tag{7-45}$$

于是，要使式(7－44)成为 p 阶的，只须令展开式(7－45)与 $y(x_{n+1})$ 在 x_n 处的泰勒展开式：

$$y(x_{n+1}) = \sum_{j=0}^{p}\frac{h^j}{j!}y_n^{(j)}+\frac{h^{p+1}}{(p+1)!}y_n^{(p+1)}+\cdots \tag{7-46}$$

相比较，能够符合 h^p 项，为此可令

$$\begin{cases}\sum_{k=0}^{r}\alpha_k=1\\ \sum_{k=1}^{r}(-k)^j\alpha_k+j\sum_{k=-1}^{r}(-k)^{j-1}\beta_k=1,\quad j=1,2,\cdots,p\end{cases} \tag{7-47}$$

解得系数 α_k,β_k 代入式(7－45)，即得 p 阶的线性多步法公式。

将式(7－46)与式(7－45)相减，可得方法的局部截断误差为

$$y(x_{n+1})-y_{n+1}=\frac{h^{p+1}}{(p+1)!}[1-\sum_{k=1}^{r}(-k)^{p+1}\cdot\alpha_k-(p+1)\sum_{k=-1}^{r}(-k)^{p}\cdot\beta_k]y_n^{(p+1)}+\cdots \tag{7-48}$$

下面具体地考察一些 4 步方法。先研究下列形式的 4 步显式格式：

$$y_{n+1}=\alpha_0y_n+\alpha_1y_{n-1}+\alpha_2y_{n-2}+h(\beta_0y'_n+\beta_1y'_{n-1}+\beta_2y'_{n-2}+\beta_3y'_{n-3}) \tag{7-49}$$

欲使这类格式成为四阶的，按式(7－47)，其系数应当满足条件

$$\begin{cases}\alpha_0+\alpha_1+\alpha_2=1\\ -\alpha_1-2\alpha_2+\beta_0+\beta_1+\beta_2+\beta_3=1\\ \alpha_1+4\alpha_2-2\beta_1-4\beta_2-6\beta_3=1\\ -\alpha_1-8\alpha_2+3\beta_1+12\beta_2+27\beta_3=1\\ \alpha_1+16\alpha_2-4\beta_1-32\beta_2-108\beta_3=1\end{cases} \tag{7-50}$$

若令 $\alpha_1=\alpha_2=0$，得

$$\alpha_0=1,\beta_0=\frac{55}{24},\beta_1=-\frac{59}{24},\beta_2=\frac{37}{24},\beta_3=-\frac{9}{24}$$

这时，式(7－49)为四阶阿达姆斯格式(7－31)。另外，用定出的系数值具体地代入式(7－48)，即可导出式(7－31)。

为了提供与式(7－49)相匹配的隐式算法，舍弃其中的 y'_{n-3} 而代之以 y'_{n+1}，有

$$y_{n+1}=\alpha_0 y_{n+1}+\alpha_1 y_{n-1}+\alpha_2 y_{n-2}+h(\beta_{-1}y'_{n+1}+\beta_0 y'_n+\beta_1 y'_{n-1}+\beta_2 y'_{n-2}) \tag{7-51}$$

为使这类格式具有四阶精度，按式(7－47)，系数应当满足条件

$$\begin{cases}\alpha_0+\alpha_1+\alpha_2=1\\ -\alpha_1-2\alpha_2+\beta_{-1}+\beta_0+\beta_1+\beta_2=1\\ \alpha_1+4\alpha_2+2\beta_{-1}-2\beta_1-4\beta_2=1\\ -\alpha_1-8\alpha_2+3\beta_{-1}+3\beta_1+12\beta_2=1\\ \alpha_1+16\alpha_2+4\beta_{-1}-4\beta_1-32\beta_2=1\end{cases} \tag{7-52}$$

特别地，取 $\alpha_1=\alpha_2=0$ 即得式(7－36)，通过这一途径同时导出误差公式(7－42)。

与格式(7－49)不同的另一类格式是用 y_{n-3} 而不用 y'_{n-3}，其形式为

$$y_{n+1}=\alpha_0 y_n+\alpha_1 y_{n-1}+\alpha_2 y_{n-2}+\alpha_2 y_{n-3}+h(\beta_0 y'_n+\beta_1 y'_{n-1}+\beta_2 y'_{n-2})$$

这类方法中包含著名的显式**密伦格式**(4 步四阶)

$$y_{n+1}=y_{n-3}+\frac{4h}{3}(2y'_n-y'_{n-1}+2y'_{n-2}) \tag{7-53}$$

其局部截断误差为

$$y(x_{n+1})-y_{n+1}\approx\frac{14}{15}h^5 y_n^{(5)} \tag{7-54}$$

类似地讨论，可获得其他一些常用的线性多步公式，例如：

汉明(Hamming)公式(3 步四阶)

$$y_{n+1}=\frac{1}{8}(9y_n-y_{n-2})+\frac{3h}{8}(y'_{n+1}+2y'_n-y'_{n-1}) \tag{7-55}$$

其局部截断误差为

$$y(x_{n+1})-y_{n+1}\approx-\frac{1}{40}h^5 y_n^{(5)} \tag{7-56}$$

用式(7－53)和式(7－55)匹配，并利用式(7－54)和式(7－56)改进计算结果，即可建立下列显式密伦方法与汉明方法构成的**预报—校正格式**：

预报 $\qquad p_{n+1}=y_{n-3}+\dfrac{4h}{3}(2y'_n-y'_{n-1}+2y'_{n-2})$

改进 $\qquad \bar{y}_{n+1}=p_{n+1}+\dfrac{112}{121}(c_n-p_n)$

$\qquad \bar{f}_{n+1}=f(x_{n+1},\bar{y}_{n+1})$

校正 $\qquad c_{n+1}=\dfrac{1}{8}(9y_n-y_{n-2})+\dfrac{3h}{8}(y'_{n+1}+2y'_n-y'_{n-1})$

改进 $$y_{n+1}=c_{n+1}-\frac{9}{121}(c_{n+1}-p_{n+1})$$

$$f_{n+1}=f(x_{n+1},y_{n+1})$$

7.5 算法的稳定性与收敛性

7.5.1 稳定性

稳定性在微分方程的数值解法中是一个极其重要的问题。因为微分方程的数值解法是通过离散化将微分方程转化为差分方程来求解的，而在差分方程的求解过程中，存在着各种计算误差，这些计算误差如舍入误差等引起的扰动，在误差传播过程中，可能会大量积累，以至于“淹没”了差分方程的真解。例如，初值问题

$$\begin{cases}\dfrac{dy}{dx}=-30y, \quad x\in[0,1.5]\\ y(0)=1\end{cases}$$

的精确解为

$$y=e^{-30x}$$

如分别用欧拉方法、经典龙格—库塔方法及阿达姆斯四阶预测—校正方法求解，步长取为 $h=0.1$，算得的 $y(1.5)$ 列于表 7 - 14 中。

表 7 - 14

欧拉方法	经典龙格—库塔方法	阿达姆斯预报—校正方法	精确解
-3.27675×10^{-4}	1.18719×10^{2}	2.41152×10^{6}	2.86252×10^{-20}

从表 7 - 14 可见，三种数值解法所得的结果相差悬殊，都与精确解相差很大，可见其算法稳定性很差。

在实际计算时，希望某一步产生的扰动值，在后面的计算中能够被控制，甚至是逐步衰减的，具体地，有

定义 7.5.1 当在某节点 x_i 上的 y_i 值有大小为 δ 的扰动时，如果在其以后的各节点 $x_j(j>i)$ 上的 y_j 值产生的偏差都不大于 δ，则称这种方法是**稳定的**。

定义用一种数值方法，求解微分方程(称为**模型方程或试验方程**)

$$\frac{dy}{dx}=\lambda y, \quad \lambda<0 \tag{7-57}$$

对于给定步长 $h>0$，在计算 y_n 时引入误差 δ。若这个误差在计算后面的 $y_{n+k}(k=1,2,\cdots)$ 中所引进的误差按绝对值不增加，就说这个数值方法对于步长 h 和 λ 是**绝对稳定的**。

稳定性问题比较复杂，为简化讨论，不论方程本身如何，都以式(7 - 57)代替原方程进行讨论。如果一个数值方法对如此简单的方程还不是绝对稳定的，就难以用它来求解一般方程的初值问题。当然一个数值方法，对模型方程是绝对稳定，但不一定对一般方程也绝对稳定。用模型方程在一定程度上反映了数值方法的某些特性。

作为例子，以下对欧拉方法作稳定性分析。

先分析显式欧拉格式，对于式(7 - 57)，有

$$y_{i+1}=y_i+h\lambda y_i=(1+h\lambda)y_i$$

将上式反复递推后，得

$$y_{i+1}=(1+h\lambda)^{i+1}y_0$$

或

$$y_i=(1+h\lambda)^i y_0=\alpha^i y_0,\quad i=1,2,3,\cdots$$

其中，$\alpha=1+h\lambda$，要使 y_i 有界，其充要条件为

$$|\alpha|\leqslant 1 \text{ 或 } |1+h\lambda|\leqslant 1$$

由于 $\lambda<0$，故

$$0<h\leqslant -\frac{2}{\lambda} \tag{7-58}$$

可见，如欲保证算法的稳定，显式欧拉格式的步长 h 的选取要受到式(7-58)的限制。λ 的绝对值越大，则限制的 h 值就越小。

例如，初值问题

$$\begin{cases}\dfrac{\mathrm{d}y}{\mathrm{d}x}=-50y, & x\in[0,1]\\ y(0)=\dfrac{1}{2}\end{cases}$$

的精确解为

$$y=\frac{1}{2}\mathrm{e}^{-50x}$$

如取步长 $h=0.05$，作显式欧拉格式计算时，有

$$y_{i+1}=y_i+hf(x_i,y_i)=y_i+0.05(-50y_i)=-1.5y_i$$

按上式计算所得的结果列于表 7-15 中。

表 7-15

x_i	y_i		精确解
	显式欧拉格式	隐式欧拉格式	$y(x_i)$
0.05	-0.7500	1.42857×10^{-1}	4.10425×10^{-2}
0.10	1.12500	4.08163×10^{-2}	3.36897×10^{-3}
0.15	-1.68750	1.16618×10^{-2}	2.76542×10^{-4}
0.20	2.53125	3.33195×10^{-3}	2.2699×10^{-5}
0.25	-3.79688	9.51984×10^{-4}	1.863×10^{-6}
⋮	⋮	⋮	⋮
0.90	7.38946×10^{2}	8.04906×10^{-11}	1.43126×10^{-20}
0.95	-1.10842×10^{3}	2.29973×10^{-11}	1.17485×10^{-21}
1	1.66263×10^{3}	6.57066×10^{-12}	9.64375×10^{-23}

从表中的数值显然可见，这时的显式欧拉方法是不稳定的。究其原因，就是 h 不符合式(7-58)的规定：

$$0<h\leqslant-\frac{2}{\lambda}=-\frac{2}{-50}=0.04$$

再分析隐式欧拉格式，对于式(7－57)，有

$$y_{i+1}=y_i+h\lambda y_{i+1}$$

所以

$$y_{i+1}=\frac{1}{1-h\lambda}y_i$$

由于 $\lambda<0$，恒有

$$\left|\frac{1}{1-h\lambda}\right|\leqslant 1 \tag{7-59}$$

故恒有 $|y_{i+1}|\leqslant|y_i|$，因此隐式欧拉格式是绝对稳定(无条件稳定)的(对任何 $h>0$)。

对于初值问题

$$\begin{cases}\dfrac{dy}{dx}=-50y, & x\in[0,1]\\ y(0)=\dfrac{1}{2}\end{cases}$$

同样取步长 $h=0.05$，作隐式欧拉格式计算时，有

$$y_{i+1}=y_i+hf(x_{i+1},y_{i+1})=y_i+0.05(-50y_{i+1})=\frac{1}{3.5}y_i$$

按上式计算所得的结果也列于表 7－15 中。从表中的数值可见，同样的步长 $h=0.05$，隐式欧拉方法却是稳定的。因为这时它对任何的 $h>0$ 都是绝对稳定的。

能保证算法稳定的 $\bar{h}$ 的取值范围，称为**稳定区域**，其中

$$\bar{h}=\lambda h,\quad \lambda<0$$

$$\bar{h}=-\lambda h,\quad \lambda>0$$

显然，稳定区域越大，意味着该算法的稳定性越好。由式(7－58)可知，显式欧拉方法的稳定区域为 $-2<\bar{h}<0$；而由式(7－59)知，隐式欧拉方法的稳定区域为 $-\infty<\bar{h}<0$，可见隐式欧拉方法的稳定性比显式欧拉方法的好。

可用与上述方法类似的方法来分析 k 步阿达姆斯显式和隐式方法的稳定性。对于模型方程，它们的稳定区域如分别记为$(\alpha_E,0)$和$(\alpha_I,0)$，则其数值见表 7－16 所列。

表 7－16

k	1	2	3	4
α_E	-2	-1	$-6/11$	$-3/10$
α_I	$-\infty$	-6	-3	$-40/49$

由表 7－16 可见：

(1) 阿达姆斯隐式方法的稳定区域都比同阶的显式方法的大，这是隐式方法最大的优点。

(2) k 越大(即步数、阶数越大)时，稳定区域就越小，只有隐式欧拉方法才是绝对稳定的。

7.5.2 收敛性

将微分方程通过离散化方法转化为差分方程并进行求解，可得微分方程初值问题的数值

解法。虽然离散化手段不同时，可得到不同的数值计算公式，但共同的一个问题是，这些离散化是否合理，即当步长 $h\to 0$ 时，差分方程的解 y_n 能否收敛到微分方程的准确解 $y(x_n)$？

定义 7.5.2 对于任意节点 $x_n = x_0 + nh$，当 $h\to 0$（同时 $n\to\infty$）时，y_n 都能趋向于准确解 $y(x_n)$ 的算法，称为**收敛算法**，否则称为**不收敛算法**。

这里，仍然简单地以欧拉方法为例来分析其收敛性。

在欧拉公式

$$y_{n+1} = y_n + hf(x_n, y_n) \tag{7-60}$$

中，如取 $y_n = y(x_n)$，所得 y_{n+1} 为

$$\bar{y}_{n+1} = y(x_n) + hf(x_n, y(x_n)) \tag{7-61}$$

其局部截断误差为

$$y(x_{n+1}) - \bar{y}_{n+1} = \frac{h^2}{2}y''(\xi_n), \quad x_n < \xi_n < x_{n+1}$$

取常数 $C = \frac{1}{2}\max\limits_{a\leqslant x\leqslant b} |y''(x)|$，则

$$|y(x_{n+1}) - \bar{y}_{n+1}| < Ch^2 \tag{7-62}$$

局部截断误差的积累误差称为**整体截断误差**。下面讨论整体截断误差，记

$$e_n = |y(x_n) - y_n|$$

其中，$y(x_n)$ 为式(7-1)在 x_n 处的精确解；y_n 为欧拉公式得到的近似解。

由于式(7-1)的右端 $f(x,y)$ 在区域 $a\leqslant x\leqslant b$，$-\infty < y < +\infty$ 上满足李普希兹条件，即

$$|f(x_n, y_n) - f(x_n, y(x_n))| \leqslant L|y_n - y(x_n)|$$

所以，式(7-60)减去式(7-61)，有

$$|y_{n+1} - \bar{y}_{n+1}| \leqslant (1+hL)|y(x_n) - y_n| = (1+hL)e_n \tag{7-63}$$

其中，L 是 $f(x,y)$ 关于 y 的李普希兹系数。因

$$e_{n+1} = |y(x_{n+1}) - y_{n+1}| \leqslant |y_{n+1} - \bar{y}_{n+1}| + |y(x_{n+1}) - \bar{y}_{n+1}|$$

将式(7-63)和式(7-62)代入上式，得

$$e_{n+1} \leqslant (1+hL)e_n + Ch^2$$

将上式反复递推后，得

$$e_{n+1} \leqslant (1+hL)^{n+1}e_0 + \frac{Ch}{L}[(1+hL)^{n+1} - 1]$$

或

$$e_n \leqslant (1+hL)^n e_0 + \frac{Ch}{L}[(1+hL)^n - 1] \tag{7-64}$$

设 $x_n - x_0 = nh \leqslant T$（$T$ 为常数），因为

$$1 + hL \leqslant e^{hL}$$

所以

$$(1+hL)^n \leqslant e^{nhL} \leqslant e^{TL}$$

将上式代入式(7－64)，得

$$e_n \leqslant e^{TL} e_0 + \frac{C}{L}(e^{TL} - 1)h$$

如果不计初值误差，即取 $e_0 = 0$，有

$$e_n \leqslant \frac{C}{L}(e^{TL} - 1)h \tag{7-65}$$

式(7－65)说明，当 $h \to 0$ 时，$e_n \to 0$，即 $y_n \to y(x_n)$，因此欧拉方法是收敛的，且其收敛速度为 $O(h)$，即具有一阶收敛速度。式(7－65)还说明，欧拉方法的整体截断误差为 $O(h)$，即是一阶的，因此算法的精度为一阶。

由前面讨论，欧拉方法的局部截断误差为二阶的，可见其整体截断误差要比局部截断误差低一阶。该结论带有一般性，因此在构造高精度的计算方法时，要设法提高方法的局部截断误差。

收敛性和稳定性是两个重要的概念，收敛性反映数值公式本身截断误差对计算结果的影响；稳定性是反映某一计算步骤中出现的舍入误差对计算结果的影响。稳定性是和步长 h 密切相关的，步长的增大可能使一种稳定的数值公式变得不稳定。实际计算中，既收敛又稳定的数值方法才可以被放心地使用。

7.6　微分方程组和高阶微分方程的解法

实际问题中，经常遇到微分方程组和高阶微分方程的求解问题，本节介绍这类问题的数值解法。其基本思想是，针对前面介绍的单个方程 $y' = f$ 的数值解法，只要将 y 和 f 理解为向量，那么，所提供的各种计算格式即可应用到以上提出的问题。

7.6.1　一阶方程组

设微分方程组的初值问题表示为

$$\begin{cases} y_1'(x) = f_1(x, y_1, y_2, \cdots, y_m) \\ y_2'(x) = f_2(x, y_1, y_2, \cdots, y_m) \\ \quad\vdots \\ y_m'(x) = f_m(x, y_1, y_2, \cdots, y_m) \end{cases}, \quad a \leqslant x \leqslant b \tag{7-66}$$

初值为

$$\begin{cases} y_1(a) = s_1 \\ y_2(a) = s_2 \\ \quad\vdots \\ y_m(a) = s_m \end{cases} \tag{7-67}$$

引进向量记号如下：

$$\boldsymbol{y}'(x) = (y_1'(x), y_2'(x), \cdots, y_m'(x))^{\mathrm{T}}$$
$$\boldsymbol{f}(x, \boldsymbol{y}) = (f_1(x, \boldsymbol{y}), f_2(x, \boldsymbol{y}), \cdots, f_m(x, \boldsymbol{y}))^{\mathrm{T}}$$

$$\boldsymbol{s} = (s_1, s_2, \cdots, s_m)^{\mathrm{T}}$$

$$\boldsymbol{y}(x) = (y_1(x), y_2(x), \cdots, y_m(x))^{\mathrm{T}}$$

由式(7-66)和式(7-67)可改写为如下向量形式：

$$\begin{cases} \boldsymbol{y}'(x) = \boldsymbol{f}(x, \boldsymbol{y}(x)) \\ \boldsymbol{y}(a) = \boldsymbol{s} \end{cases} \tag{7-68}$$

它在形式上具有与一阶微分方程初值问题式(7-1)类似的形式，只是函数变成了向量函数，从而，前述的各种数值方法都可以推广到式(7-68)上去，推广的方法是把函数换成向量函数即可。

例如，欧拉格式应写为

$$\boldsymbol{y}_{n+1} = \boldsymbol{y}_n + h\boldsymbol{f}(x_n, \boldsymbol{y}_n) \tag{7-69}$$

其中

$$\boldsymbol{y}_n = (y_{1n}, y_{2n}, \cdots, y_{mn})^{\mathrm{T}} \approx \boldsymbol{y}(x_n) = (y_1(x_n), y_2(x_n), \cdots, y_m(x_n))^{\mathrm{T}}$$

又如适用于式(7-68)的标准四阶龙格—库塔公式应写为

$$\begin{cases} \boldsymbol{y}_{n+1} = \boldsymbol{y}_n + \dfrac{1}{6}(\boldsymbol{k}_1 + 2\boldsymbol{k}_2 + 2\boldsymbol{k}_3 + \boldsymbol{k}_4) \\ \boldsymbol{k}_1 = h\boldsymbol{f}(x_n, \boldsymbol{y}_n) \\ \boldsymbol{k}_2 = h\boldsymbol{f}\left(x_n + \dfrac{h}{2}, \boldsymbol{y}_n + \dfrac{1}{2}\boldsymbol{k}_1\right) \\ \boldsymbol{k}_3 = h\boldsymbol{f}\left(x_n + \dfrac{h}{2}, \boldsymbol{y}_n + \dfrac{1}{2}\boldsymbol{k}_2\right) \\ \boldsymbol{k}_4 = h\boldsymbol{f}(x_n + h, \boldsymbol{y}_n + \boldsymbol{k}_3) \end{cases} \tag{7-70}$$

其中，$\boldsymbol{y}_n$ 表示 $\boldsymbol{y}(x)$ 在 $x = x_n$ 处的近似向量，写成分量形式为

$$\begin{cases} y_{i,n+1} = y_{in} + \dfrac{1}{6}(k_{i1} + 2k_{i2} + 2k_{i3} + k_{i4}) \\ k_{i1} = hf_i(x_n, y_{1n}, y_{2n}, \cdots, y_{mn}) \\ k_{i2} = hf_i(x_n + \dfrac{h}{2}, y_{1n} + \dfrac{1}{2}k_{11}, y_{2n} + \dfrac{1}{2}k_{21}, \cdots, y_{mn} + \dfrac{1}{2}k_{m1}), \quad i = 1, 2, \cdots, m \\ k_{i3} = hf_i(x_n + \dfrac{h}{2}, y_{1n} + \dfrac{1}{2}k_{12}, y_{2n} + \dfrac{1}{2}k_{22}, \cdots, y_{mn} + \dfrac{1}{2}k_{m2}) \\ k_{i4} = hf_i(x_n + h, y_{1n} + k_{13}, y_{2n} + k_{23}, \cdots, y_{mn} + k_{m3}) \end{cases} \tag{7-71}$$

其中，y_{in}是 $\boldsymbol{y}_i(x)$ 在节点 $x_n = x_0 + nh$ 处的近似值，h 是步长。

例 7.6.1 应用标准四阶龙格—库塔方法解一阶微分方程组的初值问题

$$\begin{cases} y' = f(x, y, z) = 3y + 2z, & y(0) = 0 \\ z' = g(x, y, z) = 4y + z, & z(0) = 1 \end{cases}, 0 \leqslant x \leqslant 0.3$$

解 取 $h = 0.1$，则 $x_i = ih = 0.1i, i = 0, 1, 2, 3$。由于 $y(x_0) = 0, z(x_0) = 1$，因此

$k_{11} = hf(x_0, y_0, z_0) = 0.1f(0, 0, 1) = 0.2$

$k_{21} = hg(x_0, y_0, z_0) = 0.1g(0, 0, 1) = 0.1$

$$k_{12}=hf(x_0+\frac{h}{2},y_0+\frac{1}{2}k_{11},z_0+\frac{1}{2}k_{21})=0.1f(0.05,0.1,1.05)=0.24$$

$$k_{22}=hg(x_0+\frac{h}{2},y_0+\frac{1}{2}k_{11},z_0+\frac{1}{2}k_{21})=0.1g(0.05,0.1,1.05)=0.145$$

$$k_{13}=hf(x_0+\frac{h}{2},y_0+\frac{1}{2}k_{12},z_0+\frac{1}{2}k_{22})=0.1f(0.05,0.12,1.0725)=0.2505$$

$$k_{23}=hg(x_0+\frac{h}{2},y_0+\frac{1}{2}k_{12},z_0+\frac{1}{2}k_{22})=0.1g(0.05,0.12,1.0725)=0.15525$$

$$k_{14}=hf(x_0+h,y_0+k_{13},z_0+k_{23})=0.1f(0.1,0.2025,1.15525)=0.3062$$

$$k_{24}=hg(x_0+h,y_0+k_{13},z_0+k_{23})=0.1g(0.1,0.2025,1.15525)=0.215725$$

$$y_1=y_0+\frac{1}{6}(k_{11}+2k_{12}+2k_{13}+k_{14})=0.247866667$$

$$z_1=z_0+\frac{1}{6}(k_{21}+2k_{22}+2k_{23}+k_{24})=1.152704167$$

于是

$$y(0.1)\approx 0.247866667,\ z(0.1)\approx 1.152704167$$

此初值问题的解为

$$y(x)=\frac{1}{3}(e^{5x}-e^{-x}),z(x)=\frac{1}{3}(e^{5x}+2e^{-x})$$

计算结果以及与精确解的比较见表 7－17 所列。

表 7－17

x_j	y_j	z_j	$\lvert y(x_j)-y_j\rvert$	$\lvert z(x_j)-z_j\rvert$
0.0	0	1	0	0
0.1	0.24786667	1.15270417	9.46×10^{-5}	9.45×10^{-5}
0.2	0.63287176	1.45160267	3.12×10^{-4}	3.12×10^{-4}
0.3	1.24618565	1.98700407	7.71×10^{-4}	7.71×10^{-4}

7.6.2 高阶微分方程的初值问题

关于高阶微分方程的初值问题，一般需要引入变量代换，转化为一阶方程组初值问题的方法求解，具体做法如下。

设高阶方程的初值问题为

$$\begin{cases}y^{(m)}(x)=f(x,y,y',\cdots,y^{(m-1)})\\ y(a)=s_1,y'(a)=s_2,\cdots,y^{(m-1)}(a)=s_m\end{cases}\tag{7-72}$$

引进新变量 $y_1=y,y_2=y',\cdots,y_m=y^{(m-1)}$，则式(7－72)转化为一阶方程组的初值问题

$$\begin{cases}y_1'=y_2\\ y_2'=y_3\\ \quad\vdots\\ y_{m-1}'=y_m\\ y_m'=f(x,y_1,y_2,\cdots,y_m)\end{cases}\tag{7-73}$$

初值

$$\begin{cases} y_1(a)=s_1 \\ y_2(a)=s_2 \\ \quad\vdots \\ y_m(a)=s_m \end{cases}$$

再用一阶方程组中介绍的方法解此方程组的初值问题。

例如,设

$$\begin{cases} \dfrac{d^2y}{dx^2}=f\left(x,y,\dfrac{dy}{dx}\right) \\ y(0)=y_0 \\ y'(0)=y_0' \end{cases} \tag{7-74}$$

只要引进新的变量,如令 $z=\dfrac{dy}{dx}$,即可将上述二阶方程转化为一阶方程组的初值问题:

$$\begin{cases} \dfrac{dy}{dx}=z \\ \dfrac{dz}{dx}=f(x,y,z) \end{cases}$$

其初值条件为

$$\begin{cases} y(0)=y_0 \\ z(0)=y_0' \end{cases} \tag{7-75}$$

这时,其四阶龙格—库塔格式具有以下形式:

$$\begin{cases} y_{n+1}=y_n+\dfrac{h}{6}(k_1+2k_2+2k_3+k_4) \\ z_{n+1}=z_n+\dfrac{h}{6}(L_1+2L_2+2L_3+L_4) \end{cases} \tag{7-76}$$

其中

$$\begin{cases} k_1=z_n, & L_1=f(x_n,y_n,z_n) \\ k_2=z_n+\dfrac{h}{2}L_1, & L_2=f(x_n+\dfrac{h}{2},y_n+\dfrac{h}{2}k_1,z_n+\dfrac{h}{2}L_1) \\ k_3=z_n+\dfrac{h}{2}L_2, & L_3=f(x_n+\dfrac{h}{2},y_n+\dfrac{h}{2}k_2,z_n+\dfrac{h}{2}L_2) \\ k_4=z_n+hL_3, & L_4=f(x_n+h,y_n+hk_3,z_n+hL_3) \end{cases} \tag{7-77}$$

如果消去 k_1,k_2,k_3,k_4,则式(7-76)可表示为

$$\begin{cases} y_{n+1}=y_n+hz_n+\dfrac{h^2}{6}(L_1+L_2+L_3) \\ z_{n+1}=z_n+\dfrac{h}{6}(L_1+2L_2+2L_3+L_4) \end{cases} \tag{7-78}$$

其中

$$L_1 = f(x_n, y_n, z_n)$$

$$L_2 = f(x_n + \frac{h}{2}, y_n + \frac{h}{2}z_n, z_n + \frac{h}{2}L_1)$$

$$L_3 = f(x_n + \frac{h}{2}, y_n + \frac{h}{2}z_n + \frac{h^2}{4}L_1, z_n + \frac{h}{2}L_2)$$

$$L_4 = f(x_n + h, y_n + hz_n + \frac{h^2}{2}L_2, z_n + hL_3)$$

应该指出，上述方法同样可以用来解决三阶或更高阶的微分方程（或方程组）的初值问题，只是所得到的公式更复杂而已。

例 7.6.2 试求解下列二阶微分方程的初值问题：

$$\begin{cases} \dfrac{d^2y}{dx^2} - \dfrac{dy}{dx} = x, \quad x \in [0,1] \\ y(0) = 0 \\ y'(0) = 1 \end{cases}$$

解 先作变换：令 $z = y'$，代入上式，得一阶方程组

$$\begin{cases} y' = z, y(0) = 0 \\ z' = z + x, z(0) = 1 \end{cases}$$

用标准四阶龙格—库塔方法求解，按照式(7－76)和式(7－77)进行计算。

取 $h = 0.1, x_0 = 0, y_0 = 0, z_0 = 1, n = 0$ 时，有

$$\begin{cases} k_1 = z_0 = 1 \\ L_1 = z_0 + x_0 = 1 + 0 = 1 \end{cases}$$

$$\begin{cases} k_2 = z_0 + \dfrac{h}{2}L_1 = 1 + \dfrac{0.1}{2} \times 1 = 1.05 \\ L_2 = \left(z_0 + \dfrac{h}{2}L_1\right) + \left(x_0 + \dfrac{h}{2}\right) = \left(1 + \dfrac{0.1}{2} \times 1\right) + \left(0 + \dfrac{0.1}{2}\right) = 1.1 \end{cases}$$

$$\begin{cases} k_3 = z_0 + \dfrac{h}{2}L_2 = 1 + \dfrac{0.1}{2} \times 1.1 = 1.055 \\ L_3 = \left(z_0 + \dfrac{h}{2}L_2\right) + \left(x_0 + \dfrac{h}{2}\right) = \left(1 + \dfrac{0.1}{2} \times 1.1\right) + \left(0 + \dfrac{0.1}{2}\right) = 1.105 \end{cases}$$

$$\begin{cases} k_4 = z_0 + hL_3 = 1 + 0.1 \times 1.105 = 1.1105 \\ L_4 = (z_0 + hL_3) + (x_0 + h) = (1 + 0.1 \times 1.105) + (0 + 0.1) = 1.2105 \end{cases}$$

$$y_1 = y_0 + \frac{h}{6}(k_1 + 2k_2 + 2k_3 + k_4)$$

$$= 0 + \frac{0.1}{6}(1 + 2 \times 1.05 + 2 \times 1.055 + 1.1105) = 0.1053$$

注：该方程精确解为 $y(x) = x - \dfrac{x^2}{2}$，即 $y(x_1) = 0.1050$。

$$z_1 = z_0 + \frac{h}{6}(L_1 + 2L_2 + 2L_3 + L_4)$$

$$= 1 + \frac{0.1}{6}(1 + 2 \times 1.1 + 2 \times 1.105 + 1.2105) = 1.1104$$

然后,计算 $n=1$ 时的 $k_1, L_1, k_2, L_2, k_3, L_3, k_4, L_4, y_2$ 和 z_2;再计算 $n=2$ 时的 $k_1, L_1, \cdots, y_3$ 和 z_3;…依此类推,直到 $n=9$ 时的 y_{10} 和 z_{10},即可得到数值解:$y_1, y_2, \cdots, y_{10}$。

习 题 7

1. 初值问题 $y' = ax + b, y(0) = 0$ 有解 $y(x) = \frac{1}{2}ax^2 + bx$,若 $x_n = nh$,y_n 是用欧拉折线法得到的 $y(x)$ 在 $x = x_n$ 处的近似值,证明 $y(x_n) - y_n = \frac{1}{2}ahx_n$。

2. 用欧拉折线法和预报—校正公式求初值问题

$$\begin{cases} y' = -2xy^2 \\ y(0) = 1 \end{cases}$$

的数值解,并与准确解比较($h=0.1$,计算 10 步,按 4 位小数计算)。

3. 取步长 $h=0.1$,用预报—校正公式解初值问题

$$\begin{cases} y' = x + y \\ y(0) = 1 \end{cases}, \quad 0 \leqslant x \leqslant 1$$

并将计算结果与准确解比较。

4. 取步长 $h=0.2$,用标准四阶龙格—库塔方法解初值问题

$$\begin{cases} y' = x + y \\ y(0) = 1 \end{cases}, \quad 0 \leqslant x \leqslant 1$$

并与第 3 题比较。

5. 取步长 $h=0.2$,用标准四阶龙格—库塔方法解初值问题

$$\begin{cases} y' = \dfrac{3y}{1+x} \\ y(0) = 1 \end{cases}, \quad 0 \leqslant x \leqslant 1$$

6. 用标准四阶龙格—库塔方法求解初值问题

$$\begin{cases} y' = x^2 - y^2 \\ y(-1) = 0 \end{cases}$$

7. 试证:对任意参数 t,下列龙格—库塔公式

$$\begin{cases} y_{n+1} = y_n + \frac{1}{2}(k_2 + k_3) \\ k_1 = hf(x_n, y_n) \\ k_2 = hf(x_n + th, y_n + tk_1) \\ k_3 = hf[x_n + (1-t)h, y_n + (1-t)k_1] \end{cases}$$

的截断误差为 $O(h^3)$。

8. 用第 6 题求得的数值作表头，分别用阿达姆斯外推法、阿达姆斯预报—校正法求下列初值问题在 $-1\leqslant x\leqslant 0, h=0.1$ 处的数值解。

$$\begin{cases} y' = x^2 - y^2 \\ y(-1) = 0 \end{cases}$$

9. 求系数 a、b、c、d，使

$$y_{n+1} = ay_{n-1} + h(by'_{n+1} + cy'_n + dy'_{n-1})$$

有 $y(x_{n+1}) - y_{n+1} = O(h^5)$。

10. 编写下列程序：

（1）预报—校正方法；

（2）标准四阶龙格—库塔方法；

（3）阿达姆斯预报—校正方法（表头三点用标准四阶龙格—库塔方法）。

并用所编的程序求解本习题中相应的习题。

第8章　偏微分方程数值解法

8.1　引　言

同求解常微分方程一样，科学技术或工程中出现的偏微分方程，除少数简单情况能求得解析解（用解析式表示的解）外，大部分情况都无法得到解析解。有时即使有解析解，也往往由于形式复杂，不便于应用，而不受欢迎。

目前常用的偏微分方程求解方法是数值解法，其中有限差分法是最常用、最有效的方法之一。它利用数值微分近似代替偏微分方程中的偏导数，从而使求解偏微分方程的问题化为求解一个线性方程组——差分方程的问题。这种方法需要讨论的问题有：如何把偏微分方程的边值问题化为差分方程；差分方程的求解方法；差分方程的解对于边值问题的解的收敛性及误差估计。

对于差分方程，先从常微分方程的边值问题入手，把方法的本质及计算步骤弄清楚，然后再讨论二阶偏微分方程的边值问题。

8.2　常微分方程边值问题的差分方法

8.2.1　差分方程的建立

设有二阶常微分方程边值问题：

$$\begin{cases} y''(x) - q(x)y(x) = f(x),\ a < x < b & (8-1) \\ y(a) = \alpha, y(b) = \beta & (8-2) \end{cases}$$

其中，$q(x) \geqslant 0$，$f(x)$ 为已知函数；α,β 为已知数。

用节点 $x_0 = a, x_1 = a + h, x_2 = a + 2h, \cdots, x_n = a + nh$ 将区间 $[a,b]$ 分成 n 等份，$h = (b-a)/n$ 称为步长。

在节点 $x_i (i = 1,2,\cdots,n-1)$ 上，应用数值微分公式：

$$y''(x_i) = \frac{y(x_{i+1}) - 2y(x_i) + y(x_{i-1})}{h^2} - \frac{h^2}{12}y^{(4)}(\xi_i)$$

代替式(8-1)中的 $y''(x_i)$，其中 $x_{i-1} < \xi_i < x_{i+1}$，于是，得

$$\frac{y(x_{i+1}) - 2y(x_i) + y(x_{i-1})}{h^2} - q(x_i)y(x_i) = f(x_i) + \frac{h^2}{12}y^{(4)}(\xi_i)$$

当 h 充分小时，略去上式中的 $\frac{h^2}{12}y^{(4)}(\xi_i)$，得近似方程

$$\frac{y_{i+1} - 2y_i + y_{i-1}}{h^2} - q_i y_i = f_i, i = 1,2,\cdots,n-1 \quad (8-3)$$

其中，$q_i=q(x_i)$；$f_i=f(x_i)$；y_i为 $y(x_i)$ 的近似值。

式(8-3)加上边值条件：

$$y_0=y(a)=\alpha, y_n=y(b)=\beta \tag{8-4}$$

为一个含 $n+1$ 个未知数 $y_0,y_1,\cdots,y_n$的 $n+1$ 个方程的线性方程组，称为**边值问题**式(8-1)和式(8-2)**的差分方程**，其解 $y_0,y_1,\cdots,y_n$称为**差分解**。

下面讨论几个问题：

(1) 差分方程的解是否存在？是否唯一？

(2) 如何求解差分方程？

(3) 能否取 y_i作为 $y(x_i)$ 的近似值，即差分方程的解是否收敛于边值问题的解？

(4) 若收敛，如何估计误差 $|y_i-y(x_i)|$？

8.2.2 差分方程解的存在唯一性、对边值问题解的收敛性、误差估计

为了讨论差分方程解的存在性、唯一性，以及估计差分解与边值问题的解之间的误差，先介绍被称为极值原理的定理 8.2.1 和它的推论 8.2.1。

定理 8.2.1 设 $y_0,y_1,\cdots,y_n$是不全部相等的一串数，且 $q_i\geqslant 0$。

(1) 若 $l(y_i)=\dfrac{y_{i+1}-2y_i+y_{i-1}}{h^2}-q_iy_i\geqslant 0$，则这串数中正的最大值只能是 y_0或 y_n。

(2) 若 $l(y_i)\leqslant 0$，则这串数中负的最小值只能是 y_0或 y_n。

证明 首先证明(1)。

已知 $l(y_i)\geqslant 0$，$M=\max\limits_{0\leqslant i\leqslant n}y_i>0$，用反证法，假设 M 可在 $y_1,y_2,\cdots,y_{n-1}$中达到，因 y_i不全相等，故总可找到某一 $i_0(1\leqslant i_0\leqslant n-1)$，使 $y_{i_0}=M$，而 y_{i_0-1}和 y_{i_0+1}中至少有一个小于 M，此时

$$\begin{aligned}l(y_{i_0})&=\frac{y_{i_0+1}-2y_{i_0}+y_{i_0-1}}{h^2}-q_{i_0}y_{i_0}\\&<\frac{M-2M+M}{h^2}-q_{i_0}M=-q_{i_0}M\end{aligned}$$

因为 $q_{i_0}\geqslant 0$，所以 $l(y_{i_0})<0$，与已知 $l(y_i)\geqslant 0$ 矛盾，故 M 只能在 0 或 y_n处达到。

类似地可以证明(2)。

证毕。

推论 8.2.1 设有两串数 $y_0,y_1,\cdots,y_n$和 $Y_0,Y_1,\cdots,Y_n$，若它们满足关系式

$$\begin{cases}|l(y_i)|\leqslant -l(Y_i),\ i=1,2,\cdots,n-1\\|y_0|\leqslant Y_0,\ |y_n|\leqslant Y_n\end{cases} \tag{8-5}$$

则必有 $|y_i|\leqslant Y_i(i=0,1,\cdots,n)$。

证明 式(8-5)可改写为

$$\begin{cases}l(Y_i)\leqslant l(y_i)\leqslant -l(Y_i),\ i=1,2,\cdots,n-1\\-Y_0\leqslant y_0\leqslant Y_0,\ -Y_n\leqslant y_n\leqslant Y_n\end{cases}$$

或

$$\begin{cases}l(y_i-Y_i)\geqslant 0\\y_0-Y_0\leqslant 0\\y_n-Y_n\leqslant 0\end{cases}\qquad\begin{cases}l(-y_i-Y_i)\geqslant 0\\-y_0-Y_0\leqslant 0\\-y_n-Y_n\leqslant 0\end{cases}$$

利用定理 8.2.1 可推知

$$y_i-Y_i\leqslant 0,\ -y_i-Y_i\leqslant 0$$

即

$$|y_i|\leqslant Y_i\ i=0,1,\cdots,n$$

证毕。

下面利用定理 8.2.1 及其推论讨论差分方程解的存在性和唯一性,以及对差分解的误差估计。

定理 8.2.2 差分方程式(8-3)和式(8-4)的解存在且唯一。

证明 只需证明式(8-3)和式(8-4)对应的齐次线性方程组

$$\begin{cases}l(y_i)=\dfrac{y_{i+1}-2y_i+y_{i-1}}{h^2}-q_iy_i=0\\y_0=0,y_n=0\end{cases},i=1,2,\cdots,n-1$$

只有零解即可。

设有非零解,则这些非零解中正的最大值和负的最小值必在 $y_1,y_2,\cdots,y_{n-1}$ 上达到,与定理 8.2.1 矛盾,故只有零解。

证毕。

定理 8.2.3 设边值问题式(8-1)和式(8-2)的解为 $y(x)$,且 $M_4=\max\limits_{a\leqslant x\leqslant b}|y^{(4)}(x)|$ 为常数,差分方程式(8-3)和式(8-4)的解为 y_i,则误差 $\varepsilon_i=y(x_i)-y_i$ 满足

$$|\varepsilon_i|\leqslant\frac{h^2}{24}M_4(x_i-a)(b-x_i)\ ,i=1,2,\cdots,n-1$$

证明 用数值微分公式代入微分方程,得

$$\begin{cases}\dfrac{y(x_{i+1})-2y(x_i)+y(x_{i-1})}{h^2}-q_iy(x_i)=f_i+\dfrac{h^2}{12}y^{(4)}(\xi_i)\\x_{i-1}<\xi_i<x_{i+1},i=1,2,\cdots,n-1\\y(x_0)=\alpha,y(x_n)=\beta\end{cases}$$

上式减去式(8-3)和式(8-4),得

$$\begin{cases}l(\varepsilon_i)=\dfrac{\varepsilon_{i+1}-2\varepsilon_i+\varepsilon_{i-1}}{h^2}-q_i\varepsilon_i=\dfrac{h^2}{12}y^{(4)}(\xi_i),i=1,2,\cdots,n-1\\\varepsilon_0=0,\varepsilon_n=0\end{cases}$$

设 ρ_i 满足方程组

$$\begin{cases}l(\rho_i)=\dfrac{\rho_{i+1}-2\rho_i+\rho_{i-1}}{h^2}-q_i\rho_i=-\dfrac{h^2}{12}M_4,i=1,2,\cdots,n-1\\\rho_0=0,\rho_n=0\end{cases}$$

因为

$$l(\rho_i) = -\frac{h^2}{12}M_4 \leqslant -\frac{h^2}{12}\left|y^{(4)}(\xi_i)\right| = -\left|l(\varepsilon_i)\right|$$

由推论 8.2.1 可知

$$\left|\varepsilon_i\right| \leqslant \rho_i$$

再引进方程组

$$\begin{cases} \tilde{l}(\eta_i) = \dfrac{\eta_{i+1} - 2\eta_i + \eta_{i-1}}{h^2} = -\dfrac{h^2}{12}M_4, i = 1,2,\cdots,n-1 \\ \eta_0 = 0, \eta_n = 0 \end{cases} \tag{8-6}$$

$$\tilde{l}(\eta_i - \rho_i) = \tilde{l}(\eta_i) - \tilde{l}(\rho_i) = -q_i\rho_i$$

因为

$$q_i \geqslant 0, \rho_i \geqslant \left|\varepsilon_i\right| \geqslant 0$$

所以

$$\tilde{l}(\eta_i - \rho_i) \leqslant 0$$

又

$$\eta_0 - \rho_0 = 0, \eta_n - \rho_n = 0$$

由定理 8.2.1,得

$$\eta_i - \rho_i \geqslant 0$$

即

$$\rho_i \leqslant \eta_i$$

于是,有

$$\left|\varepsilon_i\right| \leqslant \rho_i \leqslant \eta_i$$

解式(8-6),得

$$\eta_i = \frac{h^2}{24}M_4(x_i - a)(b - x_i)$$

因此有

$$\left|\varepsilon_i\right| \leqslant \frac{h^2}{24}M_4(x_i - a)(b - x_i) \quad, i = 1,2,\cdots,n-1$$

证毕。

不难求得二次函数$\frac{h^2}{24}M_4(x_i - a)(b - x_i)$在点$\frac{a+b}{2}$处取得最大值$\frac{h^2M_4(b-a)^2}{96}$,由此可得另一个误差估计式

$$\left|\varepsilon_i\right| = \left|y(x_i) - y_i\right| \leqslant \frac{h^2M_4(b-a)^2}{96}, i = 1,2,\cdots,n-1$$

由上式可以看出,只要微分方程的解的四阶导数 $y^{(4)}(x)$有界(这只需 $q(x)$和$f(x)$具有有界的二阶导数即可),当 $h\to 0$ 时,$\varepsilon_i = y(x_i) - y_i \to 0$。即当步长 $h\to 0$ 时,差分方程的解收敛于原微分方程边值问题的解。

8.2.3 差分方程组的解法

将 $y_0=\alpha, y_n=\beta$ 代入式(8-3),得

$$\begin{bmatrix} -(2+q_1h^2) & 1 & & & \\ 1 & -(2+q_2h^2) & 1 & & \\ & \ddots & \ddots & \ddots & \\ & & 1 & -(2+q_{n-2}h^2) & 1 \\ & & & 1 & -(2+q_{n-1}h^2) \end{bmatrix}\begin{bmatrix} y_1 \\ y_2 \\ \vdots \\ y_{n-2} \\ y_{n-1} \end{bmatrix}=\begin{bmatrix} h^2f_1-\alpha \\ h^2f_2 \\ \vdots \\ h^2f_{n-2} \\ h^2f_{n-1}-\beta \end{bmatrix}$$

系数矩阵为三对角线矩阵,可用第5章介绍过的追赶法求解。

例 8.2.1 用差分方程求解边值问题

$$\begin{cases} y''-y=x, & 0<x<1 \\ y(0)=0, & y(1)=1 \end{cases}$$

解 取步长 $h=\dfrac{1}{10}$,则 $x_i=\dfrac{i}{10}(i=0,1,\cdots,10)$,于是差分方程可写为

$$\begin{bmatrix} -(2+10^{-2}) & 1 & & & \\ 1 & -(2+10^{-2}) & 1 & & \\ & \ddots & \ddots & \ddots & \\ & & 1 & -(2+10^{-2}) & 1 \\ & & & 1 & -(2+10^{-2}) \end{bmatrix}\begin{bmatrix} y_1 \\ y_2 \\ \vdots \\ y_8 \\ y_9 \end{bmatrix}$$

$$=\begin{bmatrix} 0.1\times10^{-2} \\ 0.2\times10^{-2} \\ \vdots \\ 0.8\times10^{-2} \\ 0.9\times10^{-2}-1 \end{bmatrix}$$

用追赶法解上述方程组,得

$$y_1=0.07048938, y_2=0.14268364, y_3=0.21830475$$
$$y_4=0.29910891, y_5=0.38690415, y_6=0.48356844$$
$$y_7=0.59106841, y_8=0.71147906, y_9=0.84700451$$

下面估计误差,为此先求 $M_4=\max\limits_{a\leqslant x\leqslant b}|y^{(4)}(x)|$。

因为 $y''-y=x$,即 $y''=y+x$,所以有

$$y^{(4)}=y''=y+x$$

下面证明,当 $0\leqslant x\leqslant1$ 时,有 $|y(x)|\leqslant1$。

用反证法。设在[0,1]上有 $|y(x)|>1$ 的点,则必有点 $x^*\in[0,1]$,使 $y(x^*)>1$,且 $y(x)$ 在 x^* 处取得极大,或使 $y(x^*)<-1$,且 $y(x)$ 在 x^* 处取得极小。

如果是前者，因为 x^* 是极大点，所以有 $y''(x^*)\leqslant 0$，又因 $y(x^*)>1$，所以，有

$$y''(x^*)=y(x^*)+x^*>0$$

相互矛盾。

仿照以上所述，可以证明后者也是不成立的。

因此，当 $0\leqslant x\leqslant 1$ 时，有 $|y(x)|\leqslant 1$。于是

$$|y^{(4)}(x)|\leqslant|y(x)|+|x|\leqslant 2$$

$$M_4\leqslant 2$$

$$|\varepsilon_i|=|y(x_i)-y_i|\leqslant\frac{h^2}{24}M(x_i-a)(b-x_i)$$

$$\leqslant\frac{h^2}{24}\times 2\times\frac{i}{10}\left(1-\frac{i}{10}\right)=\frac{i(10-i)}{12}\times 10^{-4},i=1,2,\cdots,9 \quad (8-7)$$

这个边值问题的精确解为

$$y(x)=\frac{2(\mathrm{e}^x-\mathrm{e}^{-x})}{\mathrm{e}-\mathrm{e}^{-1}}-x$$

表 8-1 给出精确解、差分解、实际误差和按式(8-7)估计的误差。

表 8-1

i	$y(x_i)$	y_i	$y(x_i)-y_i$	估计误差
1	0.07046741	0.07048938	-0.2197×10^{-4}	0.750×10^{-4}
2	0.14264090	0.14268364	-0.4274×10^{-4}	1.333×10^{-4}
3	0.21824367	0.21830475	-0.6108×10^{-4}	1.750×10^{-4}
4	0.29903319	0.29910891	-0.7571×10^{-4}	2.000×10^{-4}
5	0.38681887	0.38690415	-0.8528×10^{-4}	2.083×10^{-4}
6	0.48348014	0.48356844	-0.8830×10^{-4}	2.000×10^{-4}
7	0.59098524	0.59106841	-0.8317×10^{-4}	1.750×10^{-4}
8	0.71141095	0.71147906	-0.6811×10^{-4}	1.333×10^{-4}
9	0.84696337	0.84700451	-0.4113×10^{-4}	0.750×10^{-4}

8.2.4 关于一般二阶常微分方程第 3 边值问题

设有一般二阶常微分方程第 3 边值问题

$$\begin{cases}y''+p(x)y'+q(x)y=f(x),\ a<x<b\\ y'(a)-h_1y(a)=\alpha \quad y'(b)+h_2y(b)=\beta\end{cases}$$

其中，$p(x)$、$q(x)$、h_1、h_2 使得所提出的问题有唯一解。

用数值微分公式：

$$y''(x_i)=\frac{y(x_{i+1})-2y(x_i)+y(x_{i-1})}{h^2}-\frac{h^2}{12}y^{(4)}(\xi_i)$$

$$x_{i-1}<\xi_i<x_{i+1}$$

$$y'(x_i)=\frac{y(x_{i+1})-y(x_{i-1})}{2h}-\frac{h^2}{6}y^{(3)}(\xi_i^*)$$

$$x_{i-1}<\xi_i^*<x_{i+1}$$

代入方程并略去误差项，则得差分方程：

$$\frac{y_{i+1}-2y_i+y_{i-1}}{h^2}+p_i\frac{y_{i+1}-y_{i-1}}{2h}+q_iy_i=f_i, i=1,2,\cdots,n-1 \tag{8-8}$$

它与原微分方程的误差为 $O(h^2)$。

在 $x=a$ 与 $x=b$ 处的边值条件，用数值微分公式

$$y'(a)=\frac{-y(x_2)+4y(x_1)-3y(x_0)}{2h}+\frac{h^2}{3}y^{(3)}(\xi_0), x_0<\xi_0<x_2$$

$$y'(b)=\frac{-y(x_n)-4y(x_{n-1})+y(x_{n-2})}{2h}+\frac{h^2}{3}y^{(3)}(\xi_n), x_{n-2}<\xi_n<x_n$$

代入，略去误差项，得

$$\begin{cases}\dfrac{-3y_0+4y_1-y_2}{2h}-h_1y_0=\alpha \\ \dfrac{y_{n-2}-4y_{n-1}+y_n}{2h}+h_2y_n=\beta\end{cases} \tag{8-9}$$

它与原边值条件的误差亦为 $O(h^2)$。

解含 $n+1$ 个未知数、$n+1$ 个方程的式(8-8)与式(8-9)即得原边值问题的近似解。

8.3 化二阶椭圆型方程边值问题为差分方程

设有泊松方程

$$\Delta u=\frac{\partial^2 u}{\partial x^2}+\frac{\partial^2 u}{\partial y^2}=f(x,y), (x,y)\in G \tag{8-10}$$

当 $f(x,y)\equiv 0$ 时，式(8-10)就成为拉普拉斯方程。其定解条件通常有下列三类：

第 1 边值条件 $$u|_\Gamma=\varphi(x,y) \tag{8-11}$$

第 2 边值条件 $$\left.\frac{\partial u}{\partial n}\right|_\Gamma=\varphi(x,y) \tag{8-12}$$

第 3 边值条件 $$\left.\left[\frac{\partial u}{\partial n}+\phi(x,y)u\right]\right|_\Gamma=\varphi(x,y) \tag{8-13}$$

其中，G 表示 xOy 平面上由分段光滑曲线 Γ 所围成的单连通区域；n 表示 Γ 的外法线方向；$\phi(x,y)$、$\varphi(x,y)$ 为定义在 Γ 上的已知函数，且 $\phi(x,y)\geqslant 0$。

在 xOy 平面上作两族与坐标轴平行的直线(图 8-1)：

$$x=x_0+ih=x_i, i=0,\pm1,\pm2,\cdots$$

$$y=y_0+jh=y_j, j=0,\pm1,\pm2,\cdots$$

两族直线的交点称为**网点**，$\bar{G}=G+\Gamma$ 内部的网点称为**节点**(图中画"∘"的点)，所有节点的集合记以 G_h。以后将点 (x_i,y_j) 简记为 (i,j)。

所谓边值问题的数值解就是求边值问题的解 $u(x,y)$ 在节点处的近似值。

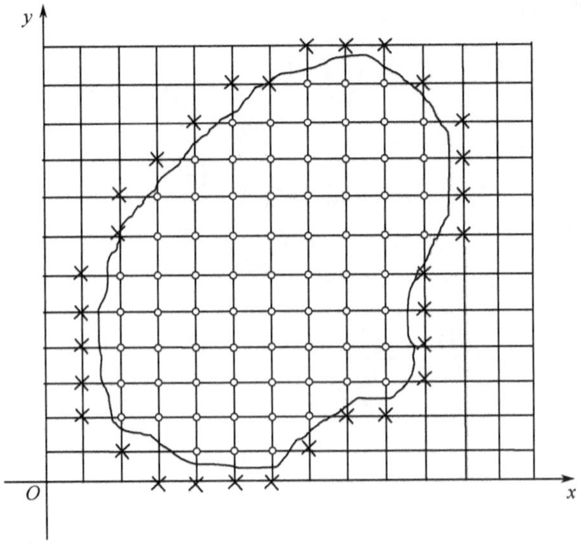

图 8-1

8.3.1 微分方程的差分逼近

记

$$u_{ij}=u(x_i,y_i),\ (x_i,y_i)\in G_h$$

根据式(8-10),有

$$(\Delta u)_{i,j}=\left(\frac{\partial^2 u}{\partial x^2}\right)_{i,j}+\left(\frac{\partial^2 u}{\partial y^2}\right)_{i,j}=f_{i,j} \tag{8-14}$$

将式(8-14)化成差分方程可以有两种格式,首先介绍第一种格式。

用数值微分公式

$$\left(\frac{\partial^2 u}{\partial x^2}\right)_{i,j}=\frac{u_{i+1,j}-2u_{i,j}+u_{i-1,j}}{h^2}-\frac{h^2}{12}u_{xxxx}(\xi_i,y_j)$$

$$x_{i-1}<\xi_i<x_{i+1}$$

$$\left(\frac{\partial^2 u}{\partial y^2}\right)_{i,j}=\frac{u_{i,j+1}-2u_{i,j}+u_{i,j-1}}{h^2}-\frac{h^2}{12}u_{yyyy}(x_i,\eta_j)$$

$$y_{j-1}<\eta_j<y_{j+1}$$

代入式(8-14),得

$$\frac{u_{i+1,j}-2u_{i,j}+u_{i-1,j}}{h^2}+\frac{u_{i,j+1}-2u_{i,j}+u_{i,j-1}}{h^2}$$

$$=f_{i,j}+\frac{h^2}{12}[u_{xxxx}(\xi_i,y_j)+u_{yyyy}(x_i,\eta_j)]$$

$$=f_{i,j}+O(h^2)$$

其中,u_{xxxx}和u_{yyyy}分别表示u对x和y求四阶偏导数,且假定它们在$\bar{G}$上是有界的。

略去上式中的$O(h^2)$,可得$u(x,y)$在节点上的近似值$v_{i,j}$所满足的差分方程

$$\frac{v_{i+1,j}+v_{i-1,j}+v_{i,j+1}+v_{i,j-1}-4v_{i,j}}{h^2}=f_{i,j} \tag{8-15}$$

为简明起见,定义差分算子◇,令

$$\Diamond v_{i,j}=\frac{v_{i+1,j}+v_{i-1,j}+v_{i,j+1}+v_{i,j-1}-4v_{i,j}}{h^2}$$

于是式(8-15)可写为

$$\Diamond v_{i,j}=f_{i,j} \tag{8-16}$$

显然,拉普拉斯方程 $\Delta u=0$ 的差分方程为

$$\Diamond v_{i,j}=0$$

微分方程的差分逼近实质上是用 $\Diamond v_{i,j}$ 近似代替 $(\Delta u)_{i,j}$,即用 $u(i,j)$ 及其上、下、左、右四个邻点上的近似值的线性组合去近似代替 $(\Delta u)_{i,j}$(图 8-2),而其误差为 $O(h^2)$。

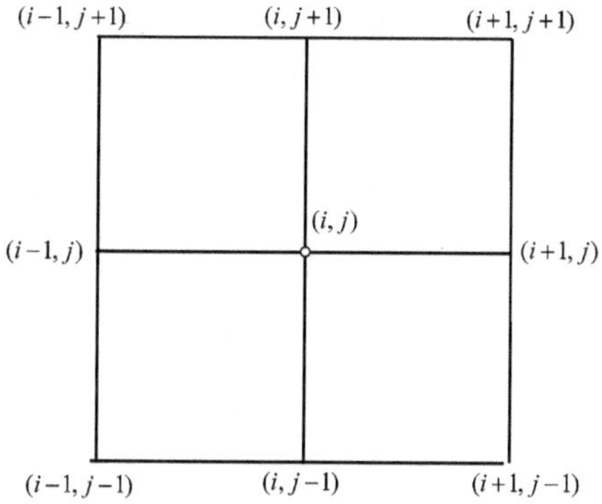

图 8-2

如果用 (i,j) 及 $(i+1,j+1)$、$(i+1,j-1)$、$(i-1,j+1)$、$(i-1,j-1)$ 5 个点上 u 的近似值的线性组合

$$Lu_{i,j}=c_0u_{i,j}+c_1(u_{i+1,j+1}+u_{i+1,j-1}+u_{i-1,j+1}+u_{i-1,j-1})$$

近似代替 $(\Delta u)_{i,j}$,则可得到差分方程的第 2 种格式。这里 c_0、c_1 为待定常数,下面需要确定 c_0、c_1,使 $Lu_{i,j}$ 确实可以作为 $(\Delta u)_{i,j}$ 的近似式,并要求逼近程度尽可能好。

为此,将 u 在 $(i\pm1,j\pm1)$4 个点上的值在 (i,j) 处作泰勒展开:

$$u_{i+1,j+1}=u_{i,j}+\left[h\left(\frac{\partial}{\partial x}+\frac{\partial}{\partial y}\right)u+\frac{h^2}{2!}\left(\frac{\partial}{\partial x}+\frac{\partial}{\partial y}\right)^2u+\frac{h^3}{3!}\left(\frac{\partial}{\partial x}+\frac{\partial}{\partial y}\right)^3u+\frac{h^4}{4!}\left(\frac{\partial}{\partial x}+\frac{\partial}{\partial y}\right)^4u+\cdots\right]_{(i,j)}$$

$$u_{i+1,j-1}=u_{i,j}+\left[h\left(\frac{\partial}{\partial x}-\frac{\partial}{\partial y}\right)u+\frac{h^2}{2!}\left(\frac{\partial}{\partial x}-\frac{\partial}{\partial y}\right)^2u+\frac{h^3}{3!}\left(\frac{\partial}{\partial x}-\frac{\partial}{\partial y}\right)^3u+\frac{h^4}{4!}\left(\frac{\partial}{\partial x}-\frac{\partial}{\partial y}\right)^4u+\cdots\right]_{(i,j)}$$

$$u_{i-1,j+1}=u_{i,j}+\left[h\left(-\frac{\partial}{\partial x}+\frac{\partial}{\partial y}\right)u+\frac{h^2}{2!}\left(-\frac{\partial}{\partial x}+\frac{\partial}{\partial y}\right)^2u+\frac{h^3}{3!}\left(-\frac{\partial}{\partial x}+\frac{\partial}{\partial y}\right)^3u+\frac{h^4}{4!}\left(-\frac{\partial}{\partial x}+\frac{\partial}{\partial y}\right)^4u+\cdots\right]_{(i,j)}$$

$$u_{i-1,j-1}=u_{i,j}+\left[-h\left(\frac{\partial}{\partial x}+\frac{\partial}{\partial y}\right)u+\frac{h^2}{2!}\left(\frac{\partial}{\partial x}+\frac{\partial}{\partial y}\right)^2u\right.$$

$$-\frac{h^3}{3!}\left(\frac{\partial}{\partial x}+\frac{\partial}{\partial y}\right)^3 u+\frac{h^4}{4!}\left(\frac{\partial}{\partial x}+\frac{\partial}{\partial y}\right)^4 u+\cdots\Bigg]_{(i,j)}$$

代入$(Lu_{i,j}-(\Delta u)_{i,j})$，有

$$Lu_{i,j}-(\Delta u)_{i,j}=(c_0+4c_1)u_{i,j}+4c_1\Bigg[\frac{h^2}{2!}(\Delta u)_{i,j}$$
$$+\frac{h^2}{4!}(u_{xxxx}+6u_{xxyy}+u_{yyyy})_{(i,j)}+\cdots\Bigg]-(\Delta u)_{i,j}$$

要使上式绝对值最小，即$Lu_{i,j}$与$(\Delta u)_{i,j}$有最好的逼近，必须有

$$\begin{cases}c_0+4c_1=0\\2c_1h^2-1=0\end{cases}$$

于是

$$c_1=\frac{1}{2h^2},c_0=-\frac{2}{h^2}$$

因此得

$$\begin{aligned}(\Delta u)_{i,j}&=Lu_{i,j}-\left[\frac{h^2}{12}(u_{xxxx}+6u_{xxyy}+u_{yyyy})_{(i,j)}+\cdots\right]\\&=Lu_{i,j}+O(h^2)\end{aligned}$$

其中

$$Lu_{i,j}=\frac{1}{2h^2}(u_{i+1,j+1}+u_{i+1,j-1}+u_{i-1,j+1}+u_{i-1,j-1}-4u_{i,j})$$

代入式(8-14)，并略去$O(h^2)$，得$u_{i,j}$的近似值$v_{i,j}$满足的差分方程

$$\frac{1}{2h^2}(v_{i+1,j+1}+v_{i+1,j-1}+v_{i-1,j+1}+v_{i-1,j-1}-4v_{i,j})=f_{i,j} \tag{8-17}$$

引入差分算子$\Box$，令

$$\Box v_{i,j}=\frac{1}{2h^2}(v_{i+1,j+1}+v_{i+1,j-1}+v_{i-1,j+1}+v_{i-1,j-1}-4v_{i,j})$$

于是式(8-17)可简写为

$$\Box v_{i,j}=f_{i,j} \tag{8-18}$$

拉普拉斯方程$\Delta u=0$的差分方程也可写为

$$\Box v_{i,j}=0$$

式(8-15)或式(8-17)中，方程的个数等于G_h内节点的个数，与需要求u值的个数相等，但式(8-15)或式(8-17)中靠近G的边界Γ的节点处列方程时，又要引进新的未知数——$u(x,y)$在G外或Γ上的值，即图8.1中画"×"的点上的u值，这样方程组中未知数的个数多于方程的个数，方程组的解一般仍不能确定，必须利用边值条件增加方程的个数，使方程个数与未知数个数相等，称这样的方程组为封闭的线性方程组。

8.3.2 边值条件的近似处理

1. 第1边值条件的处理

第1边值条件为

$$u|_{\Gamma}=\varphi(x,y)$$

若 Γ 由网格的水平和垂直的网线(如图 8.1)组成,则画"×"的点全部在 Γ 上,在这些点上,显然有

$$v_{i,j}=\varphi(x_i,y_j)$$

与差分方程联立,构成一个封闭的线性方程组。

若 Γ 由曲线组成,一般说来,画"×"的点在 G 的外部,则可用下面介绍的方法来增补方程的个数。

(1) 直接法:在靠近边界 Γ 画"·"的点 (i,j)(图 8-3 中点 Ⅰ),不再按式(8-15)或式(8-17)的方法列方程,而用边界 Γ 上离这点最近的点 R 上的 φ 值近似地作为该点上 $v_{i,j}$ 的值,即令

$$v_{i,j}=\varphi(R)$$

若点 (i,j) 离边界 Γ 较远(图 8-4 中点 Ⅱ),则在 (i,j) 处按式(8-15)或式(8-17)的方法列方程,而对新引进的画"×"的点,依上法作直接转移,把 $\varphi(x,y)$ 在 S 点的值近似地作为 $v_{i-1,j}$,即令

$$v_{i-1,j}=\varphi(S)$$

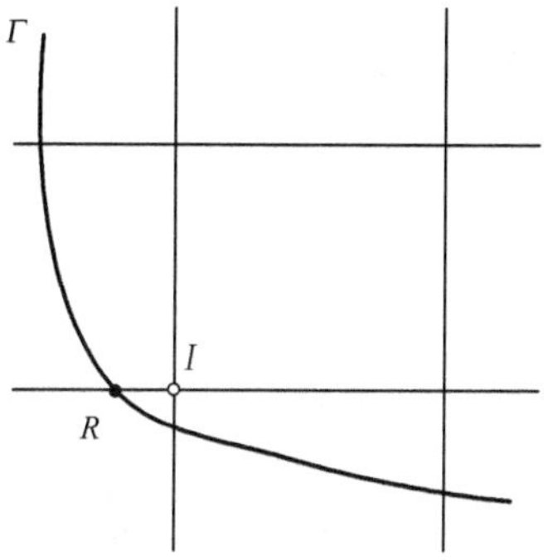

图 8-3

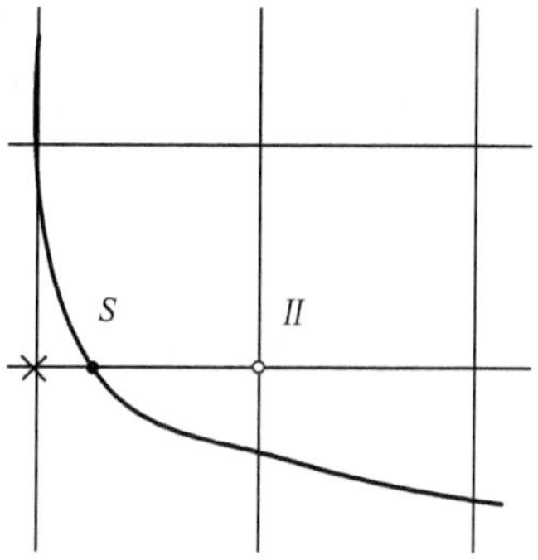

图 8-4

(2) 线性插值法:如图 8-5 所示,在靠近边界 Γ 画"∘"的点 P 处不按式(8-15)或式(8-17)的方法列方程,而是用线性插值法来列方程。由拉格朗日插值公式:

$$f(x)=\varphi_1(x)+\frac{f''(\xi)}{2!}\omega_1(x)$$

其中

$$\varphi_1(x)=\frac{x-x_1}{x_0-x_1}y_0+\frac{x-x_0}{x_1-x_0}y_1$$

$$\omega_1(x)=(x-x_0)(x-x_1)$$

令 $x=x_p, x_0=x_{N'}, x_1=x_S$,于是,有

$$u(P)=\frac{-h}{-(h+\delta)}u(N')+\frac{\delta}{h+\delta}u(S)+\frac{1}{2}\frac{\partial^2 u}{\partial x^2}(\xi_P,y_P)\delta(-h)$$

$$=\frac{hu(N')+\delta u(S)}{h+\delta}+O(h^2),\ x_0<\xi_P<x_1$$

略去 $O(h^2)$，得 $u(P)$ 的近似值 $v(P)$ 满足的方程

$$v(P)=\frac{hv(N')+\delta v(S)}{h+\delta}$$

其中

$$v(N')=\varphi(N')$$

上两式与差分方程联立，构成封闭的线性方程组。

例 8.3.1 求解 $\begin{cases}\Delta u=0, & (x,y)\in G\\ u|_{\Gamma}=1\end{cases}$。

解 网格、各有关点标号如图 8-6 所示。由第 1 格式及边值条件处理的直接法得以下线性方程组：

$$\begin{cases}v_3=\dfrac{1}{4}(v_1+v_2+v_4+v_7)\\ v_6=\dfrac{1}{4}(v_2+v_5+v_7+v_9)\\ v_7=\dfrac{1}{4}(v_3+v_6+v_8+v_{10})\\ v_1=v_4=v_8=v_{10}=v_9=v_5=v_2=1\end{cases}$$

解方程组，得

$$v_2=v_3=v_6=v_7=1$$

即 u_2,u_3,u_6,u_7 的近似值都是 1。

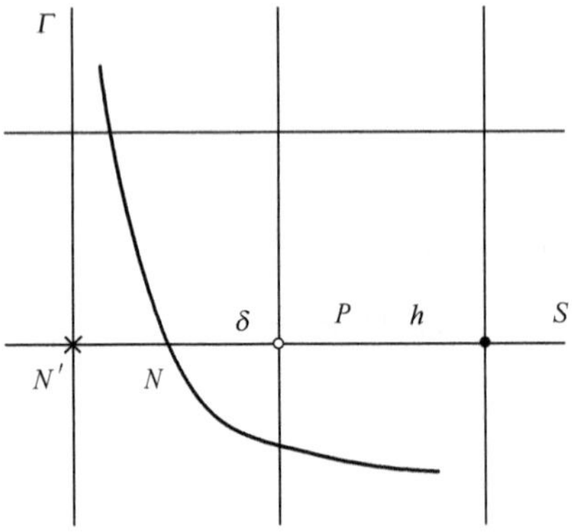

图 8-5

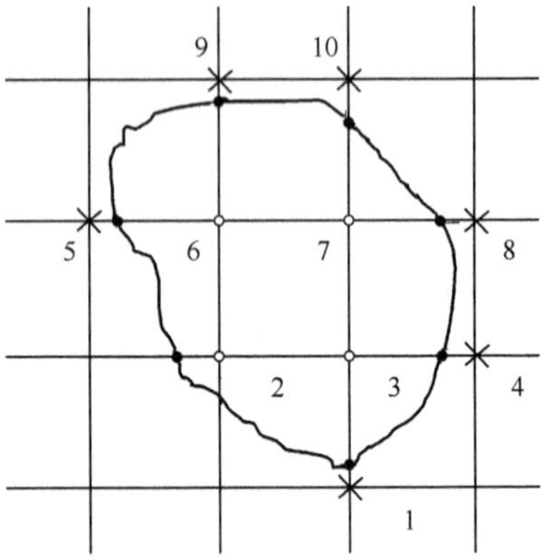

图 8-6

2. 第 2 边值条件和第 3 边值条件的处理

第 2 边值条件和第 3 边值条件可写成

$$\left[\frac{\partial u}{\partial n}+\phi(x,y)u\right]_{\Gamma}=\varphi(x,y)$$

当 $\phi(x,y)$ 恒为零时，为第 2 边值条件；当 $\phi(x,y)$ 不恒为零时，为第 3 边值条件。

首先假设网点 P 在边界 Γ 上。可能出现以下两种情况：

第 1 种情况是边界上 P 点的外法向 n 与坐标轴平行，如图 8－7 所示。

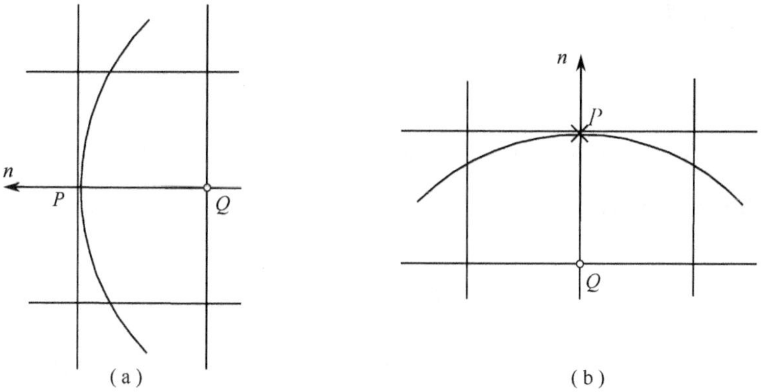

图 8－7

此时

$$\left.\frac{\partial u}{\partial n}\right|_{\Gamma}=\frac{u(P)-u(Q)}{h}+O(h)$$

于是得 $u(P)$ 的近似值 $v(P)$ 满足的边值差分方程

$$\frac{v(P)-v(Q)}{h}+\phi(P)v(P)=\varphi(P)$$

第 2 种情况是边界上 P 点的外法向 n 与坐标轴不平行，如图 8－8 所示。

由方向导数公式

$$\begin{aligned}\left.\frac{\partial u}{\partial n}\right|_{\Gamma}&=\left[\frac{\partial u}{\partial x}\cos(n,x)+\frac{\partial u}{\partial y}\cos(n,y)\right]_P\\&=\frac{u(Q)-u(P)}{h}\cos(\pi+\alpha)+\frac{u(R)-u(P)}{h}\cos(\pi-\beta)+O(h)\end{aligned}$$

于是得 $v(P)$ 满足的边值差分方程

$$\frac{v(P)-v(Q)}{h}\cos\alpha+\frac{v(P)-v(R)}{h}\cos\beta+\phi(P)v(P)=\varphi(P)$$

然后假设网点 P 在边界 Γ 上，如图 8－9 所示。

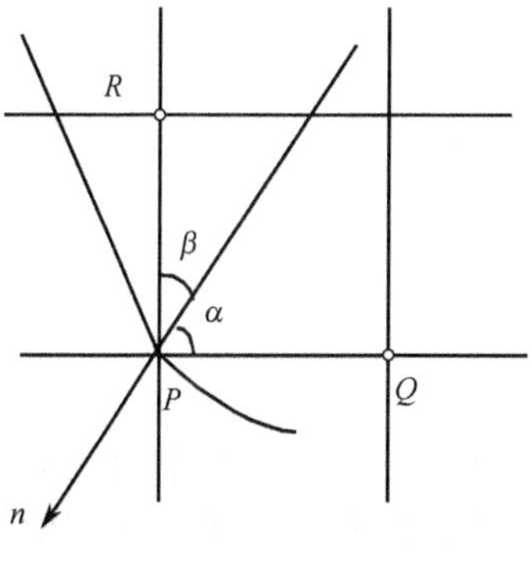

图 8－8

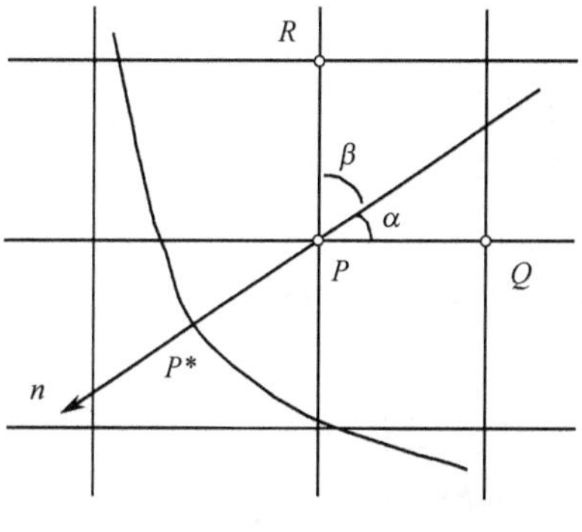

图 8－9

仍按上述方法在 P 点列边值差分方程，但需用边界 Γ 上与 P 相近的点 P^* 的外法向作为点 P 的 n，并且近似认为

$$\phi(P)=\phi(P^*),\varphi(P)=\varphi(P^*)$$

即可。

由以上对边值条件的处理可以看出，为使差分方程组更接近于原来的边值问题，在建立网格时，应该尽量使网点靠近边界 Γ。

8.4 椭圆差分方程组的迭代解法

此处只讨论在矩形域 G 上的拉普拉斯方程的第 1 边值问题的迭代解法，至于一般泊松方程的边值问题的差分解法完全可以类似地求得。

8.4.1 差分方程的迭代解法

设步长为 h，区域 G 是一个矩形，边长分别为 lh 和 mh（l,m 为正整数），则与拉普拉斯方程的第 1 边值问题

$$\begin{cases}\Delta u=\dfrac{\partial^2 u}{\partial x^2}+\dfrac{\partial^2 u}{\partial y^2}=0,(x,y)\in G\\ u|_\Gamma=\varphi(x,y)\end{cases}$$

相应的差分方程为

$$\begin{cases}v_{i,j}=\dfrac{1}{4}(v_{i+1,j}+v_{i-1,j}+v_{i,j+1}+v_{i,j-1}),1\leqslant i\leqslant l-1;1\leqslant j\leqslant m-1\\ v_{i,j}=\varphi(ih,jh)\ ,i=0,l;j=0,m\end{cases}\tag{8-19}$$

这是一个线性方程组，可用第 3 章中介绍过的各种方法来求解，下面就迭代解法专门作一讨论。

首先讨论简单迭代法，迭代公式为

$$v_{i,j}^{(k+1)}=\frac{1}{4}[v_{i+1,j}^{(k)}+v_{i-1,j}^{(k)}+v_{i,j+1}^{(k)}+v_{i,j-1}^{(k)}]\tag{8-20}$$

$$i=1,2,\cdots,l-1;j=1,2,\cdots,m-1$$

具体计算时，分别在每个节点上给一个值，作为第零次近似值，并记以 $v_{i,j}^{(0)}$，如果在计算中遇到边界点，就利用边值条件将数值代入。

如果已知第 k 次近似值 $v_{i,j}^{(k)}$，则代入式（8-20）右端，就可计算出第 $k+1$ 次近似值，记为 $v_{i,j}^{(k+1)}$，以后将证明，当 $k\to\infty$ 时，$\{v_{i,j}^{(k)}\}$ 收敛于式（8-19）的解。故当 k 足够大时，$v_{i,j}^{(k)}$ 可作为式（8-19）的近似解。

与常微分方程的边值问题一样，可以证明，当 $h\to 0$ 时，式（8-19）的解收敛于拉普拉斯方程第 1 边值问题的解。因此，$v_{i,j}^{(k)}$ 可以作为拉普拉斯方程第 1 边值问题的近似解。

为了使所得到的 $v_{i,j}^{(k)}$ 满足一定的精度，通常采用事后误差估计法。即当相邻两次迭代结果 $v_{i,j}^{(k)}$ 和 $v_{i,j}^{(k+1)}$ 的最大绝对误差小于预先给定的控制数 $\varepsilon(\varepsilon>0)$，就可以结束迭代过程。

下面讨论高斯—塞得尔迭代法，迭代公式为

$$v_{i,j}^{(k+1)}=\frac{1}{4}[v_{i-1,j}^{(k+1)}+v_{i,j-1}^{(k+1)}+v_{i+1,j}^{(k)}+v_{i,j+1}^{(k)}] \tag{8-21}$$

$$i=1,2,\cdots,l-1;j=1,2,\cdots,m-1$$

在迭代过程中，如果某一点的第 $k+1$ 次迭代值已经算得，则在以后的计算中要用到该点的值时，就用这个新值，这就是塞得尔迭代法。

利用式(8-21)计算时，与点的次序编排有关，通常，计算次序为自然次序，即每一横排上从左到右，下面一排算完后再算上面一排。

例 8.4.1 用差分方法求解调和方程边值问题

$$\begin{cases}\dfrac{\partial^2 u}{\partial x^2}+\dfrac{\partial^2 u}{\partial y^2}=0,0<x<4,0<y<3\\ u|_{x=0}=y(3-y),u|_{x=4}=0\\ u|_{y=0}=\sin\dfrac{\pi}{4}x,u|_{y=3}=0\end{cases}$$

解 采用高斯—塞得尔迭代法计算，取步长 $h=1$，控制数 $\varepsilon=0.0001$，迭代的初始值取边值的平均值，即

$$v_{i,j}^{(0)}=\frac{1}{14}(0\times 9+2\times 2+\sin\frac{\pi}{4}+\sin\frac{3\pi}{4}+1)$$

$$\approx 0.4582,$$

$$i=1,2,3;j=1,2$$

其中，$v_{i,j}(i=1,2,3;j=1,2)$的位置如图 8-10 所示。

经 8 次迭代，得到满足精度要求的数值解。计算过程见表 8-2 所列。

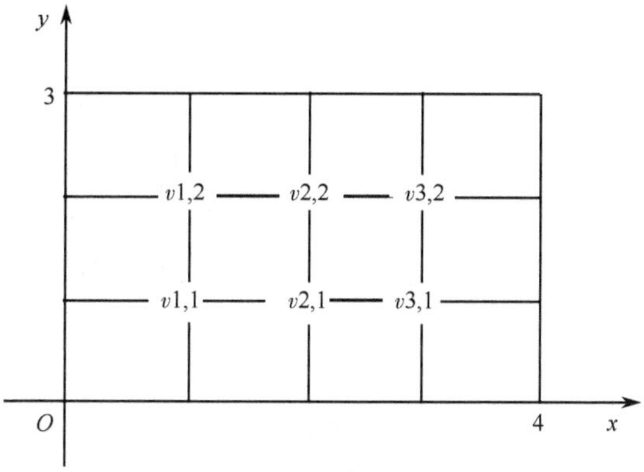

图 8-10

最后讨论超松弛迭代法。虽然塞得尔迭代法的收敛速度比简单迭代法快(对矩形域来说，大约快 1 倍)，但如果节点个数较多，则收敛速度仍然较慢，为加快迭代法的收敛速度，可采用超松弛迭代法。

表 8-2

k	$v_{1,1}^{(k)}$	$v_{2,1}^{(k)}$	$v_{3,1}^{(k)}$	$v_{1,2}^{(k)}$	$v_{2,2}^{(k)}$	$v_{3,2}^{(k)}$
0	0.4582	0.4582	0.4582	0.4582	0.4582	0.4582
1	0.9059	0.7056	0.4677	0.8410	0.5012	0.2422
2	1.0634	0.7581	0.4269	0.8912	0.4729	0.2249
3	1.0891	0.7472	0.4198	0.8905	0.4657	0.2214
4	1.0862	0.7429	0.4178	0.8880	0.4631	0.2202
5	1.0845	0.7414	0.4171	0.8869	0.4621	0.2198
6	1.0838	0.7408	0.4169	0.8865	0.4618	0.2197
7	1.0836	0.7406	0.4168	0.8863	0.4616	0.2196
8	1.0835	0.7405	0.4168	0.8863	0.4616	0.2196

超松弛迭代法的计算公式为

$$\begin{cases} \tilde{v}_{i,j}^{(k+1)} = \dfrac{1}{4}[v_{i-1,j}^{(k+1)} + v_{i,j-1}^{(k+1)} + v_{i+1,j}^{(k)} + v_{i,j+1}^{(k)}] \\ v_{i,j}^{(k+1)} = \omega\, \tilde{v}_{i,j}^{(k+1)} + (1-\omega) v_{i,j}^{(k)} \end{cases}$$

或写为

$$v_{i,j}^{(k+1)} = (1-\omega) v_{i,j}^{(k)} + \frac{\omega}{4}[v_{i-1,j}^{(k+1)} + v_{i,j-1}^{(k+1)} + v_{i+1,j}^{(k)} + v_{i,j+1}^{(k)}]$$

其中,ω 为超松弛因子,其取值范围为 $1<\omega<2$。

如果求解区域为矩形域,取步长为 h,x 轴方向 n 等分,y 轴方向 m 等分(m,n 都为正整数),那么可以证明,拉普拉斯方程第 1 边值问题的最佳超松弛因子为

$$\omega = \frac{2}{1 + \sqrt{1 - \left(\dfrac{\cos\dfrac{\pi}{n} + \cos\dfrac{\pi}{m}}{2}\right)^2}}$$

当求解区域为正方形区域时,$m=n$,最佳超松弛因子为

$$\omega = \frac{2}{1 + \sqrt{1 - \left(\cos\dfrac{\pi}{n}\right)^2}}$$

例如,当 $n=45$ 时,$\omega \approx 1.87$。用超松弛迭代法计算,其收敛速度比用塞得尔迭代法快得多。

8.4.2 迭代法的收敛性

设差分方程的精确解为 $v_{i,j}$。下面仅就塞得尔迭代过程中,当 $k \to \infty$ 时,$\{v_{i,j}^{(k)}\}$ 收敛于 $v_{i,j}$ 加以证明,而简单迭代法的收敛性完全可类似地证得。

假设 $\{v_{i,j}^{(k)}\}$ 是依自然顺序(即从左往右,由下至上)采用塞得尔迭代法求出的近似解,现在证明,对矩形区域内的所有节点而言,当 $k \to \infty$ 时,有

$$\{v_{i,j}^{(k)}\} \to v_{i,j}$$

令

$$\varepsilon_{i,j}^{(k)} = v_{i,j}^{(k)} - v_{i,j}$$

只要证明,当 $k\to\infty$ 时,有

$$\varepsilon_{i,j}^{(k)}\to 0$$

显然

$$\varepsilon_{i,j}^{(k+1)} = \frac{1}{4}[\varepsilon_{i-1,j}^{(k+1)} + \varepsilon_{i,j-1}^{(k+1)} + \varepsilon_{i+1,j}^{(k)} + \varepsilon_{i,j+1}^{(k)}]$$

而 $\varepsilon_{i,j}^{(k+1)}$ 在区域边界上取值为零。设

$$\max_{i,j}|\varepsilon_{i,j}^{(0)}| = \rho$$

下面估计 $\max_{i,j}|\varepsilon_{i,j}^{(1)}|$。

设每一横排上有 $l-1$ 个内节点,先考虑第 1 横排上第 1 个内节点,即 $i=1,j=1$ 的情形:

$$\varepsilon_{1,1}^{(1)} = \frac{1}{4}[\varepsilon_{0,1}^{(1)} + \varepsilon_{1,0}^{(1)} + \varepsilon_{2,1}^{(0)} + \varepsilon_{1,2}^{(0)}]$$

而

$$\varepsilon_{0,1}^{(1)} = \varepsilon_{1,0}^{(1)} = 0$$

所以

$$|\varepsilon_{1,1}^{(1)}| \leqslant \frac{1}{4}\left[\,|\varepsilon_{2,1}^{(0)}| + |\varepsilon_{1,2}^{(0)}|\,\right] \leqslant \frac{2}{4}\rho \leqslant \frac{3}{4}\rho = \left(1 - \frac{1}{4}\right)\rho$$

再考虑第 1 横排上第 2 个内节点,即 $i=2,j=1$ 的情形:

$$\varepsilon_{2,1}^{(1)} = \frac{1}{4}[\varepsilon_{1,1}^{(1)} + \varepsilon_{2,0}^{(1)} + \varepsilon_{3,1}^{(0)} + \varepsilon_{2,2}^{(0)}]$$

因为

$$\varepsilon_{2,0}^{(1)} = 0$$

所以

$$|\varepsilon_{2,1}^{(1)}| \leqslant \frac{1}{4}\left(1 - \frac{1}{4}\right)\rho + \frac{2}{4}\rho \leqslant \frac{1}{4}\left(1 - \frac{1}{4}\right)\rho + \frac{3}{4}\rho = \left(1 - \frac{1}{4^2}\right)\rho$$

同理可推得

$$|\varepsilon_{3,1}^{(1)}| \leqslant \left(1 - \frac{1}{4^3}\right)\rho$$

$$\vdots$$

$$|\varepsilon_{l-1,1}^{(1)}| \leqslant \left(1 - \frac{1}{4^{l-1}}\right)\rho$$

令

$$\alpha = 1 - \frac{1}{4^{l-1}}$$

又有

$$1 - \frac{1}{4} < 1 - \frac{1}{4^2} < \cdots < 1 - \frac{1}{4^{l-1}}$$

所以

$$|\varepsilon_{i,1}^{(1)}| \leqslant \alpha\rho \ , i=1,2,\cdots,l-1$$

对于第 2 横排、第 3 横排……，均可用上述方法得到同样的估计，即

$$|\varepsilon_{i,2}^{(1)}| \leqslant \alpha\rho$$

$$|\varepsilon_{i,3}^{(1)}| \leqslant \alpha\rho$$

于是

$$\max_{i,j} |\varepsilon_{i,j}^{(1)}| \leqslant \alpha\rho$$

重复以上方法，可得各次迭代的误差估计如下：

$$\max_{i,j} |\varepsilon_{i,j}^{(2)}| \leqslant \alpha^2\rho$$

$$\max_{i,j} |\varepsilon_{i,j}^{(3)}| \leqslant \alpha^3\rho$$

$$\vdots$$

$$\max_{i,j} |\varepsilon_{i,j}^{(k)}| \leqslant \alpha^k\rho$$

因为 $0<\alpha<1$，所以，不论第零次近似值如何选取，当 $k\to\infty$ 时，总有

$$\max_{i,j} |\varepsilon_{i,j}^{(k)}| \to 0。$$

证毕。

8.5 抛物型方程的显式差分格式及其收敛性

此处只研究最简单的抛物型方程——一维热传导方程的混合问题，设有混合问题

$$\begin{cases} \dfrac{\partial u}{\partial t} - a^2 \dfrac{\partial^2 u}{\partial x^2} = 0, & 0<x<l, 0<t<T \\ u|_{t=0} = \varphi(x), & 0<x<l \\ u|_{x=0} = \mu_1(t), u|_{x=l} = \mu_2(t) , & 0 \leqslant t \leqslant T \end{cases} \tag{8-22}$$

为了保证解函数在域 $R\{0\leqslant x\leqslant l, 0\leqslant t\leqslant T\}$ 甫 、唯一且足够光滑，假设 $\varphi(x)$、$\mu_1(t)$ 和 $\mu_2(t)$ 存在足够阶导数，且满足相容性条件

$$\varphi(0)=\mu_1(0), \varphi(l)=\mu_2(0)$$

8.5.1 显式差分格式的建立

在 xOt 平面上作两族平行于坐标轴的直线：

$$x=ih, \ i=0,1,2,\cdots,N$$

$$t=j\tau, \ j=0,1,2,\cdots,J$$

其中，$h=\dfrac{l}{N}$；$\tau=\dfrac{T}{J}$。

将两族直线的交点称为网点，在域 R 边界上的网点称为边界节点，在域 R 内部的网点称为内部节点。

用 $u_{i,j}$ 表示 $u(x,t)$ 在节点 $(ih, j\tau)$ 上的值，在内部节点上用数值微分公式

$$\left(\frac{\partial^2 u}{\partial x^2}\right)_{i,j}=\frac{u_{i+1,j}-2u_{i,j}+u_{i-1,j}}{h^2}-\frac{h^2}{12}u_{xxxx}(\xi_i,j\tau),(i-1)h<\xi_i<(i+1)h$$

$$\left(\frac{\partial u}{\partial t}\right)_{i,j}=\frac{u_{i,j+1}-u_{i,j}}{\tau}-\frac{\tau}{2}u_{tt}(ih,\eta_j),j\tau<\eta_j<(j+1)\tau$$

加上初始条件和边值条件，得

$$\begin{cases}\dfrac{u_{i,j+1}-u_{i,j}}{\tau}-a^2\dfrac{u_{i+1,j}-2u_{i,j}+u_{i-1,j}}{h^2}=R_{i,j}\\ u_{i,0}=\varphi(ih)\\ u_{0,j}=\mu_1(j\tau),u_{N,j}=\mu_2(j\tau)\end{cases}\tag{8-23}$$

其中

$$R_{i,j}=\frac{\tau}{2}u_{tt}(ih,\eta_j)-a^2\frac{h^2}{12}u_{xxxx}(\xi_i,j\tau)=O(\tau)-O(h^2)=O(h^2+\tau)$$

略去 $R_{i,j}$ 将 $u_{i,j}$ 的近似值记成 $v_{i,j}$，则得式(8－22)的差分格式Ⅰ为

$$\begin{cases}\dfrac{v_{i,j+1}-v_{i,j}}{\tau}-a^2\dfrac{v_{i+1,j}-2v_{i,j}+v_{i-1,j}}{h^2}=0,i=1,2,\cdots,N-1;j=0,1,2,\cdots,J-1\\ v_{i,0}=\varphi(ih)\ ,i=1,2,\cdots,N-1\\ v_{0,j}=\mu_1(j\tau),v_{N,j}=\mu_2(j\tau)\ ,j=0,1,2,\cdots,J\end{cases}\tag{8-24}$$

令

$$\lambda=\frac{a^2\tau}{h^2}$$

则格式Ⅰ又可以写为

$$\begin{cases}v_{i,j+1}=\lambda v_{i+1,j}+(1-2\lambda)v_{i,j}+\lambda v_{i-1,j},i=1,2,\cdots,N-1;j=0,1,2,\cdots,J-1\\ v_{i,0}=\varphi(ih)\ ,i=1,2,\cdots,N-1\\ v_{0,j}=\mu_1(j\tau),v_{N,j}=\mu_2(j\tau)\ ,j=0,1,2,\cdots,J\end{cases}\tag{8-25}$$

式(8－25)中第1式表示在图8－11中，第$(j+1)$排上内部节点（画"×"处）上之值依赖于第j排上3个节点（画"∘"处）上之值。

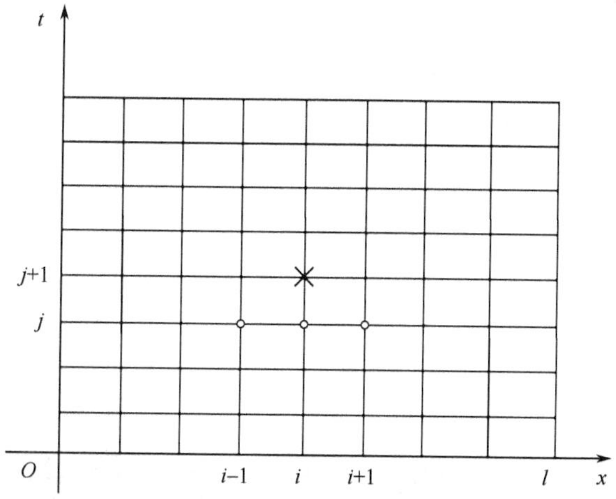

图8－11

差分方程式(8－25)可按 t 增加的方向逐排求解，所以差分格式Ⅰ又称为显式差分格式。

8.5.2 差分格式Ⅰ的收敛性

以下将讨论，当 $h\to 0,\tau\to 0$ 时，式(8－24)的解是否收敛于式(8－22)，以下定理表明，当 $\lambda\leqslant 1/2$ 时，问题的答案是肯定的。

定理 8.5.1 设混合问题式(8－22)的解 $u(x,t)$ 在矩形域 $\bar{R}\{0\leqslant x\leqslant l,0\leqslant t\leqslant T\}$ 中存在、连续且具有连续的偏导数 $\frac{\partial^2 u}{\partial t^2}$ 和 $\frac{\partial^4 u}{\partial x^4}$，则当 $\lambda=\frac{a^2\tau}{h^2}\leqslant\frac{1}{2}$ 时，差分方程式(8－24)的解收敛于原混合问题式(8－22)的解。

证明 记 $\varepsilon_{i,j}=u_{i,j}-v_{i,j}$，式(8－23)各式分别减去式(8－24)各式，得

$$\begin{cases}\dfrac{\varepsilon_{i,j+1}-\varepsilon_{i,j}}{\tau}-a^2\dfrac{\varepsilon_{i+1,j}-2\varepsilon_{i,j}+\varepsilon_{i-1,j}}{h^2}=R_{i,j}\\ \varepsilon_{i,0}=0\\ \varepsilon_{0,j}=0,\varepsilon_{N,j}=0\end{cases}\tag{8-26}$$

记

$$M_1=\frac{1}{2}\max_R|u_{tt}(x,t)|$$

$$M_2=\frac{a^2}{12}\max_R|u_{xxxx}(x,t)|$$

$$M=M_1\tau+M_2h^2$$

显然，对 R 中所有节点，有

$$|R_{i,j}|\leqslant M$$

将式(8－26)中第1式改写为

$$\varepsilon_{i,j+1}=\lambda\varepsilon_{i+1,j}+(1-2\lambda)\varepsilon_{i,j}+\lambda\varepsilon_{i-1,j}+\tau R_{i,j},i=1,2,\cdots,N-1$$

$$|\varepsilon_{i,j+1}|\leqslant|\lambda\varepsilon_{i+1,j}|+|(1-2\lambda)\varepsilon_{i,j}|+|\lambda\varepsilon_{i-1,j}|+\tau|R_{i,j}|$$

记

$$\varepsilon_j=\max_i|\varepsilon_{i,j}|$$

因为

$$0<\lambda\leqslant\frac{1}{2}$$

所以

$$|\varepsilon_{i,j+1}|\leqslant\lambda\varepsilon_j+(1-2\lambda)\varepsilon_j+\lambda\varepsilon_j+\tau M=\varepsilon_j+\tau M,i=1,2,\cdots,N-1$$

又

$$\varepsilon_{0,j+1}=\varepsilon_{N,j+1}=0$$

所以

$$\varepsilon_{j+1} \leqslant \varepsilon_j + \tau M$$

由上式递推，得

$$\varepsilon_{j+1} \leqslant \varepsilon_j + \tau M \leqslant \varepsilon_{j-1} + 2\tau M \leqslant \cdots \leqslant \varepsilon_0 + (j+1)\tau M$$

而

$$\varepsilon_0 = 0, (j+1)\tau \leqslant T$$

所以

$$\varepsilon_{j+1} \leqslant MT$$

又因为

$$M = M_1\tau + M_2 h^2, h^2 = \frac{a^2\tau}{\lambda}$$

所以

$$\varepsilon_{j+1} \leqslant MT = (M_1\tau + M_2 h^2)T = \left(M_1 + M_2\frac{a^2}{\lambda}\right)\tau T$$

记

$$\bar{M} = \left(M_1 + M_2\frac{a^2}{\lambda}\right)T$$

显然 $\bar{M}$ 与 j 无关。

$$\varepsilon_{j+1} \leqslant \bar{M}\tau$$

当 $\tau \to 0$ 时（此时也有 $h \to 0$），有

$$\varepsilon_{j+1} \to 0, j = 0, 1, \cdots, J-1$$

即差分方程式（8－24）的解收敛于原混合问题式（8－22）的解。

证毕。

8.6 抛物型方程显式差分格式的稳定性

8.6.1 差分格式的稳定性问题

由于在计算中有舍入误差，根据差分方程得到的数值解，一般说来，不可能是差分方程的精确解，把实际得出的解记成 $\tilde{v}_{i,j}$，它与 $v_{i,j}$ 之间有误差

$$\rho_{i,j} = v_{i,j} - \tilde{v}_{i,j}$$

在计算第 $j+1$ 层上的 $v_{i,j+1}$ 时，即使第 $j+1$ 层的计算是完全精确的，但由于实际计算时是用 $\tilde{v}_{i,j}$ 进行的，故不可能得到 $v_{i,j+1}$，更不用说在这一层计算中又出现了舍入误差，研究这些误差（开始时的初始误差以及逐层计算中出现的误差）在计算过程中的发展情况，就是稳定性问题。

显然，稳定性的研究是重要的，它关系到算得的值的可靠性问题。

下面先考察一个例子。

设有抛物型方程混合问题：

$$\begin{cases}\dfrac{\partial u}{\partial t}-\dfrac{\partial^2 u}{\partial x^2}=0, & 0<x<\pi,t>0\\ u\big|_{t=0}=\varphi(x), & 0<x<\pi\\ u\big|_{x=0}=u\big|_{x=\pi}=0, & t\geqslant 0\end{cases}$$

其中

$$\varphi(x)=\begin{cases}x, & 0\leqslant x\leqslant\dfrac{\pi}{2}\\ \pi-x, & \dfrac{\pi}{2}<x\leqslant\pi\end{cases}$$

其差分方程为

$$\begin{cases}\dfrac{v_{i,j-1}-v_{i,j}}{\tau}-\dfrac{v_{i+1,j}-2v_{i,j}+v_{i-1,j}}{h^2}=0,i=1,2,\cdots,N-1;j=0,1,2,\cdots,J-1\\ v_{i,0}=\varphi(ih)\ ,i=1,2,\cdots,N-1\\ v_{0,j}=v_{N,j}=0\ ,j=0,1,2,\cdots,J-1\end{cases}$$

为了讨论差分格式的稳定性,给 λ 以不同的数值。

首先,取 $\lambda=\dfrac{\tau}{h^2}=\dfrac{5}{11}$,取 $h=\dfrac{\pi}{20}$,则

$$\tau=\lambda h^2=\frac{5}{11}\left(\frac{\pi}{20}\right)^2=\frac{\pi^2}{880}$$

由于方程解的图形的对称性,所以只画一半图形,如图 8-12 所示。

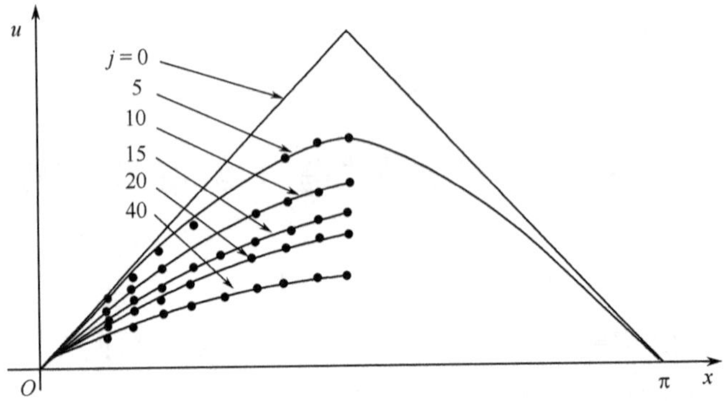

图 8-12

在图 8-12 中,用以表示差分格式近似解的黑点所连成折线与用以表示原混合问题的精确解 $u(x,j\tau)$ 的曲线已非常接近,近似解与精确解符合得很好。

然后取 $\lambda=\dfrac{\tau}{h^2}=\dfrac{5}{9}$,仍取 $h=\dfrac{\pi}{20}$,则

$$\tau=\lambda h^2=\frac{5}{9}\left(\frac{\pi}{20}\right)^2=\frac{\pi^2}{720}$$

所得图形如图 8-13 所示。

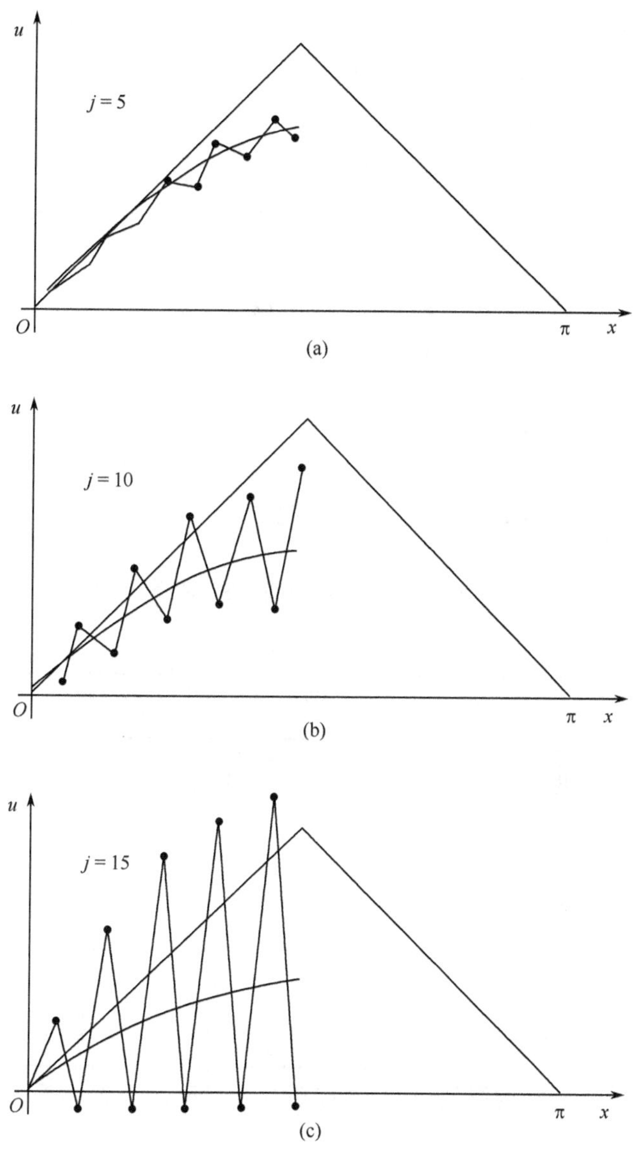

图 8 - 13

由图 8 - 13 看出，差分格式的近似解与精确解相差很大，且随时间 t 的增大，相差也越大。

一个差分格式，如图 8 - 12 所示，当初值有微小误差，差分解也能保证变化微小，便称这时差分格式是稳定的；若如图 8 - 13 所示，不能控制误差的增长，便称这时差分格式是不稳定的。显然，显式差分格式的稳定性与 λ 的大小是有关的。

全面考虑误差发展情况是很困难的，下面仅考虑一种简单情况，即假设某一层上有误差，而此层以后的计算看作是绝对正确的（没有舍入误差）。若误差发展不增长的，即此层误差在逐层计算中的影响逐步消失或保持有界，称这时的差分格式是稳定的，否则是不稳定的。

8.6.2 ε-图方法

研究稳定性最简单、最直接的方法，就是在第零层的一个节点上给一个误差，然后研究这个误差的发展情况，这就是 ε-图方法。设

$$\begin{cases}\tilde{v}_{i,j+1}=\lambda\tilde{v}_{i+1,j}+(1-2\lambda)\tilde{v}_{i,j}+\lambda\tilde{v}_{i-1,j}, i=1,2,\cdots,N-1; j=0,1,2,\cdots,J-1\\ \tilde{v}_{i,0}=\begin{cases}v_{i,0}, & i\neq i_0\\ v_{i,0}+\varepsilon, & i=i_0\end{cases}, i=1,2,\cdots,N-1\\ \tilde{v}_{0,j}=\tilde{v}_{N,j}=0\ , j=0,1,2,\cdots,J-1\end{cases}$$

这里假设计算时没有其他误差，得到的解记为 $\tilde{v}_{i,j}$，原差分方程的精确解记为 $v_{i,j}$。于是，两解之差 $\varepsilon_{i,j}=\tilde{v}_{i,j}-v_{i,j}$满足

$$\begin{cases}\varepsilon_{i,j+1}=\lambda\varepsilon_{i+1,j}+(1-2\lambda)\varepsilon_{i,j}+\lambda\varepsilon_{i-1,j}\\ \varepsilon_{i,0}=\begin{cases}0, & i\neq i_0\\ \varepsilon, & i=i_0\end{cases}\\ \varepsilon_{0,j}=\varepsilon_{N,j}=0\end{cases}$$

下面研究当 $\lambda=\frac{1}{2}$和 $\lambda=1$ 时，误差 $\varepsilon_{i,j}$的情况。

当 $\lambda=\frac{1}{2}$时，$\varepsilon_{i,j+1}=\frac{1}{2}(\varepsilon_{i+1,j}+\varepsilon_{i-1,j})$，计算结果列于表 8－3 中。

表 8－3

5	$\frac{\varepsilon}{32}$		$\frac{5\varepsilon}{32}$		$\frac{10\varepsilon}{32}$		$\frac{10\varepsilon}{32}$		$\frac{5\varepsilon}{32}$		$\frac{\varepsilon}{32}$
4		$\frac{\varepsilon}{16}$		$\frac{4\varepsilon}{16}$		$\frac{6\varepsilon}{16}$		$\frac{4\varepsilon}{16}$		$\frac{\varepsilon}{16}$	
3			$\frac{\varepsilon}{8}$		$\frac{3\varepsilon}{8}$		$\frac{3\varepsilon}{8}$		$\frac{\varepsilon}{8}$		
2				$\frac{\varepsilon}{4}$		$\frac{2\varepsilon}{4}$		$\frac{\varepsilon}{4}$			
1					$\frac{\varepsilon}{2}$		$\frac{\varepsilon}{2}$				
0						ε					
j / i	i_0-5	i_0-4	i_0-3	i_0-2	i_0-1	i_0	i_0+1	i_0+2	i_0+3	i_0+4	i_0+5

从表 8－3 可见，由初始数据的误差，在以后各层所引起的误差是逐层减少的，这说明当 $\lambda=\frac{1}{2}$时，差分格式是稳定的。

当 $\lambda=1$ 时，$\varepsilon_{i,j+1}=\varepsilon_{i+1,j}-\varepsilon_{i,j}+\varepsilon_{i-1,j}$，计算结果见表 8－4 所列。

表 8－4

5	ε	-5ε	15ε	-30ε	45ε	-51ε	45ε	-30ε	15ε	-5ε	ε
4		ε	-4ε	10ε	-16ε	19ε	-16ε	10ε	-4ε	ε	
3			ε	-3ε	6ε	-7ε	6ε	-3ε	ε		
2				ε	-2ε	3ε	-2ε	ε			
1					ε	$-\varepsilon$	ε				
0						ε					
j / i	i_0-5	i_0-4	i_0-3	i_0-2	i_0-1	i_0	i_0+1	i_0+2	i_0+3	i_0+4	i_0+5

从表 8－4 可见，由初始数据的误差所引起以后各层的误差是逐排迅速增大的，这说明当

$\lambda=1$时,差分格式是不稳定的。

用 ε-图方法讨论格式的稳定性,能直观地看出是稳定的还是不稳定的,缺点是必须先将 λ 固定,然后才能讨论。

8.6.3 稳定性的定义及显式差分格式的稳定性

对稳定性的一般讨论,首先必须给出稳定性的严格定义,差分格式的稳定性有很多种定义方法,下面介绍一种常用的稳定性定义。

定义 8.6.1 任给 $\varepsilon>0$,若存在与 h,τ 无关,只依赖于 ε 的 $\delta(>0)$,使当

$$\sum_{i=1}^{N-1}\varepsilon_{i,0}^2<\delta$$

时,就有

$$\sum_{i=1}^{N-1}\varepsilon_{i,j}^2<\varepsilon$$

则称此差分格式是**稳定的**。

根据这个定义有以下定理。

定理 8.6.1 式(8-25)是稳定的充分必要条件为 λ 满足不等式

$$\lambda\leqslant\frac{1}{2}$$

(证略)

对照之前考察过的例子,当 $\lambda=\frac{5}{11}<\frac{1}{2}$时,差分格式是稳定的,当 $\lambda=\frac{5}{9}>\frac{1}{2}$时,差分格式是不稳定的。

8.7 抛物型方程的隐式差分格式

8.7.1 简单隐式格式

设有抛物型方程混合问题

$$\begin{cases}\dfrac{\partial u}{\partial t}-a^2\dfrac{\partial^2 u}{\partial x^2}=0, & 0<x<l,0<t<T\\ u|_{t=0}=\varphi(x), & 0<x<l\\ u|_{x=0}=\mu_1(t),u|_{x=l}=\mu_2(t), & 0\leqslant t\leqslant T\end{cases}$$

用

$$\left(\frac{\partial u}{\partial t}\right)_{i,j}=\frac{u_{i,j}-u_{i,j-1}}{\tau}+\frac{\tau}{2}u_{tt}(ih,\eta_j)\ ,\ (j-1)\tau<\eta_j<j\tau$$

$$\left(\frac{\partial^2 u}{\partial x^2}\right)_{i,j}=\frac{u_{i+1,j}-2u_{i,j}+u_{i-1,j}}{h^2}-\frac{h^2}{12}u_{xxxx}(\xi_i,j\tau),\ (i-1)h<\xi_i<(i+1)h$$

代入方程,略去余项 $O(\tau+h^2)$,记 $u_{i,j}$的近似值为 $v_{i,j}$,得

$$\begin{cases}\dfrac{v_{i,j}-v_{i,j-1}}{\tau}-a^2\dfrac{v_{i+1,j}-2v_{i,j}+v_{i-1,j}}{h^2}=0, i=1,2,\cdots,N-1; j=0,1,2,\cdots,J\\ v_{i,0}=\varphi(ih)\ , i=1,2,\cdots,N-1\\ v_{0,j}=\mu_1(j\tau), v_{N,j}=\mu_2(j\tau)\ , j=0,1,2,\cdots,J\end{cases}$$

记

$$\lambda=\frac{a^2\tau}{h^2}$$

则方程可写为

$$v_{i,j}-v_{i,j-1}-\lambda(v_{i+1,j}-2v_{i,j}+v_{i-1,j})=0$$

即

$$-\lambda v_{i+1,j}+(1+2\lambda)v_{i,j}-\lambda v_{i-1,j}=v_{i,j-1}, i=1,2,\cdots,N-1; j=0,1,2,\cdots,J$$

由初始条件和边值条件知,第零排上 $v_{i,0}(i=0,1,2,\cdots,N)$ 和第 1 排上 $v_{0,1}$ 和 $v_{N,1}$ 的数值,求 $v_{i,1}(i=1,2,\cdots,N-1)$ 时,可解线性方程组

$$\begin{cases}(1+2\lambda)v_{1,1}-\lambda v_{2,1}=v_{1,0}+\lambda v_{0,1}=\varphi(h)+\lambda\mu_1(\tau)\\ -\lambda v_{1,1}+(1+2\lambda)v_{2,1}-\lambda v_{3,1}=\varphi(2h)\\ \vdots\\ -\lambda v_{N-3,1}+(1+2\lambda)v_{N-2,1}-\lambda v_{N-1,1}=\varphi[(N-2)h]\\ -\lambda v_{N-2,1}+(1+2\lambda)v_{N-1,1}=\varphi[(N-1)h]+\lambda\mu_2(\tau)\end{cases}$$

这是一个三对角线方程组,用追赶法解出第 1 排上 $v_{i,j}$ 的数值后,利用同样的方法求以后各排 $v_{i,j}$ 的数值。

在图 8－14 中,用画"⊗"的点表示方程是在该点列出的,画"∘"的点则是列方程时用到的点。

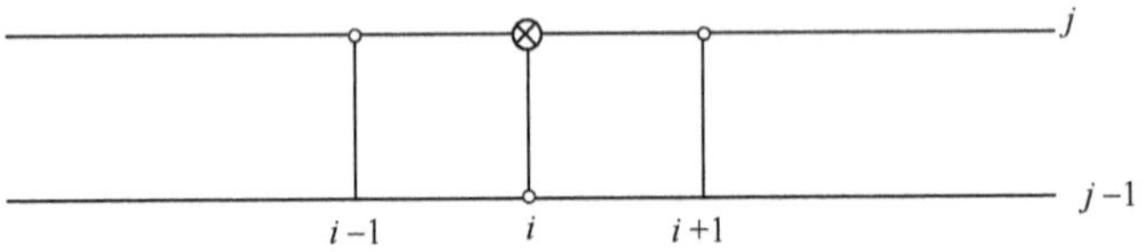

图 8－14

以上这种差分格式称为简单隐式格式。可以证明:

(1) 当 $h\to0,\tau\to0$ 时,差分解收敛于原混合问题的解。

(2) 对于任何 $\lambda=\dfrac{a^2\tau}{h^2}>0$,差分格式都是稳定的。

8.7.2 六点差分格式

在图 8－15 中,用 6 个画"∘"的点上的 u 值来代替画"⊗"的点$\left(i,j+\dfrac{1}{2}\right)$上的微商的值,用三点数值微分公式,得

$$\left(\frac{\partial u}{\partial t}\right)_{i,j+\frac{1}{2}}=\frac{u_{i,j+1}-u_{i,j}}{\tau}-\frac{\left(\frac{\tau}{2}\right)^2}{6}u_{ttt}(ih,\eta_j)$$

$$=\frac{u_{i,j+1}-u_{i,j}}{\tau}+O(\tau^2)$$

$$j\tau<\eta_j<(j+1)\tau$$

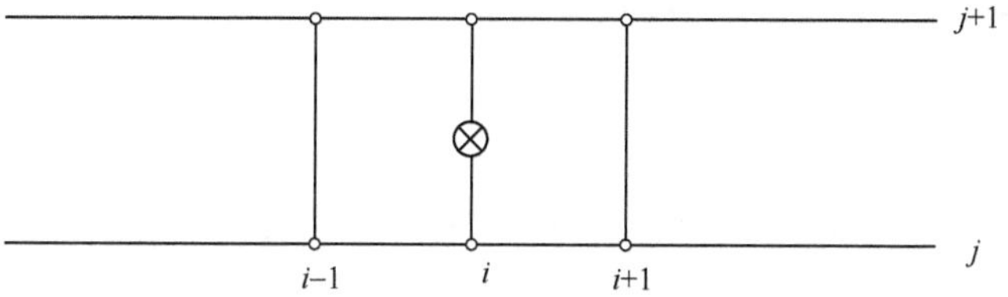

图 8 – 15

用泰勒公式,得

$$\left(\frac{\partial^2 u}{\partial x^2}\right)_{i,j+\frac{1}{2}}=\left(\frac{\partial^2 u}{\partial x^2}\right)_{i,j}+\frac{\left(\frac{\tau}{2}\right)}{1!}\left(\frac{\partial^3 u}{\partial x^2\partial t}\right)_{i,j}+O(\tau^2)$$

$$\left(\frac{\partial^2 u}{\partial x^2}\right)_{i,j+\frac{1}{2}}=\left(\frac{\partial^2 u}{\partial x^2}\right)_{i,j+1}+\frac{\left(-\frac{\tau}{2}\right)}{1!}\left(\frac{\partial^3 u}{\partial x^2\partial t}\right)_{i,j+1}+O(\tau^2)$$

上两式相加后除以 2,得

$$\left(\frac{\partial^2 u}{\partial x^2}\right)_{i,j+\frac{1}{2}}=\frac{1}{2}\left(\frac{\partial^2 u}{\partial x^2}\right)_{i,j}+\frac{1}{2}\left(\frac{\partial^2 u}{\partial x^2}\right)_{i,j+1}-\frac{\tau}{4}\left[\left(\frac{\partial^3 u}{\partial x^2\partial t}\right)_{i,j+1}-\left(\frac{\partial^3 u}{\partial x^2\partial t}\right)_{i,j}\right]+O(\tau^2)$$

由微分中值定理

$$\left(\frac{\partial^3 u}{\partial x^2\partial t}\right)_{i,j+1}-\left(\frac{\partial^3 u}{\partial x^2\partial t}\right)_{i,j}=\tau\left(\frac{\partial^4 u}{\partial x^2\partial t}\right)_{(ih,\tilde{\eta}_j)},j\tau<\tilde{\eta}_j<(j+1)\tau$$

于是

$$\left(\frac{\partial^2 u}{\partial x^2}\right)_{i,j+\frac{1}{2}}=\frac{1}{2}\left(\frac{\partial^2 u}{\partial x^2}\right)_{i,j}+\frac{1}{2}\left(\frac{\partial^2 u}{\partial x^2}\right)_{i,j+1}+O(\tau^2)$$

再应用数值微分公式

$$\left(\frac{\partial^2 u}{\partial x^2}\right)_{i,j}=\frac{u_{i+1,j}-2u_{i,j}+u_{i-1,j}}{h^2}+O(h^2)$$

$$\left(\frac{\partial^2 u}{\partial x^2}\right)_{i,j+1}=\frac{u_{i+1,j+1}-2u_{i,j+1}+u_{i-1,j+1}}{h^2}+O(h^2)$$

得

$$\left(\frac{\partial^2 u}{\partial x^2}\right)_{i,j+\frac{1}{2}}=\frac{1}{2h^2}(u_{i+1,j}-2u_{i,j}+u_{i-1,j}+u_{i+1,j+1}-2u_{i,j+1}+u_{i-1,j+1})+O(h^2+\tau^2)$$

代入在点$\left(i,j+\frac{1}{2}\right)$处的原方程,略去余项 $O(h^2+\tau^2)$和 $O(\tau^2)$,记 $u_{i,j}$的近似值为 $v_{i,j}$,得六点

差分格式为

$$\begin{cases}\dfrac{v_{i,j+1}-v_{i,j}}{\tau}-\dfrac{a^2}{2h^2}(v_{i+1,j}-2v_{i,j}+v_{i-1,j}+v_{i+1,j+1}-2v_{i,j+1}+v_{i-1,j+1})=0, i=1,2,\cdots,N-1;\\ j=0,1,2,\cdots,J-1\\ v_{i,0}=\varphi(ih), i=1,2,\cdots,N-1\\ v_{0,j}=\mu_1(j\tau), v_{N,j}=\mu_2(j\tau)\quad, j=0,1,2,\cdots,J\end{cases}$$

因截断误差为 $O(h^2+\tau^2)$,故它更加逼近原来的微分方程,可以证明,它是无条件收敛和稳定的。

除以上介绍的 3 种格式外,还有其他格式,这里不作介绍。

8.8 双曲型方程的差分解法

此处只研究弦振动方程的混合问题,设有混合问题:

$$\begin{cases}\dfrac{\partial^2 u}{\partial t^2}-a^2\dfrac{\partial^2 u}{\partial x^2}=0, 0<x<l, 0<t<T\\ u\big|_{t=0}=\varphi(x)\quad \dfrac{\partial u}{\partial t}\Big|_{t=0}=\phi(x), 0\leqslant x\leqslant l\\ u\big|_{x=0}=\mu_1(t), u\big|_{x=l}=\mu_2(t)\quad, 0\leqslant t\leqslant T\end{cases}$$

8.8.1 微分方程的差分逼近

应用数值微分公式

$$\left(\frac{\partial^2 u}{\partial t^2}\right)_{i,j}=\frac{u_{i,j+1}-2u_{i,j}+u_{i,j-1}}{\tau^2}+O(\tau^2)$$

$$\left(\frac{\partial^2 u}{\partial x^2}\right)_{i,j}=\frac{u_{i+1,j}-2u_{i,j}+u_{i-1,j}}{h^2}+O(h^2)$$

代入方程,略去余项 $O(h^2+\tau^2)$,记 $u_{i,j}$的近似值为 $v_{i,j}$,则得差分方程

$$\frac{v_{i,j+1}-2v_{i,j}+v_{i,j-1}}{\tau^2}-a^2\frac{v_{i+1,j}-2v_{i,j}+v_{i-1,j}}{h^2}=0, i=1,2,\cdots,N-1; j=1,2,\cdots,J-1$$

8.8.2 初始条件和边值条件的差分近似

由 $u\big|_{t=0}=\varphi(x)$,得

$$v_{i,0}=\varphi(ih), i=1,2,\cdots,N-1$$

对 $\dfrac{\partial u}{\partial t}\Big|_{t=0}=\phi(x)$ 的差分近似有两种方法。

(1)利用两点数值微分公式,得

$$\frac{u(ih,\tau)-u(ih,0)}{\tau}=\phi(ih)+O(\tau)$$

将 $u(ih,0)=v_{i,0}=\varphi(ih)$ 代入上式,略去余项 $O(\tau)$,得

$$v_{i,1}=\varphi(ih)+\tau\phi(ih), i=1,2,\cdots,N-1$$

(2) 利用三点数值微分公式,得

$$\frac{u(ih,\tau)-u(ih,-\tau)}{2\tau}=\phi(ih)+O(\tau^2)$$

略去余项,得

$$v_{i,1}-v_{i,-1}=2\tau\phi(ih)$$

在上式中,出现了 $v_{i,-1}$,为了消去 $v_{i,-1}$,将 $j=0$ 时的差分方程与上式联立,有

$$\begin{cases}v_{i,1}-2v_{i,0}+v_{i,-1}-\dfrac{a^2\tau^2}{h^2}(v_{i+1,0}-2v_{i,0}+v_{i-1,0})=0\\ v_{i,1}-v_{i,-1}=2\tau\phi(ih)\end{cases}$$

消去 $v_{i,-1}$,得

$$v_{i,1}-2\varphi(ih)+[v_{i,1}-2\tau\phi(ih)]-\frac{a^2\tau^2}{h^2}[\varphi((i+1)h)-2\varphi(ih)+\varphi(i-1)h]=0$$

于是,有

$$v_{i,1}=\varphi(ih)+\tau\phi(ih)+\frac{a^2\tau^2}{2h^2}[\varphi((i+1)h)-2\varphi(ih)+\varphi(i-1)h]=0,$$

$$i=1,2,\cdots,N-1$$

由边值条件 $u|_{x=0}=\mu_1(t),u|_{x=l}=\mu_2(t)$,得

$$v_{0,j}=\mu_1(j\tau),v_{N,j}=\mu_2(j\tau),j=0,1,2,\cdots,J$$

令

$$\lambda=\frac{a\tau}{h}$$

得两种混合问题的差分格式。

差分格式Ⅰ为

$$\begin{cases}v_{i,j+1}=\lambda^2v_{i+1,j}+2(1-\lambda^2)v_{i,j}+\lambda^2v_{i-1,j}-v_{i,j-1},i=1,2,\cdots,N-1;j=1,2,\cdots,J-1\\ v_{i,0}=\varphi(ih),v_{i,1}=\varphi(ih)+\tau\phi(ih)\quad,i=1,2,\cdots,N-1\\ v_{0,j}=\mu_1(j\tau),v_{N,j}=\mu_2(j\tau)\quad,j=0,1,2,\cdots,J\end{cases}$$

差分格式Ⅱ为

$$\begin{cases}v_{i,j+1}=\lambda^2v_{i+1,j}+2(1-\lambda^2)v_{i,j}+\lambda^2v_{i-1,j}-v_{i,j-1},i=1,2,\cdots,N-1;j=1,2,\cdots,J-1\\ v_{i,0}=\varphi(ih),v_{i,1}=\varphi(ih)+\tau\phi(ih)\\ +\dfrac{\lambda^2}{2}[\varphi((i+1)h)-2\varphi(ih)+\varphi(i-1)h]\quad,i=1,2,\cdots,N-1\\ v_{0,j}=\mu_1(j\tau),v_{N,j}=\mu_2(j\tau)\quad,j=0,1,2,\cdots,J\end{cases}$$

它们都是显式差分格式,其解可逐层求出。

8.8.3 差分解的收敛性和差分格式的稳定性

关于差分解的收敛性问题,先介绍一个定理。

定理 8.8.1 不论 τ,h 如何选取,只要步长比满足条件

$$\lambda=\frac{a\tau}{h}>1$$

则差分解不收敛于原混合问题的解。

证明　如图 8－16，过$[0,l]$两端分别作斜率为$1/\alpha$和$-1/\alpha$的两条直线——特征线（图 8－16中的虚线），交点为P，特征线与x轴上区间$[0,l]$围成的三角形区域为Ω，由偏微分方程理论知，Ω是$[0,l]$的决定区域，P点的依赖区间为$[0,l]$。

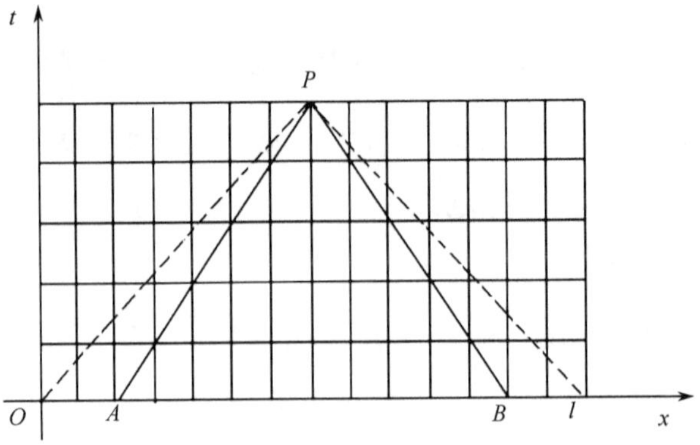

图 8－16

为证明的简单起见，设P位于网点(x_i,t_j)上，并设差分方程的解在P点收敛，由差分方程知，P点的差分解$v_{i,j}$依赖于$v_{i-1,j-1}$，$v_{i,j-1}$，$v_{i+1,j-1}$及$v_{i,j-2}$，将这种依赖关系依次类推知：若过P引两条网格对角线交x轴于A、B，则$v_{i,j}$仅依赖于$[A,B]$上的初始值，不妨称$[A,B]$为差分方程在P点的依赖区间。

PA、PB的斜率分别为τ/h，$-\tau/h$，因为$\lambda=a\tau/h>1$，即$\tau/h>1/a$，所以$[A,B]$一定落在$[0,l]$内部，若保持$[A,B]$上的$\varphi(x)$，$\phi(x)$不变，而改变$[0,l]$内、$[A,B]$外的$\varphi(x)$，$\phi(x)$的值，则P点的差分解仍不改变，而微分方程的解在P点值应该改变。这就证明了，差分方程的解不收敛于原混合问题的解。

证毕。

由以上定理知，$\lambda\leqslant 1$是差分解收敛于原混合问题解的必要条件。实际上还可以证明，$\lambda\leqslant 1$是差分解收敛于原混合问题解以及差分格式稳定的充分条件，证明从略。

习　题　8

1. 用差分方法求边值问题

$$\begin{cases}y''-(1+x^2)y=x,\ -1<x<1\\ y(-1)=y(1)=0\end{cases}$$

的数值解，此处取步长$h=0.4$。

2. 用差分方法求解调和方程边值问题

$$\begin{cases}\dfrac{\partial^2 u}{\partial x^2}+\dfrac{\partial^2 u}{\partial y^2}=0,0<x<1,0<y<1\\ u|_{x=0}=y(1-y),u|_{x=1}=0\ ,0\leqslant y\leqslant 1\\ u|_{y=0}=\sin\pi x,u|_{y=1}=0\ ,0\leqslant x\leqslant 1\end{cases}$$

此处取步长$h=\dfrac{1}{4}$，控制数$\varepsilon=0.0001$。

3. 试利用显式差分格式,求解抛物型方程混合问题

$$\begin{cases}\dfrac{\partial u}{\partial t}-\dfrac{\partial^2 u}{\partial x^2}=0\ ,0<x<1,t>0\\ u|_{t=0}=4x(1-x),\ 0\leqslant x\leqslant 1\\ u|_{x=0}=0,u|_{x=1}=0\ ,t\geqslant 0\end{cases}$$

此处取 $\lambda=\dfrac{1}{5},h=0.2$,要求算出 $j=1,2$ 两层的数值解。

4. 试用隐式差分格式求解上题中的混合问题。取 $\lambda=1,h=0.2$,要求算出 $j=1,2$ 两层的数值解。

5. 试用差分格式Ⅰ求解双曲型方程混合问题

$$\begin{cases}\dfrac{\partial^2 u}{\partial t^2}-\dfrac{\partial^2 u}{\partial x^2}=0\ ,0<x<1,t>0\\ u|_{t=0}=\sin\pi x,\left.\dfrac{\partial u}{\partial t}\right|_{t=0}=x(1-x)\ ,0\leqslant x\leqslant 1\\ u|_{x=0}=0,u|_{x=1}=0\ ,t\geqslant 0\end{cases}$$

此处取 $\lambda=1,h=0.2$,要求算出 $j=1,2,3$ 三层的数值解。

6. 编出下列程序:

(1) 用差分方法求解调和方程边值问题;

(2) 用显式差分格式求解抛物型方程混合问题;

(3) 用隐式差分格式来求解抛物型方程混合问题;

(4) 用差分格式Ⅰ求解双曲型方程混合问题。

并用所编程序求出第2题~第5题中的数值解。

习题答案

习　题　1

1. 3 位、4 位、5 位有效数字的近似数分别为 1.73,1.732,1.7321
   它们的绝对误差限分别可取为 0.005,0.0005,0.00005(或 0.003,0.0001,0.00005)
   相对误差限为 0.29%,0.029%,0.0029% 或(0.17%,0.0058%,0.0029%)
2. 1.3797206 或 1.4504754
3. 其和为 481.4,和的绝对误差限为 0.25,有 3 位有效数字
4. 略
5. 0.020685

习　题　2

1. (1) (1,2),　(2) (0,1)
2. (−2,−1),(−1,0),(1,2)
3. 1.88
4. 初始区间取为[1,2],满足要求的解为 1.6171875.
5. 0.08984375
6. 1.171
7. (1) 1.386　(2) 0.31518
8. 0.67238
9. 1.8794 (精确解:1.87938524157181…)
10. 略
11. 略
12. 算法:$x_{k+1}=2x_k-cx_k^2,k=0,1,2,\cdots$
    3.0864(精确解:3.0864197530864…)
13. (1) 方程有 1 个正根,隔根区间为(2,3)
    (2) 初始区间取为[2,3],满足要求的解为 2.09375
    (3) 迭代公式$\begin{cases}x_{k+1}=\sqrt[3]{2x_k+5}\\x_0=2.5\end{cases}$,$k=0,1,2,\cdots$经 7 次迭代后得到满足要求的解为 $x_7=$ 2.0945522,5 位有效数字的近似解为 $x^*=2.0946$
    (4) 牛顿法经 4 次迭代得到满足要求的解为 $x_4=2.0945515$
    注:本题精确解为 $x^*=2.094551481542326\cdots$
14. $x\approx0.8261,y\approx0.5636$
    注:本题精确解为 $x=0.82603135765418\cdots,y=0.56362416216125\cdots$
15. $x\approx1.2343,y\approx1.6615$

注:本题精确解为 $x=1.23427448411447\cdots$, $y=1.66152646679593\cdots$

16. 略

17. 略

习　题　3

1. (1) $\boldsymbol{x}=(2,-2,1)^{\mathrm{T}}$, (2) $\boldsymbol{x}=(0.9337985,1.5410547,1.2076472)^{\mathrm{T}}$

2. (1) $\boldsymbol{x}=(1.8571429,1.0000000,0.7142857)^{\mathrm{T}}$

(2) $\boldsymbol{x}=(9.1066167,-8.6960897,4.0428796,3.9963364)^{\mathrm{T}}$

3. 略

4. (1) $\boldsymbol{L}=\begin{pmatrix}1.000 & 0 & 0\\ -1.500 & 1.000 & 0\\ 0.500 & 1.750 & 1.000\end{pmatrix}$, $\boldsymbol{U}=\begin{pmatrix}2.000 & 0.000 & -1.000\\ 0 & 4.000 & -3.500\\ 0 & 0 & 1.625\end{pmatrix}$

(2) $$\boldsymbol{L}=\begin{pmatrix}1.0000 & 0 & 0 & 0\\ -1.5000 & 1.0000 & 0 & 0\\ 0 & 0.5714 & 1.0000 & 0\\ 0 & 0 & 2.0417 & 1.0000\end{pmatrix}$$

$$\boldsymbol{U}=\begin{pmatrix}2.0000 & -1.0000 & 0 & 0\\ 0 & 3.5000 & 1.0000 & 0\\ 0 & 0 & 3.4286 & -1.0000\\ 0 & 0 & 0 & 12.0417\end{pmatrix}$$

(3) $$\boldsymbol{L}=\begin{pmatrix}1.0000 & 0 & 0 & 0\\ 0.8324 & 1.0000 & 0 & 0\\ 0.7675 & 10.2776 & 1.0000 & 0\\ 0.9831 & 6.0555 & 0.3531 & 1.0000\end{pmatrix}$$

$$\boldsymbol{U}=\begin{pmatrix}1.0000 & 0.8324 & 0.7675 & 0.9831\\ 0 & 0.0001 & 0.0011 & 0.0007\\ 0 & 0 & -0.0096 & -0.0034\\ 0 & 0 & 0 & -0.9638\end{pmatrix}$$

5. (1) $\boldsymbol{x}=(1.8649,0.7838,0.2703)^{\mathrm{T}}$

(2) $\boldsymbol{x}=(-0.2609,1.4913,-0.3652)^{\mathrm{T}}$

(3) $\boldsymbol{x}=(0.4409,-0.3630,1.1668,0.3936)^{\mathrm{T}}$

6. 略

7. 略

8. $$\boldsymbol{L}=\begin{pmatrix}1.00000 & 0 & 0 & 0\\ 0.83240 & 1.00000 & 0 & 0\\ 0.76750 & 10.27758 & 1.00000 & 0\\ 0.98310 & 6.05552 & 0.35311 & 1.00000\end{pmatrix}$$

$$\boldsymbol{D}=\begin{pmatrix}1.00000 & 0 & 0 & 0\\ 0 & 0.00011 & 0 & 0\\ 0 & 0 & -0.00960 & 0\\ 0 & 0 & 0 & -0.96383\end{pmatrix}$$

9. (1) LDL^T 分解法和 LL^T 分解法都能得到方程组的解为 $\boldsymbol{x}=(2,1,-1)^T$;

(2) LDL^T 分解法可求得方程组的解为 $\boldsymbol{x}=(9.1066,-8.6961,4.0429,3.9963)^T$

由于系数矩阵不是正定矩阵,该方程不能 LL^T 分解法求解。

10. (1) $(x,y,z)^T=(2.426,3.573,1.926)^T$

(2) $(x,y,z)^T=(1.809,1.032,3.251)^T$

11. 略

12. 略

13. 都取 $\boldsymbol{x}^{(0)}=(0,0,0,0)^T$,则雅可比迭代法 5 次迭代结果为

$$\boldsymbol{x}_J^{(5)}=(0.9475,1.9691,2.9481,3.9691)^T$$

高斯—塞得尔迭代法 5 次迭代结果为

$$\boldsymbol{x}_{GS}^{(5)}=(0.9951,1.9980,2.9978,3.9991)^T$$

$\boldsymbol{x}_{GS}^{(5)}$ 比 $\boldsymbol{x}_J^{(5)}$ 更接近于精确解。

14. $\omega_b=\dfrac{2}{1+\sqrt{0.95}}\approx1.0128$,方程组的解为 $\boldsymbol{x}=(0.9958,0.9579,0.7916)^T$,这一结果只需要 6 次迭代即可得到(取 $\boldsymbol{x}^{(0)}=(0,0,0)^T$)。

15. 略

习　题　4

1. $(k-1)n^3+n^2,kn^2$

2. (1) 取初始特征向量为 $\boldsymbol{x}^{(0)}=(1,1,1)^T$,经 10 次迭代得到满足条件的近似特征值 β_{10} 和对应的特征向量 $\boldsymbol{u}^{(10)}$ 为

$$\beta_{10}\approx10.9999,\boldsymbol{u}^{(10)}=(0.5000,1.0000,0.7500)^T$$

(2) 取初始特征向量为 $\boldsymbol{x}^{(0)}=(1,1,1)^T$,经 15 次迭代得到满足条件的近似特征值 β_{15} 和对应的特征向量 $\boldsymbol{u}^{(15)}$ 为

$$\beta_{15}\approx8.8692,\boldsymbol{u}^{(15)}=(-0.6041,1.0000,0.1510)^T$$

3. (1) 取初始特征向量为 $\boldsymbol{x}^{(0)}=(1,1,1)^T$,经 20 次迭代得到满足条件的近似特征值 β_{20} 和对应的特征向量 $\boldsymbol{u}^{(20)}$ 为

$$\beta_{20}\approx-1.9997,\boldsymbol{u}^{(20)}=(-0.2001,-0.3999,1.0000)^T$$

(2) 取初始特征向量为 $\boldsymbol{x}^{(0)}=(1,1,1)^T$,经 46 次迭代得到满足条件的近似特征值 β_{46} 和对应的特征向量 $\boldsymbol{u}^{(46)}$ 为

$$\beta_{46}\approx-3.5996,\boldsymbol{u}^{(46)}=(-0.8616,-0.6716,1.0000)^T;$$

4. 取初始特征向量为 $\boldsymbol{x}^{(0)}=(1,1,1)^T$,经 5 次迭代得到满足条件的近似特征值 β_5 和对应的征向量 $\boldsymbol{u}^{(5)}$ 为

$$\beta_5\approx5.1248,\boldsymbol{u}^{(5)}=(-0.0461,-0.3749,1.0000)^T$$

5. 所有特征值为 $\lambda_1=4.46050,\lambda_2=2.23912,\lambda_3=0.30037$;对应的特征向量分别为

$$\boldsymbol{u}_1=\begin{pmatrix}0.90175\\0.41526\\0.12000\end{pmatrix},\boldsymbol{u}_2=\begin{pmatrix}-0.40422\\0.71179\\0.57433\end{pmatrix},\boldsymbol{u}_3=\begin{pmatrix}0.15312\\-0.56650\\0.80971\end{pmatrix}$$

6. 略

习　题　5

1. 0.6381
2. 0.54714
3. 10.7228
4. −0.509976
5. 略
6. 0.2873
7. 略
8. $y(-0.5)=0.375, y(1.5)=5.875$
9. $f(2^0,2^1,\cdots,2^7)=1, f(2^0,2^1,\cdots,2^8)=0$
10. $h\leqslant 0.006$
11. −0.510888
12. 0.247404
13. $|R_1(x)|\leqslant \dfrac{h^2}{4}$
14. $\boldsymbol{x}=(0.3285597,0.6857613,0.9283951,1.4481756,1.1787576,2.9410621)^{\mathrm{T}}$
15. $S(x)=\begin{cases}-\dfrac{1}{8}(x-1)^3+\dfrac{17}{8}(x-1)+1, & x\in[1,2]\\ -\dfrac{1}{8}(x-2)^3-\dfrac{3}{8}(x-2)^2+\dfrac{7}{4}(x-2)+3, & x\in[2,4]\\ \dfrac{3}{8}(x-4)^3-\dfrac{9}{8}(x-4)^2-\dfrac{5}{4}(x-4)+4, & x\in[4,5]\end{cases}$, $f(3)=S(3)=\dfrac{17}{4}$
16. 一次函数多项式拟合的正规方程组为

$$\begin{pmatrix}9 & 0\\ 0 & 3.75\end{pmatrix}\begin{pmatrix}a_0\\ a_1\end{pmatrix}=\begin{pmatrix}18.1183\\ 8.4437\end{pmatrix}$$

解之得拟合多项式为 $y=2.0131+2.2516x$

二次函数多项式拟合的正规方程组为

$$\begin{pmatrix}9.0000 & 0 & 3.7500\\ 0 & 3.7500 & 0\\ 3.7500 & 0 & 2.7656\end{pmatrix}\begin{pmatrix}a_0\\ a_1\\ a_2\end{pmatrix}=\begin{pmatrix}18.1183\\ 8.4437\\ 7.5870\end{pmatrix}$$

解之得拟合多项式为 $y=2.0001+2.2516x+0.0313x^2$

17. 二次函数多项式拟合的正规方程组为 $\begin{pmatrix}7 & 0 & 28\\ 0 & 28 & 0\\ 28 & 0 & 196\end{pmatrix}\begin{pmatrix}a_0\\ a_1\\ a_2\end{pmatrix}=\begin{pmatrix}4\\ 5\\ 31\end{pmatrix}$ 解之得拟合多项式为 $y=-\dfrac{1}{7}+\dfrac{5}{28}x+\dfrac{5}{28}x^2$
18. 略

习　题　6

1. (1) $A_0=A_2=\dfrac{h}{3}, A_1=\dfrac{4h}{3}$,有 3 次代数精度

（2）$A_0=A_2=\frac{8h}{3}, A_1=-\frac{4h}{3}$，有 3 次代数精度

（3）$A_0=\frac{1}{3}, A_1=\frac{2}{3}, A_2=-\frac{1}{6}$，有 2 次代数精度

2. 略

3. 略

4. $S=0.63233$，误差限为 0.00035

5. 5.058337，5.033002

6. 不考虑计算时的舍入误差，至少要将区间$[a,b]$分成的份数不少于

$$\sqrt{\frac{(b-a)^3}{12\varepsilon}M_2}, M_2=\max|f''(x)|$$

7. 复合梯形公式需 516 个节点，复合辛普生公式需 17 个节点

8. 0.71327

9. 3.1410681

10. （1）1.0980392，1.0986092

（2）1.0985376

11. 先施行变换 $x=2t$，再与三点高斯公式比较，可得 $A=C=\frac{10}{9}, B=\frac{16}{9}, a=2\sqrt{\frac{3}{5}}$

12. （1）0.03920167

（2）0.0001577

13. 一阶导数值分别为 −0.247，−0.217，−0.189

14. $S'(101.5)=0.049629166, S''(101.5)=-0.000244478$

15. 略

习 题 7

1. 略

2.

x_n	y_n（欧拉法）	y_n（预报－校正法）	$y_n=\frac{1}{x_n^2+1}$（准确解）
0	1.0000	1.0000	1.0000
0.1	1.0000	0.9900	0.9901
0.2	0.9800	0.9614	0.9615
0.3	0.9416	0.9172	0.9174
0.4	0.8884	0.8620	0.8621
0.5	0.8253	0.8000	0.8000
0.6	0.7571	0.7355	0.7353
0.7	0.6884	0.6716	0.6711
0.8	0.6220	0.6104	0.6098
0.9	0.5601	0.5533	0.5525
1.0	0.5036	0.5009	0.5000

3.

x_n	y_n(预报－校正法)	$y_n=2e^{x_n}-x_n-1$(准确解)
0	1.0000000	1.0000000
0.1	1.1100000	1.1103418
0.2	1.2420500	1.2428055
0.3	1.3984653	1.3997176
0.4	1.5818041	1.5836494
0.5	1.7948935	1.7974425
0.6	2.0408574	2.0442376
0.7	2.3231474	2.3275054
0.8	2.6455778	2.6510819
0.9	3.0123635	3.0192062
1.0	3.4281617	3.4365637

4.

x_n	y_n
0	1.0000000
0.2	1.2428000
0.4	1.5836359
0.6	2.0442129
0.8	2.6510417
1.0	3.4365023

5.

x_n	y_n
0	1.0000000
0.2	1.7275482
0.4	2.7429513
0.6	4.0941814
0.8	5.8292107
1.0	7.9960121

6.

x_n	y_n	x_n	y_n
-1.0	0	-0.4	0.2862219
-0.9	0.0900474	-0.3	0.2902133
-0.8	0.1607269	-0.2	0.2881602
-0.7	0.2134827	-0.1	0.2823437
-0.6	0.2503684	0	0.2749105
-0.5	0.2737752		

7. 略

8.

x_n	y_n（阿达姆斯外推法）	y_n（阿达姆斯预报－校正法）
-1.0	0	0
-0.9	0.0900474	0.0900474
-0.8	0.1607269	0.1607269
-0.7	0.2134827	0.2134827
-0.6	0.2504723	0.2503677
-0.5	0.2739539	0.2737765
-0.4	0.2864534	0.2862249
-0.3	0.2904695	0.2902178
-0.2	0.2884217	0.2881655
-0.1	0.2825971	0.2823494
0	0.2751487	0.2749163

9. 略

10. 略

习　题　8

1. $y(-0.6)=0.0557929$　　$y(-0.2)=0.0277264$
   $y(0.2)=-0.0277264$　　$y(0.6)=-0.0557929$

2. $v_{1,1}=0.4183706$　　$v_{2,1}=0.5083786$　　$v_{3,1}=0.3469105$
   $v_{1,2}=0.2703710$　　$v_{2,2}=0.2681389$　　$v_{3,2}=0.1721252$
   $v_{1,3}=0.1448800$　　$v_{2,3}=0.1216176$　　$v_{3,3}=0.0734357$

3. $v_{0,1}=0$　　$v_{1,1}=0.576$　　$v_{2,1}=0.896$　　$v_{3,1}=0.896$　　$v_{4,1}=0.576$
   $v_{5,1}=0$　　$v_{0,2}=0$　　$v_{1,2}=0.5248$　　$v_{2,2}=0.832$　　$v_{3,2}=0.832$
   $v_{4,2}=0.5248$　　$v_{5,2}=0$

4. $v_{0,1}=0$　　$v_{1,1}=0.448$　　$v_{2,1}=0.704$　　$v_{3,1}=0.704$　　$v_{4,1}=0.448$
   $v_{5,1}=0$　　$v_{0,2}=0$　　$v_{1,2}=0.32$　　$v_{2,2}=0.512$　　$v_{3,2}=0.512$
   $v_{4,2}=0.32$　　$v_{5,2}=0$

5. $v_{0,1}=0$　　$v_{1,1}=0.6197853$　　$v_{2,1}=0.9990565$
   $v_{3,1}=0.9990565$　　$v_{4,1}=0.6197853$　　$v_{5,1}=0$
   $v_{0,2}=0$　　$v_{1,2}=0.4112713$　　$v_{2,2}=0.6677853$
   $v_{3,2}=0.6677853$　　$v_{4,2}=0.4112713$　　$v_{5,2}=0$
   $v_{0,3}=0$　　$v_{1,3}=0.048$　　$v_{2,3}=0.08$
   $v_{3,3}=0.08$　　$v_{4,3}=0.048$　　$v_{5,3}=0$